普通高等教育"十一五"国家级规划教材

北京市高等教育教学成果奖教材

北京高等教育精品教材

BEIJING GAODENG JIAOYU JINGPIN JIAOCAI

高等学校计算机基础教育教材精选

大学计算机教程

（第7版）

张 莉 主编

U0236088

清华大学出版社

北京

内 容 简 介

本书是"大学计算机基础"长期教改建设与实践的全面提升,以适应新时代新技术的快速发展对信息技术深度融合各学科领域创新人才培养的更高要求。教材体系规范,内容结构完整,配套有实验教程,是系统学习掌握计算机基本理论与实践应用的全新教材,符合教育部"金课"建设标准。主要内容包括计算思维与技术创新、现代计算机技术应用与发展、信息技术道德规范与信息系统安全、计算机系统与构建平台、操作系统运行与计算环境、办公自动化与 Office/WPS 软件功能、数据库技术理论与设计方法、SQL 结构化查询语言及应用、多媒体技术与图形图像处理、计算机网络技术及应用、程序设计算法与实现等内容。

本书配有完整的在线开放课程教学资源,适合多样化混合式教学,系统学习掌握计算机技术基本理论及应用。本书可作为普通高校"计算机导论""大学计算机基础"或"信息技术通识教育"等公共基础课用书,也可作为计算机系统应用入门教材或等级考试学习用书。

本课程已在"学堂在线"(http://www.xuetangx.com/)和"文泉课堂"上线,学习者可随时随地按知识点自主学习,完成各种自测练习。

图书在版编目(CIP)数据

大学计算机教程/张莉主编. —7 版. —北京:清华大学出版社,2019(2021.12重印)
(高等学校计算机基础教育教材精选)
ISBN 978-7-302-53158-6

Ⅰ.①大… Ⅱ.①张… Ⅲ.①电子计算机—高等学校—教材 Ⅳ.①TP3

中国版本图书馆 CIP 数据核字(2019)第 114389 号

责任编辑:郭 赛
封面设计:何凤霞
责任校对:时翠兰
责任印制:刘海龙

出版发行:清华大学出版社
      网   址:http://www.tup.com.cn,http://www.wqbook.com
      地   址:北京清华大学学研大厦 A 座   邮   编:100084
      社 总 机:010-62770175   邮   购:010-83470235
      投稿与读者服务:010-62776969,c-service@tup.tsinghua.edu.cn
      质量反馈:010-62772015,zhiliang@tup.tsinghua.edu.cn
      课件下载:http://www.tup.com.cn,010-83470236
印 刷 者:北京富博印刷有限公司
装 订 者:北京市密云县京文制本装订厂
经   销:全国新华书店
开   本:185mm×260mm   印   张:17.75   字   数:409 千字
版   次:2005 年 9 月第 1 版   2019 年 9 月第 7 版   印   次:2021 年 12 月第 3 次印刷
定   价:49.00元

产品编号:084043-01

出版说明

在教育部关于高等学校计算机基础教育"三层次"方案的指导下,我国高等学校的计算机基础教育事业蓬勃发展。经过多年的教学改革与实践,全国很多高校在计算机基础教育这一领域中积累了大量宝贵的经验,取得了许多可喜的成果。

随着科教兴国战略的实施以及社会信息化进程的加快,目前我国的高等教育事业正面临着新的发展机遇,但同时也必须面对新的挑战。这些都对高等学校的计算机基础教育提出了更高的要求。为了适应教学改革的需要,进一步推动我国高等学校计算机基础教育事业的发展,我们在全国各高等学校精心挖掘和遴选了一批经过教学实践检验的优秀的教学成果,编辑出版了这套教材。教材的选题范围涵盖了计算机基础教育的三个层次,包括面向各高校开设的计算机必修课、选修课以及与各类专业相结合的计算机课程。

为了保证出版质量,同时更好地适应教学需求,本套教材采取开放的体系和滚动出版的方式(即成熟一本、出版一本,并保持不断更新),坚持宁缺毋滥的原则,力求反映我国高等学校计算机基础教育的最新成果,使本套丛书无论在技术质量上还是文字质量上均成为真正的"精选"。

清华大学出版社一直致力于计算机教育用书的出版工作,在计算机基础教育领域出版了许多优秀的教材。本套教材的出版将进一步丰富和扩大我社在这一领域的选题范围、层次和深度,以适应高校计算机基础教育课程层次化、多样化的趋势,从而更好地满足各学校由于条件、师资和生源水平、专业领域等的差异而产生的不同需求。我们热切期望全国广大教师能够积极参与到本套丛书的编写工作中来,把自己的教学成果与全国的同行分享;同时也欢迎广大读者对本套教材提出宝贵意见,以便我们改进工作,为读者提供更好的服务。

我们的电子邮件地址是 guos@tup.tsinghua.edu.cn,联系人:郭赛。

清华大学出版社

前言

现代计算机信息技术发展迅速,融合渗透于各学科专业领域以及各行各业,无处不在、无处不用,信息技术人才需求剧增。随着《国家中长期教育改革和发展规划纲要(2010—2020 年)》的深入落实,全面提升我国高等教育的本科生教育教学质量工作达到了前所未有的高度。

2018 年 6 月 21 日,教育部召开了自改革开放以来第一次新时代全国高等学校本科教育工作会议,一流本科教育、一流专业、一流课程建设迅速成为高等教育和社会关注的热点与共识。2018 年 9 月 10 日,历史上首次由中央组织召开了全国教育大会,习近平总书记在会上作了长达 2 小时 40 分钟的重要讲话,为新时代高等教育教学深化改革指明了方向与建设目标。习总书记指出:学校好与坏的根本标准是立德树人的成效,而课程正是落实"立德树人"根本任务的具体化、操作化和目标化。

在教育部发布的《关于狠抓新时代全国高等学校本科教育工作会议精神落实的通知》(教高函〔2018〕8 号)、《关于加快建设高水平本科教育全面提高人才培养能力的意见》和《关于高等学校加快"双一流"建设的指导意见》等一系列重要文件中,都对新时代本科生教育提出了更新的要求,为全面振兴我国高等教育、提升本科生教育教学质量制定了更加明确和更为具体的建设目标。

2018 年 11 月 24 日,教育部高等教育司吴岩司长在以"以本为本,植根课程——一流本科教育与一流课程建设"为主题的第十一届"中国大学教学论坛"上指出:课程是人才培养的核心要素,是教育的微观问题,解决的却是战略大问题,是"立德树人成效"人才培养根本标准具体实现的关键所在。吴岩司长提出了"两性一度"的"金课"标准,即"高阶性、创新性、挑战度"。其中"高阶性"就是知识能力素质的有机融合,是要培养学生解决复杂问题的综合能力和高级思维。"创新性"是指课程内容要反映前沿性和时代性,教学形式呈现先进性和互动性,学习结果具有探究性和个性化。"挑战度"是指课程有一定难度,需要跳一跳才能够得着,对老师备课和学生课下学习有较高要求。相反,"水课"是低阶性、陈旧性和不用心的课。

2019 年 2 月中共中央、国务院印发《中国教育现代化 2035》,中共中央办公厅、国务院办公厅印发了《加快推进教育现代化实施方案(2018—2022 年)》。李克强总理强调,要准确把握教育事业发展面临的新形势、新任务,全面落实教育优先发展战略,以教育现代化支撑国家现代化,为新时代加快教育现代化、建设教育强国提出了全新的建设发展方向和建设目标。

本书在长期主持"大学计算机基础"课程体系改革建设基础上,紧随新时代新技术发展,结合高校"985"教学质量工程、"双一流"建设等各阶段教改立项建设成果,不断探索研究实践,始终坚持在课程体系和培养方案深化改革建设的教学一线,并参照教育部大学计算机课程教学指导委员会各阶段教改最新指导思想深入探索实践,取得了系列教学成果。本书多次获奖,本次修订以新时代提高本科教育教学质量为契机,为打造"金课"而建设,按照"金课""提升课程的高阶性、创新性和挑战度"的要求,制定以课程体系建设为基础的教材改革建设方案,完成"以学生发展为中心"的课程体系及教材教学资源建设,通过几轮在线开放课程实践,实现了以优质资源建设为基础的多模式、多样化混合式教学,实现了课程体系及教材深化改革建设的全面提升。

大学计算机教育教学深化改革建设,首先要立德树人,才能有效培养信息素养综合能力和自主创新意识。以学为中心必须要利用现代教育技术手段,建设共享优质精品资源,才能有效系统地学习掌握计算思维技术方法;系统学习掌握计算机技术理论应用与实践创新,才能有效运用计算思维技术方法解决实际问题,提高信息素养综合实践与自主创新能力,实现计算机跨学科专业融合创新实践综合实力的全面提升。

本书为适应高校信息技术创新人才培养教育教学改革,强化运用计算思维方法掌握计算机系统理论基础和应用,内容编排紧凑,要点突出,注重培养、引导学生在掌握信息基础理论的同时提高信息处理能力,具备计算思维信息素养,成为既熟悉本专业又掌握计算机技术应用的复合型人才。

本书注重实践,配套教材《大学计算机实验教程(第7版)》分技术应用篇和上机实验篇,可配套使用,也可单独使用。可根据学习计划和课程学时系统强化理论,将实践和应用有机结合,增强计算思维综合实践能力。

本书配合课程体系改革建设有在线开放课程,学习者可根据自己的学习计划,配合相关知识点视频、丰富的作业素材、考试习题库等网络共享教学资源,随时随地自主学习和创新实践。本次修订配合新时代高校创新人才培养教育教学改革需要,将计算思维技术方法系统地融入主教材和实验教材,适合将课堂教学、实验教学和MOOC教学自然融合,相辅相成,有效培养计算机信息技术跨学科应用人才的创新思维与综合实践应用。

本书注重系统理论与实践有机结合,通过系统学习,掌握运用计算思维技术方法,提高计算机技术应用自主创新意识,从而激发学科交叉融合创新思维学习动力,强化系统理论指导实践解决实际问题,提升计算机技术综合应用与实践创新能力。

参加本书修订的主要有马钦、阚道宏、田立军、姜虹、方雄武等课程建设教师,他们在建设"双一流"教学改革一线中不断探索实践,共同打造新时代新技术创新人才培养"金课",完成线上线下多样化混合式教学,取得系列成果,获教育部、北京市和校级等教学成果奖多项。

在网络信息大数据时代,新版教材在培养自主创新人才的创新意识和知识构建等方面,还需融合教育以更深入、系统地研究与实践,诚望有关专家和读者及时提出宝贵意见,我们会继续努力,共同探索信息技术与教育的深度融合,我们将不胜感激。

为了配合自主学习和多样化混合式教学,分享本书教学视频、电子教案和测试题等教学建设资源,本课程已在"学堂在线"(http://www.xuetangx.com/)和"文泉课堂"上线,学习者可随时随地按知识点自主学习,完成各种自测练习。

编　者
2019 年 7 月于北京

目录

第 1 章　计算思维与计算机信息技术 ………………………………………… 1

1.1　计算思维培养信息技术创新意识 ………………………………………… 1

1.1.1　计算思维与新技术发展 ……………………………………… 1

1.1.2　计算思维与计算机科学 ……………………………………… 2

1.1.3　计算思维与大学计算机教学 ………………………………… 3

1.2　计算机信息技术基础 ……………………………………………………… 4

1.2.1　计算机与信息技术 …………………………………………… 4

1.2.2　计算机用户与计算机系统 …………………………………… 7

1.2.3　现代计算机技术的演变与发展 ……………………………… 8

1.2.4　计算机系统分类 ……………………………………………… 11

1.2.5　计算机技术应用分类 ………………………………………… 12

1.3　信息道德与系统安全 ……………………………………………………… 15

1.3.1　信息道德与遵纪守法 ………………………………………… 15

1.3.2　计算机信息系统安全 ………………………………………… 15

1.3.3　计算机病毒与防范 …………………………………………… 16

1.4　计算机系统计算基础 ……………………………………………………… 20

1.4.1　计算机系统中的信息运算 …………………………………… 21

1.4.2　常用的进位计数制 …………………………………………… 21

1.4.3　几种进位计数制之间的转换 ………………………………… 22

1.4.4　西文信息在计算机中的编码 ………………………………… 24

1.4.5　中文信息在计算机中的编码 ………………………………… 25

1.5　计算机常用术语 …………………………………………………………… 27

1.6　思考题 ……………………………………………………………………… 29

第 2 章　计算机系统构建 …………………………………………………………… 31

2.1　计算机系统及管理应用 …………………………………………………… 31

2.1.1　计算机系统的组成 …………………………………………… 31

2.1.2　计算机系统应用平台 ………………………………………… 32

2.2　计算机硬件系统 …………………………………………………………… 35

2.2.1　计算机的体系结构 ………………………………… 35

2.2.2　中央处理器 ………………………………………… 36

2.2.3　主板 ………………………………………………… 38

2.2.4　内存储器 …………………………………………… 43

2.2.5　外存储器 …………………………………………… 44

2.2.6　USB 可移动存储器 ………………………………… 45

2.2.7　计算机系统输入设备 ……………………………… 45

2.2.8　计算机系统输出设备 ……………………………… 46

2.2.9　其他外部设备 ……………………………………… 47

2.2.10　主机箱 ……………………………………………… 48

2.3　计算机软件系统 …………………………………………… 48

2.3.1　计算机软件 ………………………………………… 48

2.3.2　系统软件 …………………………………………… 48

2.3.3　应用软件 …………………………………………… 49

2.3.4　计算机语言与程序 ………………………………… 49

2.3.5　键盘与鼠标的工作区及工作方式 ………………… 53

2.4　思考题 ……………………………………………………… 58

第3章　计算机操作系统基础 ………………………………… 60

3.1　操作系统应用 ……………………………………………… 60

3.1.1　操作系统的工作任务 ……………………………… 61

3.1.2　操作系统应用方式 ………………………………… 63

3.2　操作系统技术基础 ………………………………………… 64

3.2.1　单道程序设计 ……………………………………… 64

3.2.2　多道程序设计 ……………………………………… 65

3.3　操作系统的分类 …………………………………………… 66

3.3.1　批处理操作系统 …………………………………… 66

3.3.2　分时操作系统 ……………………………………… 66

3.3.3　实时操作系统 ……………………………………… 67

3.3.4　网络操作系统 ……………………………………… 67

3.3.5　分布式操作系统 …………………………………… 68

3.3.6　嵌入式操作系统 …………………………………… 68

3.4　操作系统管理功能 ………………………………………… 69

3.4.1　操作系统管理内容 ………………………………… 69

3.4.2　操作系统基本特性 ………………………………… 71

3.5　常见计算机操作系统的应用 ……………………………… 71

3.5.1　Windows 资源管理与行命令 ……………………… 71

3.5.2　Windows 操作系统管理应用 ……………………… 76

　　　　3.5.3　UNIX 操作系统管理应用 ·············· 77

　　　　3.5.4　Linux 操作系统管理应用 ·············· 80

　　　　3.5.5　移动智能终端操作系统管理应用 ·············· 83

　　　　3.5.6　智能手机操作系统技术与研发 ·············· 83

　　　　3.5.7　移动智能终端操作系统应用与创意 ·············· 85

　　3.6　思考题 ·············· 87

第 4 章　Office 办公自动化组件 ·············· 88

　　4.1　办公自动化及应用 ·············· 88

　　　　4.1.1　办公自动化概述 ·············· 88

　　　　4.1.2　办公自动化软件 ·············· 89

　　4.2　Microsoft Office 2016 系统组件 ·············· 89

　　　　4.2.1　Microsoft Office 2016 系统特点 ·············· 89

　　　　4.2.2　Microsoft Office 2016 组件 ·············· 90

　　4.3　Microsoft Office 应用 ·············· 94

　　　　4.3.1　Microsoft Office 系统启动 ·············· 94

　　　　4.3.2　Microsoft Office 智能标记 ·············· 95

　　4.4　Office 2016 新增功能 ·············· 95

　　4.5　Office 365 应用 ·············· 97

　　4.6　WPS Office 2019 简介 ·············· 98

　　4.7　思考题 ·············· 102

第 5 章　数据库技术应用基础 ·············· 103

　　5.1　数据库技术概述 ·············· 103

　　　　5.1.1　数据库技术特点 ·············· 103

　　　　5.1.2　数据库系统的组成 ·············· 105

　　　　5.1.3　数据库系统功能 ·············· 108

　　　　5.1.4　数据库技术应用发展 ·············· 108

　　5.2　数据模型 ·············· 109

　　　　5.2.1　数据模型 ·············· 110

　　　　5.2.2　构建信息实体数据模型 ·············· 110

　　　　5.2.3　构建实体联系模型 ·············· 112

　　5.3　关系运算基础 ·············· 117

　　　　5.3.1　关系数据定义 ·············· 117

　　　　5.3.2　关系模型 ·············· 119

　　5.4　二元实体关系转换 ·············· 119

　　　　5.4.1　强制性成员类 ·············· 120

　　　　5.4.2　非强制性成员类 ·············· 120

      5.4.3　多对多的二元关系 ……………………………………… 121

  5.5　关系运算 …………………………………………………………… 121

      5.5.1　传统集合运算 …………………………………………… 122

      5.5.2　专门的关系运算 ………………………………………… 123

  5.6　关系数据库设计理论 …………………………………………… 125

      5.6.1　数据库设计理论的应用 ………………………………… 125

      5.6.2　数据关系的函数依赖 …………………………………… 126

      5.6.3　数据关系的关键字 ……………………………………… 127

  5.7　关系模式的规范化 ……………………………………………… 128

      5.7.1　关系规范第一范式 ……………………………………… 129

      5.7.2　关系规范第二范式 ……………………………………… 130

      5.7.3　关系规范第三范式 ……………………………………… 131

      5.7.4　关系规范 BCNF 范式 …………………………………… 132

      5.7.5　关系规范的多值函数依赖 ……………………………… 133

      5.7.6　关系规范第四范式 ……………………………………… 136

  5.8　结构化查询语言 ………………………………………………… 137

      5.8.1　SQL 语言的基本功能 …………………………………… 137

      5.8.2　SQL 语言的数据检索功能 ……………………………… 139

      5.8.3　SQL 语言的数据更新功能 ……………………………… 142

      5.8.4　SQL 语言对视图的操作 ………………………………… 143

      5.8.5　SQL 的数据控制功能 …………………………………… 147

      5.8.6　数据库管理系统的应用 ………………………………… 148

  5.9　思考题 …………………………………………………………… 153

第 6 章　多媒体技术及图像处理 …………………………………… 154

  6.1　多媒体技术概述 ………………………………………………… 154

      6.1.1　多媒体技术应用 …………………………………………… 154

      6.1.2　多媒体信息获取采集 …………………………………… 155

      6.1.3　多媒体信息技术的研究 ………………………………… 156

  6.2　多媒体计算机系统与存储介质 ………………………………… 156

  6.3　Windows Media Player 应用程序 …………………………… 157

      6.3.1　Windows Media Player 工作界面 …………………… 157

      6.3.2　音频与视频播放 …………………………………………… 158

      6.3.3　媒体库的使用 ……………………………………………… 159

      6.3.4　翻录音频文件 ……………………………………………… 160

      6.3.5　添加和编辑媒体信息 …………………………………… 161

      6.3.6　刻录 CD 盘 ………………………………………………… 162

  6.4　静态图像处理技术 ……………………………………………… 163

6.4.1 位图 ······· 163

6.4.2 矢量图 ······· 164

6.5 图像扫描技术 ······· 165

6.6 图像文字识别与转换 ······· 167

6.6.1 扫描仪文字识别 ······· 167

6.6.2 扫描笔文字识别 ······· 171

6.7 Adobe Photoshop 图像处理技术应用 ······· 171

6.7.1 Adobe Photoshop 的工作界面 ······· 172

6.7.2 Adobe Photoshop 工具箱 ······· 172

6.7.3 图像快速调整功能 ······· 175

6.7.4 图层技术应用 ······· 177

6.7.5 图像选区边界的羽化 ······· 179

6.7.6 滤镜功能 ······· 180

6.8 Windows Movie Maker 动态图像制作技术 ······· 183

6.8.1 Windows Movie Maker 工作界面 ······· 184

6.8.2 动态多媒体信息采集 ······· 185

6.8.3 音频与视频信息采集过程 ······· 186

6.8.4 多媒体文件的导入 ······· 188

6.8.5 编辑预览功能 ······· 190

6.8.6 动态视频集成编辑 ······· 190

6.8.7 剪辑项目文件的生成 ······· 193

6.8.8 电影剪辑合成效果文件 ······· 194

6.9 思考题 ······· 195

第7章 计算机网络技术应用 ······· 196

7.1 计算机网络技术概述 ······· 196

7.1.1 计算机网络的用途 ······· 196

7.1.2 计算机网络的分类 ······· 197

7.1.3 计算机网络的功能 ······· 199

7.1.4 计算机网络的由来与发展 ······· 200

7.2 计算机网络构建 ······· 201

7.2.1 网络数据通信 ······· 202

7.2.2 网络传输方式 ······· 203

7.2.3 传输介质 ······· 204

7.3 计算机网络的体系结构 ······· 207

7.3.1 计算机网络分层协议 ······· 207

7.3.2 OSI 开放系统互连参考模型 ······· 208

7.4 网络设备 ······· 209

7.4.1 主机 ……………………………………………… 209

7.4.2 通信控制处理机 ……………………………… 209

7.4.3 终端 ……………………………………………… 209

7.4.4 集中器 …………………………………………… 210

7.4.5 本地线路 ………………………………………… 210

7.4.6 网卡 ……………………………………………… 210

7.4.7 中继器 …………………………………………… 211

7.4.8 网桥 ……………………………………………… 211

7.4.9 路由器 …………………………………………… 211

7.4.10 网关 ……………………………………………… 212

7.5 局域网技术 …………………………………………… 212

7.5.1 以太网技术 ……………………………………… 212

7.5.2 环型令牌网 ……………………………………… 214

7.5.3 ATM 高速网络 ………………………………… 217

7.6 Internet 技术 ………………………………………… 217

7.6.1 Internet 体系结构 ……………………………… 218

7.6.2 TCP/IP ………………………………………… 219

7.6.3 Internet 网络层 ………………………………… 220

7.6.4 Internet 传输层 ………………………………… 225

7.6.5 Internet 应用层 ………………………………… 226

7.6.6 Internet 信息资源 ……………………………… 226

7.7 接入 Internet ………………………………………… 232

7.7.1 接入 Internet 方式 ……………………………… 232

7.7.2 选择 ISP ………………………………………… 232

7.7.3 使用浏览器 ……………………………………… 234

7.7.4 Internet 网络地址与域名 ……………………… 237

7.7.5 搜索引擎站点 …………………………………… 238

7.7.6 收发电子邮件 …………………………………… 241

7.8 设置 Internet 信息服务器 …………………………… 243

7.8.1 用 IIS 配置 Web 服务器 ……………………… 244

7.8.2 用 IIS 配置 FTP 服务器 ……………………… 247

7.9 计算机网络标准化 …………………………………… 250

7.9.1 标准化的重要性 ………………………………… 250

7.9.2 网络通信国际标准化组织 ……………………… 251

7.10 思考题 ………………………………………………… 252

第 8 章 计算机程序设计 ………………………………… 253

8.1 程序设计概述 ………………………………………… 253

  8.1.1 程序设计语言 ·· 253

  8.1.2 程序设计过程 ·· 254

8.2 程序设计算法与实现 ·· 255

8.3 计算机程序算法的表示 ·· 256

  8.3.1 自然语言表示 ·· 257

  8.3.2 程序流程图表示 ·· 257

  8.3.3 N-S图表示 ·· 258

  8.3.4 计算机语言表示 ·· 259

8.4 程序算法实现案例分析 ·· 260

8.5 思考题 ·· 265

参考文献 ·· 266

第 **1** 章 计算思维与计算机信息技术

计算思维(Computational Thinking)是人类思维活动的一种形式,是人类科学思维的重要组成部分,也是网络信息时代人们探讨、研究的热点。计算思维曾经作为数学思维研究的一部分,用于模拟重现各种自然现象、设计构造复杂系统等。随着工业自动化进程及计算机技术的迅猛发展,人类大量机械性的劳动和智力活动,很大程度上被自动化和智能化所取代,人们曾经的许多构想甚至是梦想,也逐步变成了现实。尤其在信息技术领域,计算思维已成为对问题求解、系统设计、人类行为理解、智能推理,甚至自然界生物活动再现等复杂事物进行描述、规划的基本工具,形成了对各类问题分析思考、表达构建和验证操作的基本模式,用于各种计算方法设计、系统开发应用等,使之成为信息技术可实现、可控制和可操作的对象。计算思维已成为现代人才所必须具备的基本素质。本章主要内容如下:

- 计算思维与信息新技术的发展;
- 计算思维与计算机科学;
- 计算机信息技术基础;
- 计算机用户与计算机系统;
- 现代计算机技术的演变与发展;
- 计算机系统与应用分类;
- 信息道德与守法;
- 计算机信息系统安全;
- 计算机系统运算基础与信息编码。

1.1 计算思维培养信息技术创新意识

在高等教育提倡创新人才培养的过程中,信息技术创新意识和创新思维的培养是计算机跨学科创新人才培养的基础,以计算思维为核心的计算机信息技术最能体现和发掘创新思维能力的培养与创新思维的实现。

1.1.1 计算思维与新技术发展

在计算机技术与网络技术高度发达的今天,计算机信息技术已广泛应用于各个领域,使人们的社会生活真正地走进了一个计算机信息网络无处不在、智能化商品层出不穷、信息技术产品无人不用的网络信息时代。

在计算机信息技术领域，计算(Computing)不只是数学本意，它是整个自然科学计算方法(Computing Method)的表达实现工具；计算思维则是人类科学思维活动中各种思维类型中的一种形式。运用计算思维的观点和方法，可以帮助人们更加系统地理解计算机求解问题的过程与核心内容，深刻理解计算的本质，以构建新的系统和新的信息资源。

计算机以计算方法和逻辑推理运算为基础，以计算思维构建计算方法和算法实现为目标，促进了新技术、新产品的不断涌现，也推动了现代信息技术和物联网技术等新技术的发展。

物联网技术是计算机技术、传感技术、网络技术和通信技术综合发展的产物，是在信息资源开发利用产业化的发展过程中，信息技术及其相关技术和资源的发展延伸与集成。从本质上看，它是计算机软件技术、硬件技术、通信传输技术、光电感应技术、计算方法、信息数据处理和与之相应的系统管理工具、开发工具、分析软件等集合的总称。

信息资源是当今世界经济发展的三大战略资源之一。信息资源管理包括信息存在本身和信息活动状态两部分，可以运用信息技术在相关领域发掘、采集、开发和利用信息资源。信息是各种现实存在的客观事物，通过人的感知所反映的各种主观认知，综合地表现了客观现实存在的事物内部形态、事物本身变化的发展规律以及事物与外在其他事物的关联等。信息可以被采集、加工、共享和利用，可以产生新的信息资源，并可以创造新的价值。

1.1.2　计算思维与计算机科学

计算思维的概念于 1996 年由麻省理工学院(Massachusetts Institute of Technology, MIT)的 Seymour Papert 教授提出，引起了国内外学者的关注和探讨。2006 年 3 月，美国卡内基·梅隆大学(Carnegie Mellon University, CMU)的 Jeannette M. Wing(周以真)教授给出了计算思维(Computational Thinking)的定义，形成了计算思维概念的一系列思想观点和方法，提出了计算思维是运用计算机科学的基础概念进行问题求解、系统设计以及人类行为理解等涵盖计算机科学的一系列思维活动的论述，引发了业界更为广泛的关注和进一步探讨，已成为当今国际计算机界涉及计算机科学本质问题和未来发展走向的研究热点。

计算思维基于计算环境或计算模型实现问题求解。计算机学科是研究计算模型和计算系统以及如何有效地利用计算系统实现应用或进行信息处理的学科，包括算法模型、计算机软件体系、硬件系统构建方法与设计的研究。

计算思维在计算机学科领域起初主要为学科建设、人才培养所提倡和运用。由于在计算思维的技能应用开发过程中，计算方法和算法实现体现出了非常鲜明的计算机科学的计算特征，因此人们运用计算思维的概念构建算法思维训练过程，找到问题的求解过程和计算方法。计算思维已成为学习算法设计、编写计算机程序和提高软件开发能力的核心基础。

实际上，计算思维不仅适用于计算机专业，而且是每个人都应具备的基本技能。如今，计算机科学的跨学科交叉渗透更加广泛而深入，具有各类学科和专业背景的计算机信息技术人才的社会需求迅猛增加，促进了多元化信息技术人才不断涌现，推进了信息技术的高速发展。

计算思维运用计算机科学的基础概念求解问题，以计算思维为核心，运用知识性、理论性和实践性相结合的方式，可以加强计算思维方法的构建。在教学实践中，结合引导式学习、自主型学习、发掘式学习、创新型学习，可提高积极创新和勇于创新的积极性，培养计算创新思维的综合实践能力。

1.1.3 计算思维与大学计算机教学

计算思维提出了面向问题求解的观点和方法，利用这些观点和方法有助于呈现问题的不同方面及求解过程和解决方案，使授课对象能更加深刻地理解计算的本质和计算机求解问题的核心思想，如今已成为计算机教育研究的重点课题。

大学计算机教育按学科发展需求构建基础教学知识体系，不同层次的课程教学由相关知识单元构成，相关课程内容的设置所涉及的知识领域，从系统平台到计算环境，从数据处理到信息资源管理，从计算方法到程序设计，从系统开发到技术应用等，涵盖了计算思维各个层面的问题求解思维与方法。

对大学计算机教育来说，计算思维特别有利于解决计算机科学与其他专业领域跨学科知识的应用。在大学计算机及相关课程的基础教学过程中，不仅要培养学生对计算环境和计算方法的认知、理解和掌握，还要培养学生掌握不同计算环境下的问题求解技术与方法。计算思维能力不仅体现了计算机学科特有的思维方式，也体现了计算机技术应用算法设计的实现技能，是培养各类学科背景的人才使用计算机技术解决本专业问题的重要基础。

从大学计算机教学来看，在教育部高等学校大学计算机课程教学指导委员会提出的计算机基础教学目标中，培养计算机的认知能力和应用计算机的问题求解能力恰好反映了计算思维中的计算认知和问题求解的基本要素，可满足计算机学科专业基础能力培养的需求。

总之，将计算思维能力的培养作为大学计算机教学的核心任务，其核心就是引导学生熟练掌握系统平台的使用，构建计算环境，创建计算对象，学习基于系统和计算环境下的问题求解过程，掌握对问题求解过程的算法设计思想和方法，并验证算法实现的过程。简单汇总就是构建计算环境，创建计算对象、构造计算方法、验证算法实现。计算思维能力培养的技术核心如图 1.1 所示。

图 1.1 计算思维能力培养的技术核心

在高等教育创新人才的培养过程中，以计算思维培养创新思维符合信息技术跨学科发展的需要，计算机相关课程的教学设计也适合引导学生创新思维的启发与实现。因此，计算思维作为高校计算机教育的基本模式与核心任务,是新技术应用发展的需要,也是新时代人才培养发展的需要。

1.2　计算机信息技术基础

信息技术对人类社会和经济发展具有非常重要的作用。进入 21 世纪以后,计算机网络技术迅速发展、普及与应用,使整个社会进入到全新发展的网络信息时代。

1.2.1　计算机与信息技术

计算机技术与信息技术的相辅相成和迅速发展是信息时代的重要标志,其发展水平也是一个国家或一个经济实体发展水平的标志。由于计算机技术与信息技术本身也是在不断发展和变化的,故其技术应用、开发与研究的内容也是广泛而持久的。学习、应用和掌握计算机技术与信息技术的能力与水平是衡量现代技术型人才专业技术潜力的基准标志。

信息是一个不断发展和变化的概念,它是客观世界中以各种形态存在的各种事物通过人的感官感知和头脑加工而形成的对事物的某种认识或概念。信息是一种对人们有用的知识。数据是人们用以反映客观世界而记录下来的可以被鉴别的描述符号,是承载信息的载体;计算机数据可以是数字、文字、图形、图像、语言、声、光、色等有意义描述体的单一载体,也可以是它们的组合,而这种组合具体地表示了信息的内容。

数据和信息是两个互相联系、互相依存又互相区别的概念。数据是信息的载体,是纯客观的,经过处理的数据仍然是数据,它只有赋予一定的意义才能成为信息,信息是对数据的解释,依赖数据而存在。可以说,信息是提供关于现实世界中有关事物的知识;数据则是用以承载信息的物理符号。就计算机数据处理系统来说,也可以说数据是人们记载的计算机可以鉴别、录入、处理的符号;而信息则是加工的结果,是对数据的解释。

总之,计算机信息用数据表示。数据经过加工处理后得到新的数据,这些新的数据表示新的信息,可以作为决策的依据影响现实世界,达到改造客观世界的目的。

一般计算机信息处理系统都具有数据的输入输出、数据传输、数据存储、数据加工处理等功能。其中有的步骤由计算机完成,有的步骤由人工承担。计算机信息处理过程如图 1.2 所示。

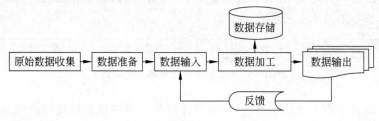

图 1.2　计算机信息处理过程

在计算机信息处理过程中,原始数据收集就是将时间和空间上的信息数据集中起来的过程;数据准备是把原始信息数据转换成适合计算机处理的形式的过程;数据输入是通过信息处理系统的输入设备,如键盘、扫描仪、读卡机、光电输入设备、磁带机、通信设备等,把原始数据输入计算机;数据加工就是对输入计算机的原始信息数据进行分类、合并、存储、检索、计算等一系列操作;数据输出则是把计算机信息数据处理的结果以各种需要的形式输出,计算机信息数据处理系统通常可以采用文字、表格、图形、图像等多种形式输出。目前数据存储的方式很多,计算机信息数据经存储后可实现多种处理过程的数据共享,提供不同的数据供系统平台多次使用;反馈是将信息处理输出的一部分反馈到输入供控制使用,是使计算机信息系统保持运行平稳的重要举措。

总之,信息需要某种载体,具有可传递性、共享性和可处理性等特征。由于计算机数据是信息在计算机信息处理过程的表现形式,信息本身在计算机内部处理也是数据化的,所以计算机数据本身往往也是一种信息。

自从 20 世纪 60 年代计算机诞生后,快速发展的信息技术是计算机技术与网络通信技术相结合而产生的社会性技术。信息技术使人类迈向了信息社会。

1993 年,美国提出构建称为信息高速公路的国家信息基础设施(National Information Infrastructure,NII),掀起了世界范围的信息高速公路建设的热潮。信息高速公路是 21 世纪社会信息化基础工程,组合了现有的计算机联网,可以传递文字、声音、图像等各种信息数据,其服务包括金融、科技、卫生、商业、教育和娱乐等各个领域,对国家的政治、经济和文化都有重大而深远的意义和影响。我国政府也高度重视这一问题,相继建成了几大国家级信息网络基础设施,从而使我国的信息技术不仅在国民经济发展中起到了重要的作用,在世界经济领域中也发挥着不可轻视的作用。

信息技术是计算机技术、网络技术和通信技术综合发展的产物,在应用中得以拓展和延伸。从本质上来说,信息技术包括计算机软硬件技术、通信技术、传感技术和与之相应的各种开发工具及各类管理工具等。

信息技术用于信息数据处理,其基本特点是以计算机技术为核心,结合相关技术进行信息技术的应用和系统管理,各功能系统之间相互关联,共同完成系统的总目标。随着现代信息技术的发展和信息技术的学科渗透,人们通常以系统方式构建信息技术应用,集成相关技术应用系统,提高技术应用水平,以获取更高的价值。信息技术应用系统在实践中已广泛使用,其基本构成模式如图 1.3 所示。

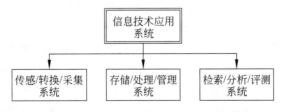

图 1.3　信息技术应用系统的基本构成模式

例如,人们使用图像传感设备采集某种植物叶片标本,经过数码转换技术,以图像数据的形式输入计算机,由于实际应用标本多、数据量大,因此需要分类组织,存入数据库系统,便于检索使用;对于植物标本图像的处理过程,则根据不同的需求采用不同的技术和方法获取不同的信息,例如利用图像识别技术等提取叶面的构造特征,获取植物生长状态的各种信息,然后通过自控装置对植物的水土、养分、温度和湿度等进行有效控制,提高植物生长的产量和品质,甚至能通过其他综合数据分析预估农作物产量,最后还可以通过实践对整个系统及各个技术环节进行评测和验证。

上述过程是农业信息化的典型案例,已从实验室走到田间地头,其信息技术应用已超出了简单的数据处理的范围。这个简单的案例所体现的信息技术是以计算机技术为核心,综合了光学、电子、电气、自动化、农学、数学、管理等技术,代表了现代信息技术应用的基本特征。

信息技术的内涵与外延还有很多。例如,在上述案例的基础上,既然农作物生长过程能够利用现代信息技术加以管理和控制,其程序化和规范化的管理控制所带来的就是农作物生长全过程的自动化、简约化,甚至有些过程可以实现无人化作业,等等;那么接下来就是农作物企业化自动生产、农产品加工自动生产、农产品无人加工车间,直到农产品生产、加工、销售、流通等一体化企业管理作业的实现等:信息活动无处不在,信息资源无限增长。企业需要建立信息资源管理系统,加快信息流动、辅助决策,以提高企业管理水平,此时更需要以信息技术为主导,以追求企业耗能最小、利益最大化为战略目标,才能跟随经济发展的步伐。由此可见,信息技术在农业信息化广阔的应用领域所带来的前景是无法估量的,对提高每一个人的生活品质同样意义重大。

实际上,现代信息技术的发展已渗透到各个领域,广泛应用到各行各业,其内容十分丰富。比如信息技术与学科领域结合,发展衍生出相关专业领域,包括地理信息系统、电气信息工程、电子信息工程、电子信息科学与技术、光信息科学与技术、生物信息学、通信工程、微电子学、信息安全、信息对抗技术、信息工程、信息与计算科学、信息自动化等,使信息技术有了更为广阔和深入的应用与研究,其内容包括科学理论、技术应用、系统工程以及管理科学等领域。这些学科在信息技术应用的检测、分类、采集、传递、处理等信息活动过程中相互融合、互为交叉,促进了专业领域研究水平的提高。在提高管理水平的同时,若应用于生产不仅可以提高产品的产量,还可以提高产品的质量。所谓信息化就是利用信息技术改进生产过程,改造产业结构,提高行业标准,增值、增产等。目前,信息技术应用成果累累,发展不可预料。

随着计算机技术、通信技术与光电技术等的结合应用,信息技术手段不断提高,人们利用信息技术可以实现各种生产管理自动化或产品一体化,从而提高产业效能和产品效益。例如全自动化生产线、自动化仓储系统、自动化节水系统、无人驾驶系统、无人工厂,等等;特别是在农业信息化方面的应用更为广阔,例如自动浇灌系统、温控或湿控种植大棚、自动化养殖场、自动化投料机、自动化收割机、自动化脱粒机和各种自动化感应农机具等,许多信息技术结合的成果不断地从科研机构走向田间地头,提高了农业生产效率,也改变了耕作方式。在日常生活中,随着计算机技术和互联网技术的普及与发展,信息技术带给人们很多生活上的快捷便利,文化熏陶、精神享受随处可见。利用信息技术制作、生产、处理和传播各种形式载体的信息,在需要的时候可以高品质地呈现在人们面前,例如精美的印刷书籍、即时的报刊文件、高质量音质的唱片、多声道高清电影、电视节目等。无论视频、语音还是图形、影像等多媒体技术，都能承载更加完美的信息，快速展现在人们面前，也提高了人们的生活品质。信息时代所衍生的文化是一种全新的文化形态，这种文化影响着人们的生活、学习、工作和就业。目前高速率、多媒体信息网络技术正在不断发展中，各种领域对信息技术人才仍然有很大的需求。掌握计算机技术和信息技术以解决相关领域的实际问题，是现代社会技术型人才和管理型人才不可缺少的技能。

1.2.2　计算机用户与计算机系统

计算机用户及系统分层如图1.4所示。

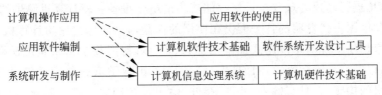

图1.4　计算机用户及系统分层示意图

计算机作为信息处理工具不是纯粹的消费品，计算机可以创造价值，可以扩展人的行为和思维，提高工作和学习的质量与效率，特别是计算机网络更是如此，信息资源的开发利用突破了时空限制。社会经济发展与市场竞争时代，时间最为宝贵，如果只是迷恋和沉溺于计算机网络游戏不能自制，则有害无益，浪费时光。

提高计算机应用技能是一个循序渐进的过程，主要包括两方面：一方面，只有通过比较完整而有效的学习过程和方法，才能系统掌握综合应用计算机所必备的基本原理、基本理论和基本技能，最终提高综合应用技能，才有可能从事技术性的工作，比如软件测试、软件研发和专业技术制作等；另一方面，学习计算机必须要动手操作、亲自实践，通过认识、体验和理解系统功能与操作的特点和关系，才能很快熟悉系统操作与应用的关系，最终驾驭计算机的各种应用开发工具。当然在实现方法和技术上还要进一步学习各种相关理论，这样才能进一步提高。在这一领域有计算机操作员、程序员、软件测试工程师、系统分析员、系统工程师等不同的职业，这些职业不仅在技术上有所不同，在就业竞争力和薪酬方面相差更大。因此在学习、操作和使用计算机的过程中，对自己应有一个目标定位。基于理论辅以实践是掌握计算机应用技能的有效方法，与所花费的时间也是呈正比的。熟练掌握计算机应用技能需要循序渐进、逐步深入地由感知到认知、由认知到把握，才能真正学会使用这种最简单也是最复杂的现代必备的工具。人们都希望自己成为一个计算机技术"高手"，树立目标、循其规律就会成功。

计算机基础教育首先是面向需要用计算机作为工具处理实际问题的用户。使用计算机解决处理各种各样的实际问题需要比较系统地学习和掌握有关的计算机应用技术，包括软件技术和硬件技术的基本知识，也需要系统地学习和掌握计算机的理论知识和先进软件的应用技术。通过计算机基础知识的学习与实践，可以明确自己是进一步学习计算机应用理论，还是重点掌握实践技术方法。只要规划好，适合自己的就是最好的。

具备了计算机基础知识结构和能力素质，就具备了有效地获取信息、对信息进行分析与加工的知识和实际能力,就具有了综合应用计算机信息技术拓展和深入研究自己专业的基本技能。

1.2.3　现代计算机技术的演变与发展

计算机在其诞生、应用和发展的过程中,新技术不断涌现。各种类型的计算机在使用领域、使用目的、使用机型配置和使用方式手段上均有很大的差异。目前,人们日常使用和常见的计算机一般是通用电子计算机,简称微型计算机、微机、个人计算机等。现代计算机无论是哪一种机型,都有共同的特性,即计算机是一种能够自动执行预制的程序指令,对各种信息进行高速处理并有记忆存储能力的电子设备。就计算机诞生的历程而言,最早可追溯到中国古代发明的且今天仍在使用的算盘,它可誉为"原始计算机";1642 年,法国物理学家帕斯卡发明了齿轮式加减法器;1673 年,德国数学家莱布尼茨研制出机械式计算器,可以进行乘除运算;1791 年至 1871 年,英国数学家查尔斯·巴贝奇提出了差分机和分析机的构想,它具有输入、处理、存储、输出及控制 5 个基本装置,而这些正是现代意义上的计算机进行大量数值计算所具有的功能。

现代计算机采用先进的电子技术代替了以往的采用机械齿轮或继电器技术的计算机,是真正的数字电子计算机,其特点是运算速度快、计算精确度高、可靠性好、记忆和逻辑判断能力强、存储容量大等。

在现代计算机的发展中,杰出的代表人物是英国的艾兰·图灵(Alan Mathison Turing),他建立了图灵机(Turing Machine, TM)的理论模型,这对数字计算机的一般结构、可实现性和局限性具有深远的意义;他还提出了定义机器智能的图灵测试(Turing Test),奠定了"人工智能"的理论基础。为纪念图灵的理论成就,美国计算机协会(ACM)在 1966 年开始设立了代表目前世界计算机学术界最高成就的图灵奖。

另一位杰出的代表人物是美籍匈牙利人冯·诺依曼。冯·诺依曼是在纯粹数学、应用数学、量子物理学、逻辑学、气象学、军事学、计算机理论及应用、对策论和经济学诸多领域都有重要建树和贡献的伟大学者。他首先提出了在计算机中存储程序的概念,使用单一处理单元完成计算、存储及控制操作。"存储程序"是现代计算机的重要标志。

美国出于军事目的而大力投入计算机技术的研究,于 1946 年 2 月宣告了人类第一台电子计算机 ENIAC(Electronic Numerical Integrator And Calculator)的诞生,并正式通过验收。这是一台电子数值积分计算机,这台计算机使用的是十进制数运算,构造上用了 17 000 多只电子管、10 000 多只电容器、7000 只电阻、1500 多个继电器,重达 30 多吨,运行功率为 150kW,占地为 160m^2。由于使用了电子管和电子线路,其运算速度已大为提高,每秒可完成加法运算 5000 次,但仍存在着不能存储程序、用机外线路连接方式编程等严重缺陷。

重要的是,ENIAC 的诞生标志着计算机时代的到来。在此后半个多世纪的时间中,计算机技术迅猛发展,在人类的科技发展史上其发展速度和影响力没有任何一种学科或技术可与之相比拟。

第一台实现内存储程序的电子计算机是英国剑桥大学的威尔克斯(M. V. Wilkes)根

据冯·诺依曼的设计思想领导设计的 EDSAC(The Electronic Delay Storage Automatic Calculator,电子延迟存储自动计算器),于 1949 年 5 月制成并投入运行。

具有内部存储程序功能的计算机 EDVAC(Electronic Discrete Variable Automatic Computer,电子离散变量自动计算机)也是根据冯·诺依曼的构想制造的,1952 年正式投入运行。EDVAC 由运算、逻辑控制、存储、输入和输出 5 部分组成,采用了二进制数直接模拟电路开关两种状态,提高了运行效率和可靠性,还可以把程序指令存储到计算机的记忆装置中而不需要在机外排线编程,这样就可以使计算机能够按事先存入的程序指令自动进行运算。冯·诺依曼提出的内存储程序的构建原理奠定了计算机硬件的基本结构规则,沿用至今。因为程序内储工作原理也称为冯·诺依曼原理,所以可把发展到今天的所有四代计算机的体系结构均称为"冯氏计算机"或"冯·诺依曼计算机"。四代计算机的技术特点如下。

1. 第一代——电子管计算机时代(1946 年到 20 世纪 50 年代末)的技术特点

电子管计算机的主要特点是采用电子管作为基本器件,运算速度一般为每秒数千次至数万次。在硬件方面没有可以直接存储的随机存储介质,在软件方面没有文件管理、操作系统,但有了程序设计的概念,程序指令由机器代码程序发展到符号程序。这一时期,虽然主要是为了国防军事尖端技术的需要,但研究成果逐渐扩展到民用,并由实验室走向社会,变为工业产品,从而有可能形成计算机产业,预示着计算机时代(computer era)的到来。

2. 第二代——晶体管计算机时代(20 世纪 50 年代中后期到 20 世纪 60 年代中期)的技术特点

晶体管计算机的主要特征是采用晶体管元件,使用磁芯和磁鼓作为存储器,由于体积缩小、功耗降低,从而提高了运算速度和可靠性,一般为每秒数十万次,最高可达每秒 300 万次,而价格却在不断下降。这一时期在软件方面产生了 ALGOL60、PL/1 等高级程序设计语言和批处理操作系统。

3. 第三代——中小规模集成电路时代(20 世纪 60 年代中期到 20 世纪 70 年代初)的技术特点

小规模集成电路计算机以中小规模集成电路作为计算机的主要元件,采用了更好的半导体内存,进一步提高了运算速度和可靠性。在软件方面也有了更进一步的发展,出现了操作系统,有了标准化程序设计语言,如 Fortran、COBOL 和人机会话式 BASIC 语言等;出现了结构化、模块化程序设计方法;操作系统趋于完善普及,形成了操作系统、编译系统和应用程序三个独立的软件系统。这个阶段实时系统和计算机通信网络有了相应的发展。

4. 第四代——大规模、超大规模集成电路时代(20 世纪 70 年代初到现在)的技术特点

1971 年,Intel 公司制成了第一批微处理芯片 4004。这一芯片集成了 2250 个晶体管

组成的电路,使个人计算机(Personal Computer, PC)得到迅猛发展。大规模集成电路使计算机更新换代、快速发展,如今已经进入人工智能、大数据、生物计算机时代。

大规模和超大规模集成电路计算机时代的计算机体积进一步缩小,性能进一步提高,它使用半导体存储器作为内存储器,发展了并行处理技术和多机系统,软件系统工程化、理论化,程序设计自动化,出现了客户机/服务器结构模式。在研制巨型计算机的同时,微型计算机快速发展并迅速普及。

目前,计算机继续朝着巨型化、微型化、网络化、智能化、多媒体化 5 种方向发展。

巨型化计算机可实现超高速、大容量和功能强大的超大型计算,是一个国家尖端科技发展的标志,主要用于尖端科学研究及新兴科学探索,如核反应技术、航空航天技术、生物工程、天文气象、原子运动等。如果没有高精度超大型计算系统,要完成复杂的推理过程不可想象。

微型化是随着大规模、超大规模集成电路出现的。微型机可集成在家用电器、导弹等现代化民用和军事设备中,计算机系统应用软件固化在芯片中,实现了整个系统的集成。

多媒体是"以数字技术为核心的图像、声音与计算机、通信等融为一体的信息环境"的总称。多媒体技术发展水平的不断提高,可以实现人们使用计算机交换信息更直接、更自然、更方便。多媒体技术的研究一直在不断扩展和提高,新的技术不断推出。

网络化是计算机技术与现代通信技术结合的产物。借助于网络环境,人们可以共享软硬件资源、信息和数据资源。

智能化使计算机能够模拟人的判断思维、行为方式、感官感知的过程机理,智能化的研究包括模式识别、物形分析、自然语言生成和理解、定理证明、专家系统、智能机器人等。这需要对各种学科分支,如信息论、控制论、数学、计算机逻辑、神经网络、生理学、教育学、法律等多方面知识进行综合应用,基本方法和技术是通过对知识的组织和推理求得问题的解答。智能化计算机可模拟人的智力思维,使现代计算机超越了用于计算的本质,拓展了计算机的能力。

现代计算机技术不仅影响人们的生活、工作和学习,也影响着一个国家的经济建设发展速度。我国在 1958 年制造出第一台电子计算机,1992 年成功研制出第一台通用 10 亿次并行巨型计算机"银河-Ⅱ"。自 1993 年起,全球高性能超级计算机排名权威机构"国际TOP500 组织"以计算机实测速度为基准,每半年评选发布一次全球高性能超级计算机的排名。2010 年中国"天河 1 号"首次夺冠,曙光公司研制的"星云"也位列高性能超级计算机系统前列。2011 年全球高性能超级计算机 500 强排行榜上,日本"京"(K Computer)以超越 1 亿亿次每秒的计算能力占据榜首,运算速度达到每秒 10 510 万亿次,比位列第二的中国超级计算机"天河 1 号"高出 3 倍以上。2012 年中国"天河-1A"和"星云"分别位列第 5 和第 10,同时中国有 68 套超级计算机系统上榜,总数仅次于美国,成为世界第二大超级计算机系统研发的国家。2013 年中国"天河 2 号"再次夺冠。2014 年"天河 2 号"在全球高性能超级计算机 500 强榜单中仍高居榜首,领先美国的 Titan 号。

2017 年 11 月 13 日公布的全球超级计算机 500 强榜单中,基于国产众核处理器的"神威·太湖之光"超级计算机以 12.5 亿亿次每秒的峰值计算能力,以及 9.3 亿亿次每秒的持续计算能力,获世界超级计算机排名榜单 TOP500 第一名;我国"天河 2 号"获排名榜单亚军。2018 年 11 月 12 日,中国超级计算机登上全球 500 强榜单,美国超级计算机 Summit(顶点)以每秒 14.35 亿亿次的运算速度夺得第一,美国超算 Sierra(山脊)晋升亚军,中国超算"神威•太湖之光"和"天河 2 号"位列第三名和第四名。在上榜数量上,中国超算上榜总数为 227 台,位列第一,且数量比上期进一步增加。美国上榜总数为 109 台,是历史新低。

超级计算机的应用领域从国家安全、核武器研制、气象预报、石油勘探等国家战略领域,拓展到互联网、大数据、人工智能、基因测序、影视制作、金融等多个领域,惠及不同行业,越来越贴近国民经济生活。科学家还可以做很多过去做不了的科学研究,例如模拟宇宙大爆炸、研究引力波等。

发展巨型机和大型机是尖端科学和国防事业的需要,标志着一个国家的计算机水平和高科技的发展。目前,中国计算机技术的发展非常快,水平也越来越高。计算机已在工农业生产、科学研究和国防建设事业中得到了广泛的应用。

在计算机信息技术日新月异的大数据时代,目前人们可能还无法确定第四代计算机技术的结束和第五代计算机技术的开始,而计算机信息技术的高速发展似乎在期待着非冯•诺依曼结构计算机的问世和能够取代大规模集成电路的新材料的出现。

1.2.4　计算机系统分类

计算机系统可以从不同方面分类。按处理对象可以分为数字计算机、模拟计算机和数模混合计算机;按使用范围可以分为通用计算机和专用计算机。

目前,国内外较多沿用的分类方法是根据美国电气和电子工程师协会(IEEE)于 1989 年 11 月提出的标准划分的,即把计算机划分为巨型机(Supercomputer)、小巨型机(Minisuper)、大型主机(Mainframe)、小型机(Minicomputer 或 Minis)、工作站(Workstation)和个人计算机(Personal Computer)6 类。

巨型计算机也称为超级计算机、超算系统等。超级计算机是指工作速度为每秒万亿次计算的运算系统。超级巨型机是计算机中运算速度最快、处理功能最强、存储容量最大的计算机,多用于尖端前沿技术的超大型项目,如核工业、空间技术、全球天气预报、载人航天器、核聚变、替代能源和物理以及社会经济模拟等领域。超级计算机系统的研制、生产和应用是国家综合国力与科技发展水平的重要标志。

小巨型机又称小超级计算机,可以满足一些科学研究、工程设计的特定需要。

大型主机包括过去所说的大型机和中型机,主要用于规模较大的银行、企业、高校和科研院所,有很强的管理和处理功能。

小型计算机系统结构相对简单,但使用可靠性高、成本较低,比昂贵的大型主机有更大的应用空间。

工作站包括工程工作站和图形工作站等,是介于 PC 与小型机之间的一种高档微型计算机,它的运算速度比微机快,有较强的联网功能,主要用于图像处理、计算机辅助设计等特殊的专业领域。此"工作站"非网络"工作站"。网络工作站泛指连网用户节点,以区别于网络服务器。网络工作站通常是一般的普通微机。

个人计算机又称微型计算机（Microcomputer），也称个人电脑（PC）或微机。自20世纪70年代出现后，它以其设计先进和不断采用高性能微处理器升档为标志，以操作简单、价格便宜、软件丰富、功能齐全等优势而广为普及和应用。现在个人计算机款式多、功能多，不仅有台式机，还有膝上电脑、笔记本电脑、掌上电脑、手表型电脑等，在技术、款式、功能集成方面都在不断推新。目前采用32位计算技术的个人计算机逐渐换代，取而代之的是采用64位计算技术的个人计算机。

在微型化方面具有代表性的是4G（the 4th Generation Mobile Communication Technology）移动通信技术领域的计算机技术应用。4G手机相当于一部小型计算机，利用无线局域网（WLAN）能够快速传输数据、音频、视频和图像，进行网页浏览、电子商务、网络视频、多媒体等操作。4G数据传输速率可达到20Mb/s，最高可以达到100Mb/s。而5G通信的增强移动宽带，其峰值速率将是4G网络的10倍以上，其超高的可靠性和低时延技术将使通信响应速度降到毫秒级，可用于无人驾驶等对响应速度要求极高的各种领域。

实际上，64位时代的来临给人们带来了宽带上网、在线直播、视频下载等新的应用。人们可以在线收看直播视频，在线玩3D网络游戏等。64位计算机系统可以使PC数码潜能发挥得更好，在高质量顶级音乐、宽带视频、高品质游戏技术中，宽带和数码技术不仅给人们的工作带来了简便和快捷，也给人们的生活方式和思维活动方式带来了变革。目前，128位或更高位的计算机采用动态高位运算技术，可实现高精度快速运算。

基于现实网络环境下的分类方法还有服务器（Server）、工作站（Workstation）、台式机（Desktop PC）、便携机（Mobile PC）或称笔记本（Notebook）、手持机又称掌上电脑（Handheld PC）或亚笔记本（Sub-notebook）等类型。

1.2.5　计算机技术应用分类

计算机的广泛普及与应用随着现代信息技术的发展几乎渗透到了所有领域，已成为一种不可缺少的信息处理和解决实际问题的工具。通常，计算机技术的应用可以分为以下几个主要方面。

1. 数值计算或科学计算

数值计算或科学计算主要解决科学研究与工程计算中的数学问题。在现代科学技术中有大量复杂的数值计算，如在力学、数学、物理等基础学科的研究，在尖端学科，如航天航空技术中的卫星轨迹计算以及火箭、人造卫星的研究设计中，都离不开计算机的精确计算。可以说，没有快速精确的计算机计算，就不可能有今天快速发展的尖端科学技术。

2. 数据处理或信息处理

数据处理的特点是处理的数据量大而数值计算并不复杂，一般是指信息管理和查询、数据统计等。计算机在信息处理方面的应用，如管理信息系统（MIS）和办公自动化（OA）系统，可进行人事管理、工资管理、生产管理、仓库管理、财务管理等，还有日常使用的火车、飞机联网售票系统等。对现代计算机来说,80%以上的应用都是非数值数据处理。

3. 自动控制

自动控制也称实时控制或过程控制。计算机借助其快速准确的运算能及时采集检测数据,按最优方案对动态过程实现自动控制。以计算机为中心的控制系统被广泛用于实时性要求高、操作复杂或危险的工矿企业、石油化工、航空航天发射等领域中,可以提高生产效率和产品质量。

4. 计算机辅助系统

计算机辅助系统包括计算机辅助设计、计算机辅助制造、计算机辅助教学等。

计算机辅助设计(Computer Aided Design,CAD)就是指用计算机帮助人们进行产品和工程设计,这方面的应用非常广泛。例如,在建筑设计中广泛使用的计算机辅助绘图、产品造型等可以对设计方案进行分析比较,绘制出符合工业标准的施工图纸,统计所需的各种材料等。计算机辅助设计广泛用于飞机制造、汽车制造、集成电路的设计和服装设计等领域。

计算机辅助制造(Computer Aided Manufacture,CAM)就是指使用计算机进行生产设备的管理控制和操作的过程。有了CAD的设计标准,就可以实现CAM的标准化和生产自动化(production automation)过程,从而进一步产生了计算机辅助设计、辅助制造的集成制造系统(Computer Integrated Manufacturing System,CIMS)。

利用计算机辅助教学(Computer Aided Institute,CAI),教师可以将某门课的教学内容编制成电子教案、多媒体课件等,学生也可以通过计算机或计算机网络根据自己的能力、学习要求和掌握程度选择不同的学习内容,循序渐进、有目标地进行学习,它通过学生与计算机之间的交互活动达到教学目的,使教学内容和形式多样化、形象化。例如,将植物的生长过程用计算机动态显示出来,可以使学生更形象、准确、直观地掌握这些知识。

5. 人工智能

人工智能(Artifical Intelligence,AI)是指用计算机模拟人的思维判断、推理等智能活动,可使计算机具有自学习适应和逻辑推理的功能,如翻译、作曲、自动识别等;将人脑进行的演绎推理的思维过程、规则和采取的策略、技巧等编制成算法程序,形成一些计算机存储的公理和规则,自动进行求解。机器人是人工智能应用的典型例子。机器人可以帮助人们完成一些恶劣条件下的繁重工作,例如在辐射、有毒、高温等环境下的工作都可以让机器人去完成。

6. 计算机网络通信技术

计算机网络(Computer Network)通信技术和多媒体技术的结合应用是目前计算机应用最为广泛的一个方面。计算机网络把文字、声音、图像等信息传输到了世界的每一个地方。计算机网络是指由一台或多台计算机、终端设备、数据传输设备等在网络协议控制下实现终端、计算机、通信控制处理机等通信所组成的系统集合。计算机网络的特点表现在共享资源、数据传输、可靠性和分布式数据处理等。5G 是第五代移动通信网络（the 5th Generation Mobile Networks 或 the 5th Generation Wireless Systems）的英文缩写。5G 网络高性能的发展目标是网络数据传输高速率、高可靠、低时延、低能耗、低成本，以及十分广泛的网络通信覆盖和大规模信息系统接入连接等。基于 5G 技术基础上构建的计算机网络是安全高效的新一代智能互联网，将广泛应用于生产和生活的各个领域。

7. 多媒体技术

多媒体（Multimedia）系统由主机、视频、音频输入和输出设备、数据存储设备、各类功能卡、交互界面和各种软件构成。网络多媒体信息有多种数据压缩格式，主要考虑其在网上的传递速度、还原后的信息损失。多媒体技术研究的内容很多，主要有数据压缩、数据的组织与管理、多媒体信息的展现与交互、多媒体通信与分布处理、虚拟现实技术等。

8. 数据库应用

数据库应用（Database Applications）是计算机数据处理应用的基础。在网络信息社会，凡涉及信息数据的处理，如银行储蓄、超市结算、物流管理、办公自动化与生产自动化等都必须使用数据库技术实现安全有效的数据共享与管理。现代数据库技术随应用领域发展很快，有分布式数据库、面向对象数据库、智能型知识数据库、客户机/服务器结构的数据库技术、并行数据库、工程设计数据库、多媒体数据库、实时数据库等。

9. 大数据技术

大数据（Big Data）技术从数据处理来讲，体系庞大也比较复杂，主要包括数据采集预处理、分布式存储、数据查询分析、数据仓库、机器学习、并行计算和数据可视化分析技术等。随着大数据技术的发展，其应用行业领域越来越广泛，例如在医疗方面可利用大数据分析计算遗传学或病理学大数据，制订可靠治疗方案；商业方面可利用用户搜索大数据、社交媒体大数据等分析计算挖掘有价值数据，了解客户爱好行为，优化供应链以及配送路线，以更好地提供商业服务。与生活相关的还有实时交通信息大数据、气象信息大数据分析计算及应用等，可为民众出行提供更多便利；其他应用还有网络信息安全管理、金融数据分析与服务等。

10. 云计算技术

云计算（Cloud Computing）是分布式计算、并行处理和网络计算不断发展的必然产物，是一种通过互联网提供虚拟化资源，动态的、易扩展的计算方式。云计算技术以信息大数据处理功能为核心，融合了多项 ICT（Information Communication Technology）技术，包括虚拟化技术、分布式数据存储、大规模数据管理、分布式资源管理、信息安全管理、算法模型编程计算、云计算平台管理等基础关键技术，是各种技术融合发展而逐步形成的新技术领域，发展快且应用广泛。人们通过浏览器就能从提供各种资源的网络"云"中随时获取各种所需信息服务，还可以根据需要动态扩展实际应用。

11. 虚拟现实技术

虚拟现实(Virtual Reality)技术也称 VR 技术,是计算机仿真技术、多媒体技术、传感技术、网络技术、人机接口技术、计算机图形学等多种技术结合发展而来的全新技术。VR技术主要包括模拟现实环境、各种感知触觉、人体自然行为、动作技能、传感设备和三维交互系统等。由于模拟环境是由计算机计算生成的实时动态三维立体图像的逼真场景,人们可以结合传感设备身临其境,介入虚拟环境进行实时互动。随着各种技术的深度融合,虚拟现实技术在各行业领域得到了广泛应用,例如教育、医疗、工业、园林设计、城市观光、军事模拟、科学计算可视化、动画游戏、艺术娱乐等领域,各种应用技术的发展也使 VR 技术得到了极大发展。

1.3　信息道德与系统安全

随着计算机网络通信技术的发展,各种形式的信息的传播速度更加快捷,传播范围更加广泛,不仅影响着人们的工作、学习和生活,也影响着人们的思维和行为方式。

1.3.1　信息道德与遵纪守法

现代信息技术造就了丰富变幻、五彩缤纷的信息世界,可以满足各种不同用户的不同应用,在社会生活中产生着积极的作用,也加速了人类社会的发展。信息的快捷多样化和迅猛膨胀自然就产生了各式各样的信息文化,其中有一些是消极的。作为有文化的时代青年,必须要以健康的心理看待信息世界所衍生的各种文化,特别要以正确的人生观、世界观看待世界,提高自己的鉴别能力,汲取信息文化的营养,摈除糟粕,拒绝误导,特别是要抵制网络中传播的虚假、反动、色情、恐怖等有害信息,还要拒绝盗版。一定要遵守文明公约,在学校机房或社会网吧上网要遵守机房或网吧的管理制度,爱惜公共设备,不要沉溺于游戏,严禁传播、制作病毒或黄色、反动的信息。总之,要严格要求自己,避免不道德行为和犯罪行为的发生。

1.3.2　计算机信息系统安全

计算机技术和因特网的广泛普及和应用使计算机及网络在日常工作、学习和社会生活中也越来越重要,如何保证计算机信息与系统的安全等问题显得日益重要。保证系统安全,不仅需要保护硬件设施,也需要保护软件环境。综合来看,计算机信息系统安全主要有以下两个方面。

(1) 系统环境安全:对计算机工作环境应有一定要求,如防火、防盗、防高温、防潮等。

(2) 系统信息安全:安全可靠的系统控制管理包括网络管理、电源管理、数据库管理等。

在计算机安全问题上,最令人关注的是计算机病毒(Computer Virus)。

1.3.3　计算机病毒与防范

计算机病毒是指可以自我复制、能引发计算机系统故障的一段计算机程序,是由一系列指令代码组成的。该程序与普通程序的不同之处在于:它在计算机运行时具有自我复制能力,能将病毒程序本身复制到计算机中那些本来不带有该病毒的程序中,即病毒具有传染能力。《中华人民共和国计算机信息系统安全保护条例》中指出:"计算机病毒是指编制或者在计算机程序中插入的破坏计算机功能或者毁坏数据,影响计算机使用,并能自我复制的一组计算机指令或程序代码。"利用计算机作为犯罪工具的高科技犯罪已经成为日益严重的社会问题,不仅阻碍着计算机的应用和发展,而且构成了对整个社会的严重威胁。

1. 计算机病毒侵入计算机系统的途径

(1) 网络通信:文件传输、下载软件、电子邮件等。

(2) 携带病毒的存储介质:被感染的光盘、软盘、闪盘(U 盘)等。

(3) 感染病毒的软件:盗版软件、游戏软件及互借使用的工具软件等。

(4) 游戏程序:游戏程序极易携带计算机病毒,有的游戏程序本身就有病毒。

2. 计算机病毒的表现

(1) 磁盘存储不正常:系统不能识别磁盘设备,整个磁盘上的信息均遭破坏。

(2) 文件异常:文件长度无常,发生变化,文件内的数据被改写或破坏。

(3) 屏幕显示及蜂鸣器发生异常:屏幕上出现异常信息或画面。

(4) 系统运行异常:计算机系统工作速度下降,宕机或不能正常启动,系统内存与磁盘空间大幅减少,在磁盘上多出许多坏扇区等。

(5) 使用打印机时出现异常:打印机不能联机,打印出一些不可辨识的符号等。

3. 计算机病毒的诊断

计算机病毒是人为编写制作的程序,人们也可以编写程序反病毒。目前国内外普遍使用的杀病毒软件各有所长。当用杀毒软件扫描磁盘以检查每个计算机程序是否带有病毒时,若发现被查的某个程序中有病毒,即显示出带有病毒的程序与病毒类型或名称,同时也可清除病毒。这一方法有个缺点,就是不能查出那些预先没有把病毒特征档案记录在扫描程序中的新病毒,而且也不能预先阻止新病毒的传染扩散。新病毒总是在随时产生,所以病毒扫描程序和杀毒软件也要不断更新。

有经验的计算机用户都知道应防范在先。根据下面列举的一些现象,可判断自己的计算机是否存在病毒。

(1) 文件读入的时间变长。

(2) 磁盘访问时间变长。

(3) 用户没有访问的设备出现"忙"的信息。

（4）出现莫明其妙的隐藏文件。

（5）有规律地出现异常信息。

（6）可用存储空间突然减小。

（7）程序或数据神秘丢失。

（8）可执行文件的大小发生变化。

（9）磁盘空间突然变小。

（10）文件建立或修改的日期和时间发生了变化。

（11）文件不能全部读出。

（12）产生零磁道损坏的信息。

4．计算机病毒的清除

使用计算机需要经常交流各种信息，特别是联网的计算机与外界打交道很频繁，难免有新的或旧的计算机病毒侵入，所以需要经常进行检测。用户可以根据自己对计算机系统的熟练程度选择方便有效的查毒和杀毒方法，清毒之前应做好数据备份工作。

在使用计算机时，如果发现病毒应立即清除。一般的普通用户不易用手工编程等方法清毒，最好选择正版杀毒软件。现在专业的正版杀毒软件工具对各种特定种类的病毒可以进行快速及时的检测、拦截、扫描和清除等，使用安全方便，一般不会破坏系统中的正常数据。

杀毒软件产品很多，国内比较常见的有 360 安全卫士电脑安全辅助软件、360 杀毒软件、QQ 电脑管家、EasyRecovery 数据恢复软件、金山毒霸软件和瑞星杀毒软件等系统安全管理和病毒查杀软件。这些正版软件不少都是免费提供给用户下载和使用的，而且在使用过程中监测和查杀病毒的功能都很强，还可联网及时更新版本，以便清除新出现的病毒，使用极为简单、方便和可靠。

例如 360 安全卫士电脑安全辅助软件拥有查杀木马、清理插件、修复漏洞、电脑体检等多种功能，并独创了"木马防火墙"功能，依靠抢先侦测和云端鉴别，可全面、智能地拦截各类木马，保护用户账号和隐私等重要信息。360 杀毒软件是完全免费的杀毒程序软件，整合了 BitDefender 病毒查杀、云查杀、主动防御和 360 人工智能这四个较为先进的病毒防杀引擎软件，不仅有较强的查杀能力，而且能及时防御新出现的木马病毒程序。360 杀毒软件的用户界面如图 1.5 所示。

QQ 电脑管家安全软件是一款智能计算机管理工具，能比较全面地解决常见的各种系统安全问题。EasyRecovery 数据恢复软件是一款硬盘数据恢复工具软件，能够辅助恢复磁盘数据及重建文件系统，比如恢复被删除文件的数据，恢复格式化丢失的数据，恢复磁盘分区丢失的数据等。

正版杀毒软件在安装、使用和更新等方面十分方便。比如瑞星杀毒软件是国内最早采用主动防御技术的软件产品，可及时更新恶意网址库，处理可疑病毒样本，阻断网页木马、钓鱼网站等对计算机系统的侵害。瑞星杀毒软件 V16＋基于"智能云安全"系统设计，优化了云查杀的功能和性能，保证了较高的病毒查杀率，且更节省系统资源。杀毒软件在精确查杀、严密监控的同时不影响用户正常的操作。

图 1.5　360 杀毒软件用户界面

　　瑞星个人防火墙技术具有网络攻击拦截功能,可拦截来自互联网的黑客,拦截木马攻击、远程攻击、浏览器攻击、网络系统攻击等各类病毒及黑客攻击,随时更新入侵检测规则库。瑞星个人防火墙以出站攻击防御方式阻止计算机被黑客操纵,以保护网络通信带宽和系统资源不被恶意占用,避免沦为恶意攻击对象。瑞星“云安全”计划是网络时代信息安全新技术的体现,兼有网格计算、并行处理、未知病毒行为判断等新技术,通过对网络中客户端软件行为的异常监测,获取互联网中木马病毒、恶意程序的最新信息,送到服务器端自动分析处理,再把解决方案分发到每个客户端,从而提供系统安全保障。

　　金山毒霸的网购“火眼”微博虚假广告鉴定系统可以在用户浏览微博时及时鉴定和提示其中的虚假广告,该功能已支持新浪微博、腾讯微博两大平台,兼容各大主流浏览器,可有效防止微博用户购买虚假产品。金山毒霸杀毒套装软件针对互联网上毒源最大的恶意网址以及泛滥的病毒下载工具等,采用超大病毒数据库技术支持、智能主动防御技术和互联网可信认证机制等功能,可及时拦截恶意网址,提供计算机系统全面防护功能。金山毒霸软件用户可根据个人计算机系统的需要随时联网进行在线升级。金山毒霸软件用户界面如图 1.6 所示。

　　金山卫士采用云安全技术,不仅能查杀上亿已知木马,还能在 5 分钟内发现新木马;其漏洞检测针对 Windows 优化,速度比同类软件快 10 倍;更有实时保护、插件清理、修复IE 等功能,可全面保护系统安全。网络用户可通过金山毒霸全球病毒监测网提供的技术服务获得全面的网络安全信息及各类病毒攻击的解决方案。金山卫士软件用户界面如图 1.7 所示。

　　各种杀毒软件各有特点,使用时可以根据需要进行选择。坚持使用正版软件可以随时得到联机帮助,使用方便,安全可靠。

图 1.6　金山毒霸用户界面

图 1.7　金山卫士软件用户界面

　　防火墙的主要功能是可以有效阻断来源于网络的非法恶意攻击,能够阻挡互联网上的病毒、木马和恶意试探等,但不能消灭及清除对方系统的攻击源。在网络流量增大或并发请求增多的情况下易导致拥堵使防火墙溢出,这时防火墙就会无法阻止已被禁止的网络连接。

5．计算机病毒的预防

1）硬件措施

一种比较有效的预防计算机病毒的方法是采用计算机病毒防护卡。病毒防护卡是一种固化了软件的硬件插卡,插在计算机主板的扩展槽中,可以及时阻止病毒的传染。有的防病毒卡还带有清除功能,可以自动清除操作系统或内存中的病毒。

2）软件措施

软件预防一般采用计算机实时监控程序。这种程序能够监督系统运行,防止某些病毒的入侵。要定时对计算机系统进行检查,不使用来历不明的软件。

计算机病毒破坏性强、危害大,很有必要对其采取必要的预防措施。一般从以下几个方面防治病毒。

（1）从硬件方面：阻止计算机病毒的侵入比病毒侵入后再去排除它重要得多。一种有效预防计算机病毒的方法是采用计算机病毒防护卡,插在计算机系统板的扩展槽中。该卡自动对每个在计算机中运行的程序进行监控。一旦发现某个程序运行异常,有病毒传染行为,便会立刻报警提示,并及时阻止该病毒的传染。有的防病毒卡还带有清除功能,可以自动清除操作系统或内存中的病毒。

（2）从软件方面：一般采用计算机防火墙等程序软件,能够监督系统运行,防止某些病毒侵入。

（3）从管理方面：管理是最有效的一种预防病毒的措施,主要包括法律制度的约束、管理制度的建立与健全和宣传教育等方面。有时需要用干净的系统引导盘(如事先备好的系统软盘)启动计算机,彻底检测和清除计算机病毒,这项工作应经常做。

6．加强教育与管理

目前国家法律对计算机犯罪已有明确的规定,对于制造和传播计算机病毒的犯罪行为要依法追究其法律责任,使其受到法律制裁。

（1）计算机管理制度的建立与健全。从计算机的使用、维护到软盘、软件的交流都有一整套的规定,并且应定期进行安全检查。一旦发现病毒,应及时清除。

（2）加强宣传教育。认识、了解病毒及其危害性,养成良好的防毒工作习惯,互相监督,杜绝制造病毒的犯罪行为。

安全使用计算机,保障系统安全并及时防范计算机病毒,重要的是提高安全防范意识,随时预防病毒侵入,经常检测病毒和清除病毒。

1.4　计算机系统计算基础

电子数字计算机是物理设备,在对信息数据进行处理的过程中,输入、传输和存储都是利用电子数字设备的电磁物理稳定特性对信息数据进行数字化加工才能完成的,所以需要规划统一的信息数据表示或编码。

1.4.1 计算机系统中的信息运算

要使计算机能够运算,必须要对信息数据实现可行的编码表示。运算必然要使用进位计数制。进位计数制在人们的日常生活中使用得非常广泛,如算术中逢 10 进 1,时钟计时中逢 60 进 1,年历中逢 12 进 1 等。那么计算机为什么要采用二进制计数制呢?

自然界中两个稳定的物理状态比较容易实现,如电压电平的高与低、开关的接通与断开、晶体管的导通和截止等,只需用 0、1 两个状态表示。如果使用十进制数,则需要由保持 10 种稳定状态的电子器件表示 0~9 数码的 10 个状态,这在技术上几乎是不可能的;而使用二进制数,技术上则很容易实现。

使用两个状态的二进制计数制,用数字表示信息,传输和处理可靠性高。二进制数的运算法则很简单,可使运算器的结构和控制也简单许多。二进制数求和、求积法则分别为:

求和 $0+0=0$ $0+1=1$ $1+0=1$ $1+1=10$

求积 $0\times0=0$ $0\times1=0$ $1\times0=0$ $1\times1=1$

二进制数只有 0、1 两个数码,可以代表逻辑代数中的“假”和“真”。因此,电子数字计算机中都使用二进制数表示信息。由于人们习惯使用十进制,因此,用户通常还是用十进制数、八进制数、十六进制数与计算机打交道,由计算机自动实现数制之间的转换。

1.4.2 常用的进位计数制

1. 十进制

人们最熟悉的计数制就是十进制,它有以下特点:

(1) 基本计数符号有 10 个,为 0~9;

(2) 逢 10 进位,10 是进位基数。

例如一个十进制数 2768.34,它的实际值与基数的关系可以如下表示:

$$2\times10^3+7\times10^2+6\times10^1+8\times10^0+3\times10^{-1}+4\times10^{-2}=2768.34$$

所以一个任意的十进制数 d 可表示成

$$(d)_{10}=R_{k-1}10^{k-1}+R_{k-2}10^{k-2}+\cdots+R_010^0+$$

$$R_{-1}10^{-1}+\cdots+R_{-n}10^{-n}=\sum_{j=k-1}^{-n}R_j10^j$$

其中 R_j 为第 j 位的计数符号;10^j 为第 j 位的权;k 为整数部分位数;n 为小数部分位数。

2. 二进制

二进制是计算机使用的进位计数制。其特点是:

(1) 基本计数符号只有两个,为 0、1;

(2) 逢 2 进位,2 是进位基数,任何一个二进制数 b 也可以表示成:

$$(b)_2 = R_{k-1}2^{k-1} + R_{k-2}2^{k-2} + \cdots + R_0 2^0 + R_{-1}2^{-1} + \cdots R_{-n}2^{-n} = \sum_{j=k-1}^{-n} R_j 2^j$$

其中，R_j 为计数符号，只能取 0 或 1。

二进制难写难记，书写时人们常常采用八进制或十六进制。

3. 八进制

八进制的特点是：

(1) 基本计数符号有 8 个，为 0～7；

(2) 逢 8 进位，8 是进位基数。

4. 十六进制

十六进制的特点是：

(1) 有 16 个基本符号，0～9，A、B、C、D、E、F，其中 A～F 对应十进制的 10～15；

(2) 逢 16 进位，进位基数为 16。

总结起来，任何一个 L 进制有以下特点：

(1) 有 0～$(L-1)$ 个基本计数符号；

(2) 逢 L 进位，即

$$(m)_L = R_{k-1}L^{k-1} + R_{k-2}L^{k-2} + \cdots + R_0 L^0 + R_{-1}L^{-1} + \cdots + R_{-n}L^{-n}$$

1.4.3　几种进位计数制之间的转换

1. 二进制数转换为十进制数

根据前面的公式，任何进制的数都可以展开成为一个多项式，其中每项是各位权与系数的乘积，这个多项式的结果便是所对应的十进制数。例如：

$$(11001.01)_2 = 1 \times 2^4 + 1 \times 2^3 + 0 \times 2^2 + 0 \times 2^1 + 1 \times 2^0 + 0 \times 2^{-1} + 1 \times 2^{-2}$$
$$= 16 + 8 + 1 + 0.25 = 25.25$$

2. 十进制数转换为二进制数

(1) 将十进制整数转换成二进制数，只需将十进制整数不断被 2 除，取其余数即可。

例如：求 $(11)_{10}$ 的二进制形式。

```
2 | 11   1    ↑ 低位
2 |  5   1
2 |  2   0
2 |  1   1
     0        ↓ 高位
```

最后一个余数为 a_0，从下往上依次为 $a_0, a_1, \cdots, a_n$。因此，$(11)_{10} = (1011)_2$。

（2）将十进制小数转换为二进制数,只需将十进制小数转换为二进制的小数并采用乘 2 取整法,将每次所得的整数从上往下列出即可。

例如:求 0.825 的二进制形式。

$$
\begin{array}{r}
0.825 \\
\times \quad 2 \\
\hline
1\leftarrow\!-.650 \\
\times \quad 2 \\
\hline
1\leftarrow\!-.300 \\
\times \quad 2 \\
\hline
0\leftarrow\!-.600
\end{array}
$$

整数 $a_{-1}=1$ ↑ 高位

整数 $a_{-2}=1$

整数 $a_{-3}=0$ ↓ 低位

得 $(0.825)_{10}=(0.110)_2$。

在转换时乘 2 并不一定能保证尾数为 0,只要达到某一精度即可。

3. 二进制与八进制、十六进制之间的转换

因为 $2^3=8$、$2^4=16$,所以 3 位二进制数对应 1 位八进制数;4 位二进制数对应 1 位十六进制数。

（1）二进制转换为八进制。二进制转换为八进制,整数部分只需从右向左(从低位到高位)划分;而小数部分则从小数点开始从左往右划分,每 3 位分为一组,然后分别将该组二进制数转换成八进制数即可。例如:

$(100111101)_2$ 分组 100,111,101

4   7   5

因此,$(100111101)_2=(475)_8$。

$(0.11011)_2$ 分组 0.110,110

↓   ↓

6   6

因此,$(0.11011)_2=(0.66)_8$。

如果分组后,二进制数整数部分左边最后不够 3 位,则在左边添零。对小数部分,则在最后一组右边添零。

八进制转换为二进制是上述方法的逆过程,即将每位八进制数分别转换为 3 位二进制数。例如:

4   6   7   5

↓   ↓   ↓   ↓

100   110   111   101

因此,$(4675)_8=(100110111101)_2$。

（2）二进制转换为十六进制。二进制数转换成十六进制数,只需将二进制整数从右到左,小数部分从左到右,每 4 位划分一组;不足 4 位用 0 补齐。每组二进制数转换成对应的十六进制数。

例如:

$$0101 \quad 0110. \quad 1110 \quad 1000$$
$$\downarrow \qquad \downarrow \qquad \downarrow \qquad \downarrow$$
$$5 \qquad 6 \qquad E \qquad 8$$

因此,$(1010110.11101)_2 = (56.E8)_{16}$。

反之,将十六进制数转换成二进制数为上述的逆过程。例如:

$$(6 \quad B \quad C. \quad D \quad 8)_{16}$$
$$\downarrow \quad \downarrow \quad \downarrow \quad \downarrow \quad \downarrow$$
$$0110 \quad 1011 \quad 1100 \quad 1101 \quad 1000$$

因此,$(6BC.D8)_{16} = (11010111100.11011)_2$。

常用进位计数制的转换关系如表 1.1 所示。

表 1.1　常用进位计数制的转换关系

十进制	二进制	八进制	十六进制	十进制	二进制	八进制	十六进制
0	0	0	0	9	1001	11	9
1	1	1	1	10	1010	12	A
2	10	2	2	11	1011	13	B
3	11	3	3	12	1100	14	C
4	100	4	4	13	1101	15	D
5	101	5	5	14	1110	16	E
6	110	6	6	15	1111	17	F
7	111	7	7	16	10000	20	10
8	1000	10	8				

1.4.4　西文信息在计算机中的编码

计算机不仅用于数值计算,还可存储大量的字符信息,用于信息交换。计算机系统不能直接存储英文字母等字符,像计算机键盘的英文字符、数字字符或其他专用字符(如!,♯,$,>,<)等,要用标准的二进制编码表示,每个字符只有唯一的一个二进制代码。目前计算机系统均采用 ASCII 码(American Standard Code for Information Interchange,美国信息交换标准码)作为国际标准。ASCII 编码如表 1.2 所示。

表 1.2　ASCII 编码

		0	1	2	3	4	5	6	7
		0000	0001	0010	0011	0100	0101	0110	0111
0	0000	NUL	DLE	SP	0	@	P	`	p
1	0001	SOH	DC1	!	1	A	Q	a	q
2	0010	STX	DC2	”	2	B	R	b	r
3	0011	ETX	DC3	♯	3	C	S	c	s
4	0100	EOT	DC4	$	4	D	T	d	t

		0	1	2	3	4	5	6	7
		0000	0001	0010	0011	0100	0101	0110	0111
5	0101	ENQ	NAK	%	5	E	U	e	u
6	0110	ACK	SYN	&	6	F	V	f	v
7	0111	BEL	ETB	、	7	G	W	g	w
8	1000	BS	CAN	(	8	H	X	h	x
9	1001	HT	EM	)	9	I	Y	i	y
10	1010	LF	SUB	×	:	J	Z	j	z
11	1011	VT	ESC	+	;	K	[	k	{
12	1100	FF	FS	,	<	L	\	l	|
13	1101	CR	GS	—	=	M	]	m	}
14	1110	SO	RS	·	>	N		n	~
15	1111	SI	US	/	?	O		o	DEL

注意：在 ASCII 编码表中，每个字符编码用 1 字节(byte)表示，最高 1 位不用，只用低 7 位二进制码表示 $2^7 = 128$ 个字符的编码。例如，用 01000010 代表字符 B，用 00100110 代表字符 & 等。用 ASCII 码表示的字符，在任何系统下都会以标准字符显示或打印出来。

1.4.5　中文信息在计算机中的编码

1. 汉字国标码

汉字是象形文字，用英文的 26 个字母是不能表达的。我国在 1981 年公布了《信息交换用汉字编码字符集　基本集》，编号是 GB 2312—1980，称为国标码。国标码用于汉字信息交换，在它的标准编码字符集中共收集了汉字和图形符号 7445 个，其中有 682 个图形符号、6763 个汉字。这 6763 个汉字又根据使用频繁程度分成两级，第一级为常用汉字 3755 个，第二级为次常用汉字 3008 个。每个汉字或字符用 2 字节表示，国标码的编码表是由 94 行、94 列组成的 94×94 的全部汉字及图形符号的矩阵。每个汉字或符号均唯一存放在确定的行和列上。该矩阵可容纳 94×94＝8836 个汉字和图形符号，现只收入了 6763 个汉字和 682 个图形符号，还留有空余以便备用。汉字国标码部分码表如表 1.3 所示。

从国标码表中可以看到，每个汉字第 1 字节的高字节和第 2 字节的低字节唯一确定。如"啊"字的国标码是二进制 0011000000100010 或十六进制 3022H（H 表示十六进制）。另外，汉字存在着简体和繁体的区别，计算机简、繁汉字的输入方法与编码方式也不相同，因此计算机简、繁汉字文档之间不能互相调用与编辑。目前一些常用系统软件已有专门的文本内码转换软件，可以解决简、繁汉字通用阅读和打开调用的问题。

表 1.3　汉字国标码部分码表

b7	b6	b5	b4	b3	b2	b1		第2字节	01	02	03	04	05	06	07	08
								B7	0	0	0	0	0	0	0	0
							第	B6	1	1	1	1	1	1	1	1
							2	B5	0	0	0	0	0	0	0	0
							字	B4	0	0	0	0	0	0	0	1
							节	B3	0	0	0	1	1	1	1	0
								B2	0	1	1	0	0	1	1	0
	第	1	字	节				B1	1	0	1	0	1	0	1	0
b7	b6	b5	b4	b3	b2	b1			01	02	03	04	05	06	07	08
0	1	0	0	0	1	1		3	！	"	#	Y	%	&	'	(
0	1	1	0	0	0	0		16	啊	阿	埃	挨	哎	唉	哀	皑
0	1	1	0	0	0	1		17	薄	雹	保	堡	饱	宝	抱	报
0	1	1	0	0	1	0		18	病	并	玻	菠	播	拨	钵	波

2. 区位码

按国标 GB 2312—1980 规定,全部国标汉字和图形符号均排列在 94×94 的矩阵内。若把行号称为区号,把列号称为位号,并用十进制表示,则每个汉字和图形符号一定有确定的区号和位号。规定区号在前、位号在后,即组成了区位码。如"啊"字的区号为 16,位号为 01,则区位码为 1601。区号和位号都用两位数字表示,不足两位的前面补零。

(1) 汉字输入码

汉字输入码也称为外码,每个汉字输入码对应一个汉字,用于输入汉字时的汉字编码。汉字输入编码方法可分为 4 类,即字音编码法、字形编码法、音形编码法和整字编码法。字音编码是以汉字的标准拼音为基础实现的汉字编码,它又分为全拼、双拼和简码 3 种;字形编码是以汉字字形结构为基础的编码方法,常用的有五笔字型和首尾码等。音形编码是将拼音和字形有机地结合起来进行编码,比较成熟的有音形大众码、智能 ABC 等;整字编码法是把汉字按某种规则排定先后顺序,按序号编码,如区位码,这种方法常为某些专业人员使用。每种汉字输入码由汉字系统转换成唯一的汉字国标码。

(2) 汉字机内码

汉字机内码常常称为汉字的内码,是一个汉字被系统内部处理和存储而使用的代码。汉字的内码是统一的。ASCII 码为单字节 7 位编码,最高位为 0。为区别用 ASCII 码表示的西文和 2 字节表示的汉字,汉字内码的最高位均置为 1。例如,汉字基本集中"啊"字的 2 字节 7 位国标码为 0110000 和 0100001(3021H),在 2 字节的最高位置 1,其内码就是 10110000 和 10100001(B0A1H)。这种变换方式便于中、西文代码的兼容。

（3）汉字字形码

上述编码只是对汉字的编号。要显示汉字的字形就需要用点阵形式组成每个汉字的字形，称为汉字字形码。所有汉字字形码的集合就是通常所说的"汉字库"。一个汉字的点阵越多，输出的字就越细腻，但占用的空间也越大。点阵规格有 16×16、32×32、48×48 等。一个 16×16 点阵的汉字的字形信息需要占用 32 字节存储。一般屏幕显示用 16×16 点阵字库，而打印输出时使用高点阵字库。

3. 汉字地址码

汉字库中每个汉字字形都有一个连续的存储区域。该存储区域的首地址就是汉字的地址码。汉字库的设计大多数是按汉字国标码的次序排列的，每个汉字通过汉字机内码换算求得相应汉字字形码在汉字字库中的地址，以取出该汉字的字模，即字型。

4. 汉字的输入方法

（1）拼音输入法

拼音输入法简单易学，但谐音字多，重码率高，这些重码字显示在屏幕上的提示行或提示窗口中，用户按相应的数字键即可录入；当重码字很多时，还要利用"翻屏"寻找选择汉字，然后再用数字键录入，所以拼音输入法的输入速度比较慢，效率低，一般用于少量汉字输入。拼音输入法分为全拼、简拼、双拼、微软拼音输入法等。

（2）五笔字型汉字输入法

五笔字型汉字输入法属于形码输入法，是一种使用非常广泛的汉字输入方法，它是由王永民主持研究开发的一种先进的汉字输入技术。

这种汉字输入方法用 130 个字根组字或词，主要以击 4 键定一个汉字，不需要选字，基本没有重码，便于盲打，另外还有词组输入等。五笔字型汉字输入法的键盘布局经过精心设计，有一定的规律性。经过一定的指法训练，每分钟可以输入 $120 \sim 200$ 个汉字。因此，一般专业汉字录入人员大都采用五笔字型汉字输入法。

1.5 计算机常用术语

1. 软件

软件（Software）是指计算机可以执行的程序与执行程序所需要的数据与文档资料。

2. 硬件

硬件（Hardware）是指构成计算机系统的物质实体，如芯片、网线、机箱、线路板等。

3. 位

一个二进制位称为一个位（b），位是电子数字计算机的最小操作运算和存储单位。

4．字节

在计算机中，8个二进制位为1字节(B)，字节是计算机系统的最小存储单元。

5．存储单位

计算机基本存储单位一般用字节表示，它是存放指令和数据的存储空间的基本单元。其中1KB表示1千字节，读作"千字节"，是2的10次方字节，等于1024字节；1MB读作"兆字节"，是2的20次方字节，等于1024KB；1GB读作"吉字节"，是2的30次方字节；1TB读作"太字节"，是2的40次方字节；1PB读作"拍字节"，是2的50次方字节，约为一千万亿字节；1EB读作"艾字节"，约为一百亿亿字节；1ZB读作"泽字节"，约十万亿亿字节；1YB读作"尧字节"，约一亿亿亿字节；1BB约为一千亿亿亿字节……今后还会有更大的存储单位出现。

6．字长

字长是指计算机能直接处理的二进制数据的位数，是中央处理器(Central Processing Unit，CPU)能直接处理运算寄存器所含有的二进制数据的位数。字长是计算机的一个重要技术性能指标，决定计算机运算的精度。字长越长，计算机的运算精度越高，存放数据的存储单元数越多，寻找地址的能力也越强。

7．运算速度

运算速度指每秒能执行多少条指令，单位一般用MIPS(百万条指令每秒)表示。

8．容量

容量通常指计算机存储容量。存储容量的基本单位是字节，一般用KB、MB、GB、TB、PB等表示实际存储容量。

9．主频

主频指计算机的时钟频率，它在很大程度上决定了计算机的运算速度。主频的单位是兆赫兹(MHz)。实际上CPU的工作频率包括外频与倍频两部分，两者的乘积就是主频。

10．存取周期

存储器完成一次读或写信息操作所需的时间称为存储器的存取时间或访问时间。连续两次读(或写)所需的最短时间称为存储器的存取周期或存储周期。

11．传输速率

传输速率是指每秒传送的位数。数据传输速率的单位是b/s(位/秒)。如kb/s表示1000位每秒，Mb/s表示1兆位每秒。

12. 版本

版本原是一种商业标志,应算作计算机的技术指标,计算机的软件和硬件以版本序号标识推出时间的先后及功能、档次高低和性能的优劣。

13. 可靠性

可靠性是针对系统而定的,通常用平均无故障时间(MTBF)表示,一般主要指硬件故障,而不是指用户误操作引起的故障。

14. 带宽

带宽主要针对网络通信中计算机的数据传输速率,可反映计算机的通信能力。

15. 机器指令

机器指令是一系列二进制代码,是对计算机进行程序控制的最小单位。计算机能直接识别并能执行的指令称为机器指令。指令必须依据机器的指令系统编写。

16. 指令系统

指令系统是软件和硬件的界面,内核是硬件。软件是在指令系统基础上构建程序系统,以扩充和发挥机器硬件的功能。一条指令通常分成操作码(Operation Code)和操作数(Operand)两大部分。用某些二进制位表示指令的操作码,用另外一些二进制位表示这条指令的操作数。操作码表示计算机执行什么操作,操作数表示参加操作的数本身或操作数所在的地址。

1.6 思 考 题

1. 简要分析什么是信息,什么是数据,以及数据和信息的关系。
2. 简述计算机信息处理过程为什么要有反馈机制。
3. 试述计算机应用软件研发应掌握计算机系统的哪一层知识。
4. 简述第一台实现内存储程序的电子计算机的特点。
5. 试述现代信息技术的内涵包括哪些内容。
6. 简要分析计算机的传统分类。
7. 试述为什么上网一定要遵守文明公约。
8. 简述信息系统安全主要有哪两个方面。
9. 简述计算机内部为什么要采用二进制表示数据。
10. 简单举例说明什么是进位计数制。
11. 试述计算机系统中为什么用二进制计数和编码。
12. 要表示 8 种不同的信息,需要使用几位二进制数?

13. 简要分析如何把一个二进制数 1111011111001 转换成十六进制数。

14. 简述在 ASCII 码表中用几位二进制数表示一个字符。

15. 简述 CAD、CAM 和 CAI 分别是哪些英文单词的缩写,分别是计算机在哪方面的应用。

16. 分析汉字编码占用几字节。

17. 简述计算机内部信息的表示形式。

18. 简述计算机系统各类存储部件的容量存储单位的表示方法。

19. 个人计算机系统的缓存容量如果是 128KB,则其中 KB 具体表示什么?

20. 试述计算机病毒的特征及表现形式。

21. 简述在日常计算机系统的使用过程中,如何即时监控和防范计算机病毒。

22. 简单列举常见的杀毒软件及其应用特点。

第 2 章 计算机系统构建

计算机具有极高的运行速度和巨大的数据存储能力,能快速准确地进行各种算术运算和逻辑运算,是现代信息技术应用的有效工具和不可缺少的技术手段,已渗透到各行各业、各个领域,推动了信息技术跨学科、跨领域应用的进一步延伸与拓展。学习、了解计算机系统是计算机技术应用的基础,也是进一步学习、掌握计算机组成原理和计算机系统结构等计算机专业基础课的基础。本章主要内容如下:

- 计算机系统及应用平台;
- 计算机系统体系结构;
- 计算机的硬件系统;
- 计算机的软件系统;
- 计算机语言与程序算法;
- 键盘、鼠标工作区与工作方式。

2.1 计算机系统及管理应用

一个完整的计算机系统是由硬件系统和软件系统组成的,硬件是软件运行的基础,软件是硬件技术的拓展。不同的计算机系统有不同的操作方式和运行环境,但具有相同的计算机系统结构体系和操作系统管理特征。

2.1.1 计算机系统的组成

计算机系统主要由硬件系统和软件系统两大部分组成。硬件系统构成了软件系统运行的基础,软件系统则可以最大限度地利用和发挥硬件设备的效率,为用户提供便捷而有效的操作运行环境。硬件泛指看得见、摸得着的实际物理设备,包括运算器、控制器、存储器、输入设备和输出设备 5 部分;软件指各类程序和数据,包括计算机本身运行所需要的系统软件和用户完成任务所需要的应用软件。计算机系统的基本组成如图 2.1 所示。

计算机系统各功能实体部件构成了硬件系统结构,提供了支持相应操作系统的基础。硬件系统的核心部件是中央处理器,中央处理器由控制器、运算器和寄存器组成。中央处理器与内存储器结合组成了计算机系统的主要部分,即主机系统,对主机系统进行合理的配置就构成了计算机系统的硬件系统。软件系统是人与计算机系统进行信息交流的媒

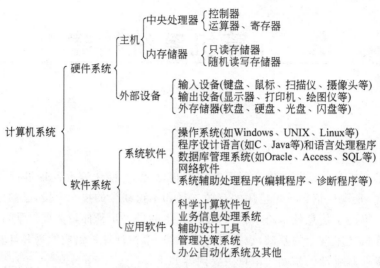

图 2.1　计算机系统的基本组成

介,任何一种软件都要在硬件或更低一层的软件系统的支持下才能运行。操作系统是计算机系统的核心软件,它管理和控制着计算机所有的硬件资源和软件资源,操作系统对硬件系统有一定的依赖性。每种操作系统都有相应的硬件环境支持与配置要求,这样才能以最佳状态协同工作,发挥整个计算机系统的综合性能。

2.1.2　计算机系统应用平台

现代计算机系统都不是孤立应用的。从应用的角度来看,计算机系统通常情况下是以单机操作为基础,人们在一个部门、一个企业或者一个组织机构组成的局域网平台或公共广域网平台操作和使用计算机系统。

对于大多数用户来说,单机系统应用只是这个平台上的一个成员。从管理的角度来看,单机系统是属于更大系统平台中的一个授权用户。因此,对该系统中信息数据的检索、使用、处理和输出等操作将会受到系统管理的约束和限制。在任何一个网络系统平台环境下的用户,在系统中使用计算机的职责、权限及目的各有不同,这样,个人用户对信息数据的处理、使用和产生的利用价值也就各有不同。对于系统平台本身来说,从单机系统到机构组织的局域网系统,再通过网络操作系统接入广域网,还存在着硬件系统和软件系统更新及升级换代的问题。

以企业信息资源管理系统应用为例。企业用户在使用个人计算机进行信息处理时,实际上是在与业务应用系统或者操作系统等软件系统打交道以完成各种业务信息数据的操作处理。对于不同企业来说,其信息资源管理系统运行模式、建设规模各有不同,但是按计算机系统应用基础设施建设进行划分,主要还是分为硬件系统和软件系统两大类进行建设,对于网络基础设施的建设和使用也是如此。信息资源管理系统平台结构如图 2.2 所示。

将各种用途的计算机系统硬件设备规划组合可构建一个企业或者部门的硬件系统平

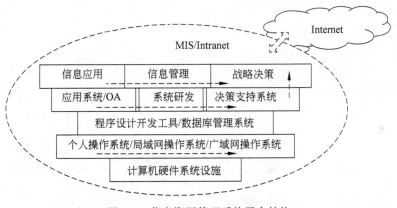

图 2.2　信息资源管理系统平台结构

台,运行企业信息资源管理软件系统。硬件平台若需要升级,则从企业成员到部门,再从部门到信息管理部门硬件基础设施配置,层层都要扩充功能与升级。从单机系统到局域网,再从局域网到企业内联网(Intranet);软件系统从应用到研发,再从研发到辅助决策支持,信息资源管理系统逐渐升级;其中信息系统集成、功能逐步扩展部分,可以自行组织研发管理,也可以委托第三方专业公司托管,最终按资源条件重组以往是独立按部门存在的应用系统,比如材料管理系统、客户管理系统、财务管理系统、部门办公自动化系统或人力资源系统等,按软件工程原理逐层向上集成系统,以符合管理规范;提供管理决策的信息数据由原始数据采集加工,按管理要求逐级汇集上报,数据汇总由简单到复杂、由单一数据到综合信息,信息汇集则是由战术信息到战略信息,再借助于其他软件工具或决策模型,为企业战略决策提供依据。企业信息数据管理的决策信息流是企业信息活动信息流汇总集成的过程,应符合企业内部运行管理机制,信息数据由原始到加工、循序渐进,软硬件系统平台各个环节相互配合,逐步形成系统的决策信息,有利于资源整合,便于系统更新。信息资源管理系统平台构建关系如图 2.3 所示。

层次	信息资源管理系统应用与开发		
系统研发层	信息数据处理 ---➤	管理信息系统(MIS)	◀--- 决策支持系统
应用层	办公自动化软件 常用工具软件等 Microsoft、Office、 Acrobat、Photoshop、 金山WPS Office等	程序设计开发工具 网络数据库管理系统 C/C++、VC++、VB、 SQL Server、Delphi、 MySQL、 Sybase PowerBuilder等	网络系统软件 Internet(因特网) Intranet(企业内联网) E-mail、FTP、WWW、 Telnet、Gopher、SAS、 Sybase、Oracle等
操作系统层	Windows Vista	Mac OS X Netware Windows NT	UNIX Linux Windows Server
硬件层	单机系统 ---➤	域网系统 ---➤	广域网系统

图 2.3　信息资源管理系统平台构建关系

　　从技术层面上看,企业信息资源管理成员多以操作个人计算机设备为主处理大量的业务信息数据。单机系统可以接入部门的局域网,形成部门职能机构的业务应用系统基础;而局域网通常连接以 Internet 广域网技术搭建的 Intranet,形成企业 MIS,并具有决策支持等功能。在 Intranet 系统平台中,局域网是 Intranet 的通信基础设施,各种应用服务器组成服务器阵群以提供各种信息服务,各个用户计算机使用浏览器软件浏览服务器的各种信息。Intranet 信息资源管理网络安全是由防火墙系统提供的,而 Intranet 与外界的信息交流通过路由器硬件出口接入 Internet 或其他 Intranet 企业网,其基本平台构成如图 2.4 所示。

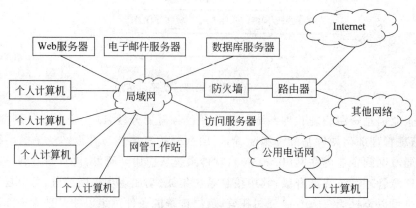

图 2.4　基于 Intranet 信息资源管理的网络平台

对于各类计算机系统用户而言,使用计算机系统进行信息处理时,实际上是在和计算机软件系统的操作系统、工具软件、各种应用系统等软件系统平台打交道。无论是哪一级用户,所使用的各种应用软件或工具软件都是运行于操作系统之上的。每一位系统用户根据各自的工作任务、工作目标可以利用不同层次的软、硬件资源使用计算机系统。计算机系统平台的用户与计算机系统的关系如图 2.5 所示。

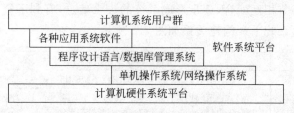

图 2.5　用户与计算机系统的关系

鉴于计算机系统用户与计算机系统存在着这样的应用关系,企业部门或组织机构从事计算机应用信息技术应用的 IT (Information Technology)从业人员大致可以划分为以下几类。

1. 企业或部门信息化主管

企业或部门信息化主管负责企业部门或组织机构的信息化建设规划、目标和方案的制定,并协助企业主管进行决策;负责计算机软、硬件系统平台的更新、升级与换代等。一般应具有一定的行业从业经历,懂得企业文化、业务处理、生产管理或人力资源配置等,需要对计算机系统平台构建有一定的技术基础。

2. 系统技术研发人员

系统技术研发人员负责各类信息系统的设计、研发与建设，包括硬件系统开发、软件系统研发、数据库系统构建、业务应用系统建设、决策支持系统研发等。在这个研发队伍中，具有不同专业背景、熟练掌握计算机技术应用的非计算机专业技术人员很受欢迎。

3. 系统运行维护人员

系统运行维护人员主要负责软硬件系统的运行、维护、管理，协助系统技术研发人员进行不同系统应用的开发、调试及运行，也能够从事基本的系统开发工作。一般应有计算机专业技术背景。

4. 系统操作应用人员

系统操作应用人员主要负责大量的业务信息数据处理工作，利用计算机系统平台完成业务工作。一般要求对业务熟悉了解，能够熟练使用计算机系统的各种应用系统、开发工具等。

总之，在行业领域信息化的进程中，各行各业对具有不同专业技术背景，又具备计算机系统开发能力，熟练掌握计算机应用技能的技术人才的需求量是显而易见的。

2.2　计算机硬件系统

无论现代计算机速度多么快、功能多么强大、分类多么复杂，计算机系统的运算器、控制器、存储器、输入和输出设备五大组成部分的体系结构基本未变，它们是硬件系统的构成基础；而软件系统则是对硬件系统功能的拓展与扩充，是计算机系统与人进行沟通的桥梁。

2.2.1　计算机的体系结构

对于一般的计算机使用者来说，可以远离计算机的内部细节，把计算机的体系结构看作为一些和人们相关的工作模块。

人类第一台电子计算机是电子管计算机，但它并不能存储程序。世界著名的数学家冯·诺依曼博士首先提出了电子计算机中存储程序的概念并规定了计算机硬件的基本结构，即由输入和输出设备、存储器、运算器、逻辑控制器 5 个部分组成。冯·诺依曼首先提出存储程序的思想，把数据和程序指令以二进制编码的形式存入计算机的记忆装置，使计算机能按事先存入的程序指令自动进行控制和运算。

第一台具有存储程序功能的计算机叫作离散变量自动电子计算机（Electronic Discrete Variable Automatic Computer，EDVAC），沿袭至今，现代计算机仍基于这种基本的体系结构发展系统硬件和系统软件。因此，人们把发展至今的几代计算机统称为冯·诺依曼计算机。计算机的基本体系结构如图 2.6 所示。

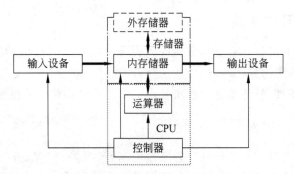

图 2.6　计算机的基本体系结构

人们要想使用计算机,首先需要把想做的事情或者想让计算机做的事情以命令或数据的形式通过输入设备输入计算机,送入内存储器中存储记忆起来,再将数据送入运算器,由运算器进行计算处理,处理的结果再送回内存储器中暂存起来,最后再通过输出设备显示出来或输出到外存储器(如软盘或硬盘)保存起来,以后再用。整个运算操作过程是由控制器指挥完成的,那么控制器的能力又是谁赋予的呢? 应该说是计算机工程师通过预先设计好的指令和程序等软件的方法使控制器具备了这种能力。

完整的计算机系统应包括硬件系统和软件系统两大部分,缺一不可。计算机系统既要有先进的硬件系统作为基础,也要有完整先进的软件系统支持,才能发挥先进的硬件特性,为用户提供理想的服务。

硬件系统简称硬件,主要指计算机系统中看得见、摸得着的计算机主机及其外围设备实体。硬件系统配置关注的是硬件性能匹配、运行速度、运算数据字长及运算结果是否精确等,其重要部件的功能和技术指标是关键。

2.2.2　中央处理器

中央处理器(Central Processing Unit,CPU)是计算机的核心部分,主要包括运算器、控制器。计算机的全部控制和运算都是由 CPU 完成的。

运算器(Arithmetic)是计算机对信息进行加工处理的中心,主要由算术逻辑运算部件、寄存器组和状态寄存器等组成。在控制器的作用下,运算器进行算术运算和逻辑运算。

运算器的主要技术指标是"字长",即单位时间内能够处理数据字节的二进制位数。

控制器(Control Unit)是全机的控制中心,用它实现计算机本身运行过程的自动化,它指挥计算机的各部分按要求进行所需的操作。

运算器和控制器之间的关系非常密切,它们之间有大量信息的频繁交换。随着半导体技术的迅猛发展,已把运算器和控制器集成在一个芯片上,这样的集成电路统称为微处理器。CPU 对外传递信息由标准的信号连接线完成,称为总线。

总线有 3 种,即地址总线、数据总线和控制总线。通过总线可以把整个计算机的各个部件连接起来。

CPU 主要性能技术指标如下所述。

1．主频

主频指 CPU 的时钟频率，是 CPU 的工作频率。一般而言，一个时钟周期完成的指令数是固定的，所以 CPU 主频越高，速度越快。主频用来表示 CPU 运算、处理数据的速度，可以用一个量化公式表示：

$$CPU 的主频＝外频×倍频系数$$

其实是否能够实现主频和 CPU 实际运算速度两者之间的数值关系并没有公认的定论，实际应用中主频只代表了 CPU 技术指标的一部分，并不能表示 CPU 实际运算能力的全部。CPU 的实际运算速度还要看 CPU 工作流水线和总线等其他方面的性能指标。

2．外频

CPU 的外频指系统总线的工作频率，是主板系统总线匹配的工作频率，主要指内存与主板之间的同步运行的速度。外频与 FSB 前端总线频率是两个概念。比如说 CPU 的外频是 200MHz，指电子脉冲数字信号每秒振荡 2 亿次；而前端总线频率指的是每秒 CPU 可接收的数据传输量。外频与内存有关，保持两者间同步运行的状态决定着整块主板的运行速度。一般情况下 CPU 的倍频是被锁定的，人们通常所说的超频主要是指超 CPU 的外频。

3．FSB 前端总线频率

FSB 前端总线频率即总线频率，是影响 CPU 与内存数据交换速度的直接因素，也可以用公式量化表示与计算：

$$数据带宽＝（总线频率×数据位宽）/8$$

单位时间传输的数据总量和数据传输频率决定了数据传输带宽。例如前端总线如果是 800MHz，按公式计算可得到数据传输最大带宽是 6.4GB/s。

4．CPU 字长

对于以数字电路为基础传输数字信号的电子计算机，以二进制位电信号为最小工作单位，编码只有 0 和 1。通常在计算机系统中单位时间能处理数据总量的二进制位数称为机器字长。对于 CPU 来说，在单位时间内能处理的二进制码的位数叫字长。比如一个 CPU 单位时间内能处理字长为 32 位的数据，通常这个 CPU 就称作 32 位 CPU。对于字长为 64 位的 CPU，则称为 64 位 CPU，单位时间内可以处理 8 字节的数据量。

5．倍频系数

倍频系数是指 CPU 主频与外频之间的相对工作比。在相同的外频下，倍频越高，CPU 的频率也越高。实际应用中，由于 CPU 与计算机系统协调工作，相互之间数据的传输速度是有限的，所以在相同外频的前提下，CPU 高倍频就没有特别的实际意义了。为避免 CPU 运算速度与 CPU 局限于系统数据交换的速度出现瓶颈，Intel 公司的 CPU 产品都是锁住倍频的，而 AMD 公司的 CPU 产品以前没有锁，现在推出的 AMD CPU 有不锁倍频的产品,用户可自行调节倍频,这要比调节外频稳定得多。

6. 高速缓冲存储器

高速缓冲存储器(Cache)是一种速度比内存更快的存储器。Cache 的工作原理是保存 CPU 最常用的数据。CPU 直接访问 Cache,只有在 Cache 中没有 CPU 所需的数据时才访问内存。

由于 Cache 的速度与 CPU 相当,因此 CPU 几乎不需要等待就可以迅速实现数据存取。Cache 在 CPU 的读取期间依照优化命中原则淘汰和更新数据。可以把 Cache 看成内存与 CPU 之间的缓冲区,用于实现内存和 CPU 之间的速度匹配。高速缓存一般分为三级,通常构建在 CPU 芯片内部,其各自特性如下。

- cache L1:一级缓存是 CPU 首层高速缓存,分为数据缓存和指令缓存,其容量和结构对 CPU 性能影响较大。由于高速缓冲存储器均由结构较复杂的静态 RAM 组成,CPU 芯片面积不能太大,所以 L1 高速缓存容量一般不可能太大。比如一般服务器 CPU 的 L1 高速缓存容量通常在 32~256KB。
- cache L2:二级缓存是 CPU 的二层高速缓存,分为内部和外部两种缓存芯片。内部二级缓存运行速度与主频相同,而外部的二级缓存则是主频的二分之一。L2 高速缓存的容量原则上应该是越大越好,可以根据实际应用进行配置。一般个人计算机 L2 高速缓存容量相对小一些,服务器和工作站上用的 L2 高速缓存容量会高一些,但发展很快。
- cache L3:三级缓存是 CPU 的第三层高速缓存,可进一步降低内存延迟,同时提升处理器大数据量运算时的性能,如处理多媒体信息等,因此增加 L3 缓存容量会使系统性能有明显提升。L3 缓存最早是外置,现都已内置在主板上。配置较大 L3 缓存比较慢的磁盘 I/O 系统可处理的数据访问显然会有效得多,不过 L3 缓存对 CPU 处理器的性能提高一般没有太大影响。

7. 多核技术

多核技术 CPU 也称单芯片多处理器(Chip Multi Processors, CMP),较早由美国斯坦福大学提出,其思想是将大规模并行处理器中的 SMP 对称多处理器集成到同一芯片中,各个处理器并行执行不同的进程。多核处理器可以在处理器内部共享缓存,提高缓存利用率。这样在一台计算机系统中可汇集一组 CPU 处理器,各 CPU 之间还可共享内存及系统总线结构。例如一台服务器系统可同时运行多个处理器,共享内存、系统总线和其他主机资源,以保障和提高系统运行效率。

2.2.3 主板

主板又称为主机板(Main Board)、系统板(System Board)或母板(Mother Board),它是微机最基本也是最重要的部件之一。主板安装在机箱内的一块矩形电路板,上面安装了组成计算机的主要电路系统。主板的主要部件有主板芯片组、CPU 插槽、BIOS 芯片、扩充插槽、电源插座、内存插槽、IDE 及 SATA 接口插座、软盘驱动器接口插座、串行口、并行口、PS/2 接口、USB 接口等。主板几乎与主机内的所有设备都有衔接关系,主板上的接口能与很多外部设备连接。CPU 和外设进行信息数据传递交换的总线也集成在主板上,主板是计算机系统核心部件的基座。按主板结构进行分类,可分为 AT 主板、Baby AT 主板、ATX 主板、Micro ATX 主板、NLX 主板和 Flex ATX 主板等几种。虽然主板品牌繁多、布局不同,但基本组成和使用技术基本一致。主板结构如图 2.7 所示。

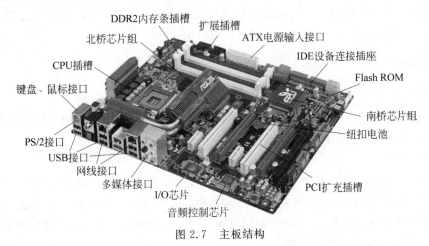

图 2.7 主板结构

主板可以从不同方面分类。可以按主板上 CPU 芯片的类型、主板结构、主板 I/O 总线类型、优化功能、电路板工艺等分类命名主板产品。

下面简要介绍主板上的主要构件。

1. 芯片组

芯片组是主板上非常重要的部件,一般分北桥芯片组和南桥芯片组两部分。北桥芯片组主要负责实现与 CPU、内存、AGP 显示卡接口之间的数据传输,并通过专门的数据传输通道与南桥芯片组相连接,由于“交通”繁忙、热量较高,因此北桥芯片组一般覆盖有散热片。南桥芯片组主要负责和 IDE 存储设备、PCI 设备、声音设备、网络设备以及其他 I/O 设备的通信。南桥芯片组和北桥芯片组合称芯片组。芯片组技术指标在很大程度上决定了主板的功能和性能,也决定了计算机系统的类型与档次。

2. CPU 插座

主板上 CPU 插座或插槽都是用来安装 CPU 芯片的。早年个人计算机的 CPU 直接焊在主板上,不宜拆卸,升级困难。从 486 计算机以后开始采用插座或插槽安装 CPU 芯片。如 Socket 系列是 Intel CPU 插座系列,安装时 CPU 插在主板插座上;Intel Slot 1 改变了 Socket 管脚在芯片的底部直接插入座槽中的结构,把处理器芯片焊在一块电路板上,安装时将其插到主板的插槽中即可。这种设计可以使处理器内核和缓存之间的通信速度更快。Slot A 是 AMD 公司独立开发的 CPU 插座,设计和 Slot 1 类似,但采用的协议不一样,是 EV6 总线协议,可使 CPU 和内存之间的工作频率更高。Socket A 是 Intel

公司和 AMD 公司转回 Socket 的插槽类型；而 Slockets 类型是 Slot 和 Socket 结合的产物，实质上是一种转接板插件，可以插两个 CPU，或者可以使解锁超频更容易。

3. CMOS

微型机的主机板上有一个 CMOS 电路，由一个 5V 的电池为其供电，保证关机后所记录的有关微机各项计算机配置信息不会丢失。每次开机时计算机首先进行自检，按照 CMOS 记录的系统参数检查计算机各部件的接口是否正常工作，并按配置信息进行系统设置，然后才从外存磁盘上装入操作系统完成启动。

4. 扩展插槽

（1）内存插槽

主板上的内存插槽用来安装内存和扩展内存，每一种主板能够插接支持的内存条的规格和容量是根据内存插槽确定的。

（2）PCI 插槽

PCI 插槽一般为白色，是外接设备的必备插槽。主机与各种外部设备进行信息交换需要通过控制接口电路连接。控制接口电路也称适配电路。适配电路一般做成一块电路板，也称接口适配卡，可插入上述扩展槽，如显示卡、磁盘卡、声卡、网卡、调制解调器卡、SCSI 卡等，通过总线与 CPU、内存相连。

（3）AGP 图形加速卡插槽

AGP 图形加速卡插槽的颜色一般为深棕色，位置在北桥芯片组和 PCI 插槽之间，可将显示卡与主板的芯片组直接相连，专门用于 AGP 图形加速卡。AGP（Accelerated Graphics Port）图形加速端口设计是为缓解视频带宽紧张而制定的总线结构，其带宽是 PCI 总线的一倍，但并不是正规总线，实际上就是 PCI 的扩展。随着显卡速度的提高，AGP 插槽已经不能满足显卡传输数据的速度。目前 AGP 显卡已经逐渐淘汰，取代它的是 PCI Express 插槽。

（4）PCI Express 插槽

由于 AGP 图形显示卡已渐渐成为带宽视频的处理瓶颈，因此主流主板上的显卡接口大多靠向 PCI Express，以满足宽带视频的处理要求。PCI Express 采用点对点串行连接，每个设备都有自己的专用连接，不需要向整个总线请求带宽，可以把数据传输率提高到很高的频率，实现 PCI 所不能提供的高带宽。PCI Express PCI-E 采用双单工连接，而传统 PCI 总线在单一时间周期内只能实现单向传输，所以 PCI Express 能提供更高的传输速率和质量。PCI Express 是最新的总线和接口标准，代表着下一代 I/O 接口标准。PCI Express 的主要优势就是数据传输速率高，目前可达 10GB/s 以上，还有发展潜力。不过要全面取代 PCI 和 AGP，最终实现总线标准的统一，就像 PCI 取代 ISA 一样，还需要一个过渡过程。

5. 外部接口

（1）硬盘接口

硬盘接口可分为 IDE 接口和 SATA 接口。以往型号的主板上一般集成两个 IDE 接口。新型主板上 IDE 接口减少了,由 SATA 接口取代。

（2）COM 串行接口

大多数主板有两个 COM 接口,分别是 COM1 和 COM2,作用是连接串行鼠标和外置调制解调器等设备。现在对应串行接口的外接设备越来越少了。

（3）USB 接口

USB(Universal Serial Bus)接口是现在最为流行的接口,还可以独立供电,应用广泛。USB 接口使用 USB 通用串行总线接口技术,是现代计算机系统不可缺少的接口,其使用特点是传输速度快、支持热插拔、连接灵活等,可以方便地连接 U 盘、键盘、鼠标、摄像头、MP 播放机、手机、数码相机、移动硬盘、外置光驱、USB 网卡、ADSL 调制解调器、cable 调制解调器、打印机、扫描仪等,几乎现在所有的计算机系统的外部设备都可以通过 USB 接口接入计算机系统。USB 的版本与速度有关。例如 USB 1.1 是 12Mb/s,USB 2.0 是 480Mb/s,USB 3.0 是 5Gb/s,目前使用较多的是 USB 1.1 和 USB 2.0 两个版本。

（4）LPT 并行接口

LPT 并行接口以往用来连接打印机或扫描仪,现在多使用 USB 接口连接打印机与扫描仪。

（5）SATA 接口

串行高级技术附件(Serial Advanced Technology Attachment,SATA)是一种基于行业标准的串行硬件驱动器接口,采用串行方式传输数据,纠错能力强,可使硬盘超频。实际上硬盘性能的瓶颈集中在磁盘转速所决定的硬盘内部数据传输率方面,采用先进的接口技术后可以具备更多特性。

（6）其他外部接口

主板上的其他外部设备接口还有 PS/2 键盘接口、PS/2 鼠标接口、串行接口(Serial Port)、并行接口(Parallel Port)、通用串行总线接口(USB)、IEEE 1394 接口等。一般键盘和鼠标均采用 PS/2 圆口。键盘接口为蓝色,鼠标接口为绿色,以示区别。

主板上的扩展接口用来连接各种外部设备,可以把打印机、外置调制解调器、扫描仪、闪存盘、MP3 播放机、DC、DV、移动硬盘、手机、写字板等外部设备连接到计算机系统上,通过扩展接口还能实现计算机间的互连。

6. 总线结构

总线结构是计算机系统的动脉。在微机的主板上,可以看到印刷线路板有许多并排的金属线束,这就是总线,用于 CPU 与其他部件或其他部件之间的信息传输,它提供了一种多用途、公用的通信通道,只要总线相同,主板插件就可通用。

总线是计算机系统内部各种信号汇集的信息通道,计算机硬件系统的各个组成部件都是通过系统总线有效传输各种信息以实现通信与控制的。系统总线可以从不同角度分类。主板上的总线主要分为数据总线、地址总线和控制总线 3 类。总线结构是主板所有结构部件相互协调工作的基础,如同现实生活中的交通管理系统。

（1）地址总线

地址总线(Address Bus,AB)用来传送地址信息。地址总线采用统一编址方式实现

CPU 对内存或 I/O 设备的寻址。CPU 能够直接寻找内存地址的范围取决于地址线的数目。范围上限为 2 的 n 次方，这里 n 为 CPU 的地址总线数目。

（2）数据总线

数据总线（Data Bus,DB）用来传送数据信息。数据总线来往于 CPU、内存和 I/O 设备之间，传输原始数据或程序数据等，采用双向传输、三态控制方式。数据信息可以由 CPU 传送至内存或 I/O 设备，也可以由内存或 I/O 设备传送至 CPU。数据总线位数称为数据宽度，是 CPU 一次传输的数据量。数据宽度决定了 CPU 的类型与档次。

（3）控制总线

控制总线（Control Bus,CB）用来传送来往于 CPU、内存和 I/O 设备之间的控制信息。这些控制信息包括 I/O 接口的各种工作状态信息，I/O 接口对 CPU 提出的中断请求，直接存储器（Direct Memory Access,DMA）存取 CPU 对内存和 I/O 接口的读写信息、访问信息以及其他各种功能控制信息等，是总线中功能最强、最复杂的总线。

以中央处理器划分总线内部总线和外部总线。内部总线指 CPU 芯片内部总线，用于在 CPU 内部算术逻辑部件、寄存器、控制器以及内部高速缓冲存储器之间传输数据。外部总线指 CPU 芯片外部总线，就是通常所指的 BUS 总线，用于 CPU 与内存 RAM、ROM 和输入/输出（I/O）设备接口之间进行通信。CPU 通过总线实现程序命令存取以及内存与外设的数据交换等，总线是保障计算机系统整体性能的关键。

总线主要的技术指标是总线带宽。总线带宽表示总线数据的传输速率，是单位时间内总线传送的数据量，取决于总线的二进制位数和总线的工作频率，可以表示为

$$总线带宽 = 总线工作频率 \times 总线位数 / 8$$

这个关系表示每秒最大稳态数据传输率，即总线位数越多，工作频率越高，每秒数据传输率就越大，总线带宽也就越宽。

以计算机系统结构划分，输入/输出系统总线可分为 ISA、PCI 等多种标准，如主板上 I/O 总线的类型主要有

- ISA（Industry Standard Architecture）工业标准体系结构总线标准。
- EISA（Extension Industry Standard Architecture）扩展标准体系结构总线标准。
- AGP（Accelerated Graphics Port）加速图形端口总线标准。
- MCA（Micro Channel）微通道总线标准。

随着多媒体技术的发展和广泛应用，为了解决 CPU 高速与外部设备低速之间的传输速度等问题，出现了两种局部总线，即

- VESA（Video Electronic Standards Association）：视频电子标准协会局部总线标准，简称 VL 总线。
- PCI（Peripheral Component Interconnect）：外围部件互连局部总线标准，简称 PCI 总线。

在 PCI 总线之后，随着信息技术的快速发展，又开发了计算机系统外围接入的接口总线标准，例如

- USB（Universal Serial Bus）：通用串行总线标准。
- IEEE 1394（美国电气及电子工程师协会 1394）标准。

2.2.4　内存储器

内存储器(Memory)是计算机中重要和不能缺少的记忆部件。人是有记忆的,人的记忆有"好""坏"之分,计算机的内存则有"大""小"之分。人的记忆能力决定了工作效率的高低;记忆好的人工作效率高,记忆差的人处理问题就不会很快。因此,内存的大小是计算机系统的一个重要指标。

计算机工作时 CPU 必须从内存 RAM 中读取信息,处理的结果还要放回到内存中,主板上的内存读写速度必须与 CPU 的速度相适应。另外,CPU 和外部设备打交道也要通过内存。因此,内存越大,计算机运行的性能越好。

内存储器简称内存,用来存入当前运行的程序和数据,是由半导体器件组成的。内存储器是计算机各种信息存放和交换的中心。内存以字节为单位组织存取。通常以 8 个二进制位(b),即 1 字节(B)的空间为基本存储单元,一个存储器包含许多存储单元。所有单元都按顺序用二进制依次编号,每个存储单元都有唯一的编号,称为单元的地址,可以由 CPU 直接读取信息交换数据。存储器所包含的所有存储单元的数目是这个存储器的存储容量,以字节为基本单位。

按存取方式分类,内存分为只读存储器(Read Only Memory,ROM)和随机存储器(Random Access Memory,RAM)。

ROM 中的信息一般是根据用途在生产过程中把程序或数据写入,一经写入,用户就不能修改。通常将计算机的自检程序、初始化程序、基本输入/输出设备的驱动程序等存入在 ROM 中。ROM 的特点是只能从中读出信息,而不能随机写入信息,它是一个永久性存储器,只要写入内容,即使断电,内容也不会丢失。

RAM 随着计算机的启动可以随时存取信息;缺点是断电后所存信息全部丢失,不能恢复。RAM 有动态内存(Dynamic RAM,DRAM)和静态内存(Static RAM,SRAM)两种类型。

1. DRAM

DRAM 存储器价格较低、集成度较高、升级灵活,但需要周期性地充电刷新,因此存取速度相对较慢。

2. SRAM

SRAM 是一种新型 DRAM,价格比 DRAM 贵许多,现在多数计算机都使用 SDRAM。SRAM 因为采用系统时钟同步技术,利用双稳态的触发器存储 1 和 0,不需要像 DRAM 那样时常刷新,所以要比 DRAM 快很多,也稳定得多,可用于高速缓冲存储器等特殊用途。

从容量上看,一台计算机的内存主要是 RAM,ROM 只占很小一部分,所以通常说的计算机内存指的就是 RAM。内存容量是计算机性能的又一个重要指标,内存越大,"记忆"能力就越强。

3. 高速缓冲存储器

高速缓冲存储器实际上是一种特殊的高速存储器,存取速度比内存要快。现在计算机系统为了匹配 CPU 的高速处理能力,大都配有高速缓冲存储器,简称缓存。

现在多数计算机系统都配有两级缓存。一级缓存也称内部缓存或主缓存,设计在 CPU 芯片内部,容量很小,通常在 8～64KB;二级缓存也称外部缓存,独立设计在 SRAM 芯片上,而不在 CPU 内部,所以速度比一级缓存稍慢一些,但容量比较大,一般在 64KB～2MB。人们说的缓存通常指的是外部缓存。当 CPU 需要指令或数据时,首先搜索一级缓存,然后搜索二级缓存,再往后才是搜索 RAM。计算机系统的功能在很大程度上取决于它所配置的内存、外存的容量和存取速度。

2.2.5 外存储器

随着计算机技术的迅速发展,人们和计算机本身对存储容量的要求越来越大,但无限增大内存容量是不经济的,也是不现实的。因此,计算机中广泛采用存储容量很大的硬磁盘和方便灵活、可以携带的软盘存储器作为外存,它的特点是:存取速度较慢;存储容量大;数据能永久保存,不会因断电而丢失。外存不能直接同 CPU 交换信息,工作时要将所需信息由外存调入内存,称为读数据或读盘;工作后再把内存的信息保存到外存中,称为写数据或写盘。

常用的外存设备有磁盘、磁带、光盘等。无论是使用磁盘还是磁带或光盘,都需要一种机械设备驱使它们转动,这种设备就是驱动器或称磁盘机、磁带机或光盘机。

磁盘分为软磁盘(简称软盘)和硬磁盘(简称硬盘)。相应的磁盘驱动器也分为软盘驱动器(简称软驱)和硬盘驱动器(简称硬驱)。

硬盘存储器是微机的主要外部存储设备。硬盘存储器系统通常由 HDD 硬驱、硬盘控制适配器及连接电缆组成。不可更换的硬磁盘称为固定盘(fixed disk)。还有一种是可更换盘片的硬盘,称为可换式硬盘。硬盘大部分组件都密封在一个金属外壳内,这些组件制造时都做过精确的调整,用户无须进行任何调整。

高密度光盘(Compact Disk)简称光盘,作为外存储器其应用已越来越普遍。光盘类型有只读式光盘(Compact Disc-Read Only Memory,CD-ROM),例如 CD-ROM、DVD-ROM 等;有可写式光盘,例如 CD-R(Compact-Disc-Recordable)、DVD-R、CD-RW、DVD+R、DVD+RW 等;也有可擦写光盘(Erasable Optical Disk),又称可重写型光盘或可擦抹型光盘,可重复使用。

实际应用中,通常根据光盘的基本构造分为 CD、DVD(Digital Versatile Disk,数字多用光盘)、BD 等几种类型。这几类光盘只是在基本构造上有所差别,结构原理是类似的,而且只读型 CD 和可记录型 CD 在结构上没有区别,主要区别是材料使用和制造工艺,只读型 DVD 和可记录型 DVD 同样如此。

光盘的优点是存储量大,一般的 CD 为 650MB,最大容量大约为 700MB。单面 DVD 为 4.7GB,刻录数据最多约 4.38GB;双面 DVD 为 8.5GB,刻录数据最多约 8.2GB。BD

(Blue Disk,蓝光光盘)容量相对较大。比如 HD DVD 单面单层光盘容量为 15GB,双层双面光盘容量为 30GB。BD 单面单层光盘容量为 25GB,双面光盘容量为 50GB。

使用光盘刻录机通过激光束可将数据刻录到光盘上。CD 刻录机只可以刻录 CD-ROM 光盘,而绝大部分 DVD 刻录机都能刻录 CD 盘。随着多媒体技术的出现,光盘的使用日趋普遍。使用光盘时应注意以下几点:

(1) 光盘表面的保护涂层很薄,有一点划伤都有可能使光盘上的数据无法读出。

(2) 某些溶剂,如指甲清洁剂等会使光盘膜变模糊,使激光束不能聚焦,从而使光盘上某些部位的数据不能读出。

(3) 不要让光盘受强光照射,一般把光盘放在光盘盒或光盘夹内。

2.2.6　USB 可移动存储器

可移动存储器可分为 USB 闪存盘和 USB 可移动硬盘两种。USB 闪存盘(Flash Disk)是一种新型轻巧的移动存储设备,读写方便、构造小巧、携带方便、系统兼容性好,人们常称之为 U 盘或闪盘,其产品外观结构设计小巧玲珑、形式多样。USB 闪存盘无须驱动器和额外电源,只需从其采用的标准 USB 接口总线取电,可热插拔,真正即插即用。USB 闪存盘的通用性好、读写速度快、容量大,使用时可直接插入计算机机箱的 USB 接口。另一种是 USB 接口的可移动硬盘,其容量大,支持即插即用和热插拔,并使用 USB 作为接口标准,使用十分方便。

2.2.7　计算机系统输入设备

计算机用户通过输入设备将数据和信息输入到存储器中。最常用的输入设备有键盘、光电笔、扫描仪、鼠标等。

1. 键盘

键盘(Keyboard)在计算机的输入设备中使用得最普遍,它由几组按键组成。根据键盘上键数的多少,将键盘分为 101 键和 104 键键盘。Windows 系统普遍使用的是通用 104 键扩展键盘,也有 106 或 108 键键盘。通过键盘连线插入主板上的键盘接口可与主机相连接。

键盘按键大致可分为机械式按键与电容式按键两大类。机械式键盘信号稳定,触击有力度感,但触点容易磨损;电容式键盘的触感自然,操作灵活。

2. 鼠标

鼠标的工作原理有机械式和光电式,按键有两键和三键。在操作上,鼠标比键盘灵活方便。特别是画图时,通过移动鼠标就可灵活地在屏幕上定位光标。在视窗操作系统环境下,鼠标必不可少。

鼠标可分为光学鼠标、机械鼠标和光学机械鼠标三大类。光学鼠标(Optical Mouse)

轻巧灵活,但分辨率有限制。机械鼠标(Mechanical Mouse)又称机电式鼠标,分辨率高,但编码器易受磨损。光学机械鼠标(Optical Mechanical Mouse)又称光电机械式鼠标,是光学和机械的混合形式。现在大多数高分辨率的鼠标都是光学机械式鼠标。

3. 扫描仪

扫描仪(Scanner)是输入的主要设备,它像是计算机的眼睛,能把一幅画或一张相片转换成数字信号存储在计算机内,然后利用有关软件编辑、显示或打印计算机内数字化的图形。扫描仪的主要技术指标有分辨率(即每英寸扫描所得到的像素点数,DPI)、灰度值或颜色数、幅面(A4、A3、A0纸张等)、扫描速度等。

目前扫描仪分为CCD扫描仪和PMT扫描仪两类。CCD(Charge-Coupled Device)为电荷耦合器件阵列组成的电子扫描仪。

2.2.8　计算机系统输出设备

计算机的输出设备主要用来输出计算机系统处理信息的结果,其数据形式因设备和输出数据的形式的不同而不同。以下列出常见的几种。

1. 显示器

显示器(Display)是计算机必备的输出设备,按工作原理分为阴极射线管显示器(CRT)、液晶显示器(LCD)、等离子显示器(PD)等,按显示器颜色分为单色显示器和彩色显示器。显示器用来显示计算机输出的各种数据结果,以字符、图形或图像的形式显示出来。显示器有几个重要的性能指标。

- 屏幕尺寸:按显示屏大小分为 17 英寸(1 英寸≈2.54 厘米)、19 英寸、22 英寸、24 英寸等。
- 分辨率:是显示器的一项技术指标,即屏幕上横向和纵向扫描点的个数,用"横向点数×纵向点数"表示,分为 640×480、800×600、1024×768、1280×1024、1600×900、1600×1280、1920×1080、1920×1200 等。分辨率越高,显示效果越清晰。例如要显示视频图像,必须使用分辨率为 800×600 以上的显示器。
- 点距:指同一像素内的两个颜色相似的磷光体间的距离,它决定了显示的精度。
- 调节方式:用于调节显示器的亮度、对比度、色彩等,有机械旋钮式和档次比较高的数字式调节方式。

屏幕显示器是计算机系统的输出设备,手触式屏幕同时也是输入设备。

2. 打印机

打印机(Printer)是计算机常用的输出设备,可以把计算机处理问题的结果以字符、表格或图形的方式打印在纸上,根据打印方式可分为击打式打印机和非击打式打印机。

(1) 击打式打印机

常用的主要是针式打印机,也称点阵打印机。打印时,字符由通过击打钢针印出的点阵组成。按打印头的钢针数目分为 9 针和 24 针打印机,按打印宽度分为宽行打印机和窄行打印机。针式打印机的优点是经久耐用、成本低,缺点是噪声大及打印效果细腻程度不够。

（2）非击式打印机

激光打印机、喷墨打印机是两种常用的非击打式打印机。这类打印机的优点是:分辨率高、无噪声及打印速度快,只是价格比较贵。喷墨打印机能打印大幅面(如 A0 幅面),用彩色喷墨打印机可以打印彩色图形。

（3）绘图仪

绘图仪(Plotter)是输出图形的主要设备,也是计算机辅助设计(CAD)系统的主要输出设备。目前绘图仪的种类主要有笔式、喷墨式、热敏式和静电式等。

绘图仪性能指标主要有绘图笔数、图纸尺寸、打印分辨率、打印速度及绘图语言等。

2.2.9　其他外部设备

1. 声卡

声卡是每台多媒体计算机所必备的部件。计算机中的数字化声音要转换成人们能辨别的悦耳的声音并通过耳机或喇叭播放出来,就必须使用声卡。通过声卡可以合成立体声音乐,供人们听 CD 唱片、看 VCD 等。

2. 网卡

要用通信线路把较小地域范围内的几台或更多的计算机连接起来,使计算机与计算机之间能够进行通信、共享信息资源等,就需要使用网卡。网卡的选用要看传输数据的性质和要求而定。比方说是报表、文字一类的数据,对网卡的数据传输速度要求就不是很高;而多媒体图像数据的传输等对网卡的速度就有一定的要求。

3. 调制解调器

使用电话线拨号上网,必须要有调制解调器,它是计算机与电话线之间的信息转换装置。电话线路传输的是模拟信号,而计算机处理的是数字信号,所以计算机的数字信号需要转换成模拟信号才能作为电话线传输的信号;模拟信号传输到另一端不能直接作为计算机的信息接收和使用,还需转换成数字信号。要使用电话线实现不同地域、不同计算机之间的网络通信,就必须在电话线两端对传递的信息进行转换。这个转换装置就是调制解调器,目前有内置和外置两种。调制解调器的传输速率越高越好。

4. 解压卡

人们通常所看的电影、电视图像要转换成计算机信息传输再现,其数据量是非常大的。比如人们看得比较自然舒服的、分辨率为 $640 \times 480 \times 24$ (24 指 24 位真彩色)的视频画面,每秒要传送 27MB 的图像信息,因此图像信息处理必须使用压缩/解压缩技术。分辨率为 $640 \times 480 \times 24$ 的图像信息,压缩后每秒可传送 0.54MB,而播放时还要还原解压缩。

解压卡把解压软件固化成硬件插在主板上，解压速度比较快。目前 Windows 等操作系统内置有解压程序，不需要解压卡。

2.2.10　主机箱

主机箱是封装主机板、电源、光盘驱动器、硬盘驱动器等部件的外壳，有卧式机箱和立式机箱两种。机箱前面安装了光盘驱动器，便于使用，而硬盘驱动器则封装在机箱里面。

计算机的硬件系统除主机箱外，其他硬件需要通过主机箱的电源插口、鼠标插口、键盘插口、打印机插口等输入/输出接口接入。主机电源是安装在主机箱中的独立部件，一般提供＋5V 和＋12V 直流电源，主要给主机板、磁盘驱动器、键盘等提供电源。

2.3　计算机软件系统

软件与硬件是相互对应、相辅相成的。系统软件基于硬件系统开发，以便充分发挥硬件系统的长处。系统软件除了管理维护好计算机系统所有硬件资源和软件资源外，还要使用户更方便有效地使用计算机，提高使用计算机软、硬件资源的效率。

2.3.1　计算机软件

计算机软件是各种计算机可以运行的程序及运行程序所需要的相应数据和文字资料等，合称计算机软件。一台只有硬件没有软件的计算机只能读懂运行"0"和"1"二进制序列的机器语言。计算机系统只有借助于软件才能与人沟通交流信息。没有软件系统的计算机，就像人只有躯壳而没有灵魂和意识一样。只有开发了具备各种功能用途的软件程序，才能使计算机系统的使用更方便。

无论是系统软件还是应用软件，都是人们事先用程序设计语言设计、编写和输入计算机并存放在存储器中的。计算机系统工作时首先要把程序指令调入内存，由系统管理、执行这些程序，完成预定的任务。

一个计算机软件程序既包括需要实现的操作内容，也包括执行的步骤。有了程序，计算机就知道什么时候该做什么，就会准确无误地按步骤执行各项指令与操作。

2.3.2　系统软件

系统软件(System Software)主要指为管理计算机资源、分配和协调计算机各部分的工作、增强计算机的功能、使用户能方便使用计算机而编制的程序。系统软件一般由计算机的生产厂家在出厂前装进计算机或随计算机提供给用户，如启动后例行的自检程序是事先固化在 ROM 中的，而操作系统等一般随计算机提供给用户。

操作系统管理所有硬件资源和软件资源,并提供用户使用计算机所有的软、硬件及操作的接口,是管理计算机的一组程序,也是计算机系统的核心软件。系统软件中一般还包括语言处理程序,如把汇编语言转换为机器语言的汇编程序,把高级语言转换为机器语言的编译程序或解释程序,作为软件研制开发工具的编辑程序、调试程序、装配和链接程序、测试程序等。

2.3.3 应用软件

随着计算机软、硬件技术的不断发展,系统软件和应用软件的划分不是非常严格的。有一些应用型的软件固化在了硬件上,成为"固件",还有一些常用的应用软件则集成在操作系统中。因此一般用户不必严格区分什么是真正的系统软件,什么是真正的应用软件。实际上系统软件也集成有应用程序,而所有的应用软件都应在操作系统的支持下才能运行,包括制作工具软件、信息管理软件等。

2.3.4 计算机语言与程序

计算机语言是人们指挥计算机完成任务、进行信息交换的媒介与工具。随着计算机科学技术的迅速发展,计算机语言也不断由低级向高级发展。计算机语言种类繁多,各有千秋,发展也很快,但万变不离其宗,其编程所使用的控制结构的算法实现都是类似的。对计算机语言应根据解决实际问题的需要选择使用,熟练掌握一种到两种。

计算机语言随计算机科学技术的发展逐步形成了3大类语言。

1. 机器语言

机器语言(Machine Language)是用直接与计算机打交道的二进制代码指令所表达的计算机语言,称为机器语言。机器指令是用0和1组成的一串二进制代码,不同编码表示不同的操作。机器语言就是二进制代码指令的集合,计算机能够直接识别并执行,不需要任何翻译程序。由机器语言编写的指令,其格式与代码所代表的含义一经规定好,整个计算机的硬件逻辑电路就要根据这些规定设计和组装,制造出来的计算机只能识别这种表示形式,所以称机器语言为面向机器的语言(Machine Oriented Language),是第一代计算机语言。

实际上,电子设备在电器和物理上容易实现两种稳定的控制状态,计算机最终识别和执行的是二进制形式表示的机器指令,而人们更熟悉的自然语言和数学语言,这就需要事先编写好翻译程序,把方便人们使用的符号语言、高级语言最终翻译成二进制代码组成的机器语言,计算机才能识别并按要求运行和控制。

每台计算机都有机器指令系统。机器指令由操作码和操作数组成,每一条指令让计算机执行一个简单的特定操作。例如,从某一内存单元中取出一个数或给某一内存单元存入一个数,把两个数进行相加、相减、相乘或相除等操作。一条机器指令是一串二进制代码,所以通过机器指令既可以表达算法,也可以让计算机执行指定的操作。

例如，计算表达式 $m \div n - z$ 的值，并把结果值存到 10010000 内存单元。假设已知某计算机的取数操作码为 1000，除法操作码为 1010，减法操作码为 1001，传送操作码为 0100；另外也知 m、n、z 中的 3 个数已分别存放在 11110110、10101101、01010110 内存单元中。用机器语言实现这个简单的数学表达式算法，可编写如下程序：

1000	11110110	取出放在 11110110 内存单元的值
1010	10101101	除法操作放在 10101101 内存单元的值
1001	01010110	把结果值减去放在 01010110 内存单元的值
0100	10010000	把最后结果值存到 10010000 内存单元

很明显，用机器语言描述和编制程序算法是一件繁杂琐碎的工作。首先要把算法分解成一个个小步骤，然后用二进制代码描述这些步骤，不能有差错，而且难读、难写、难检验。显然用机器语言编写程序无论是编写、阅读或修改都非常费时费力且容易出错，使用机器语言开发系统功能非专业技术人员莫属。机器语言难于辨认，难于记忆，也难于修改和调试，而且机器语言缺乏通用性，不易于广泛应用和普及。

2. 汇编语言

汇编语言（Assembler Language）是用助记符（Mnemonic）表达的计算机语言，属于符号语言，是计算机语言发展中的第二代语言。用汇编语言编出的程序称为汇编语言源程序（Source Program）。需用机器内事先装好的翻译程序——汇编程序把汇编语言程序翻译成机器语言的目标程序，然后机器才能执行。这个翻译过程称为汇编。例如仍然以计算表达式 $m \div n - z$ 的值为例，编写程序实现算法。可以写成：

```
LDA   M
DIV   N
SUB   Z
MOV   Y
```

可见汇编语言指令的操作码部分使用的是英语单词的省略形式的符号表示，相对比较容易记忆。其中地址码部分直接写变量名，比二进制代码直观方便，相对不易弄错。

这种语言计算机不能直接识别，必须用事先存放在存储器中的"翻译程序"把汇编语言翻译成机器语言，计算机指令系统才能识别和执行。这个翻译程序称为汇编程序，翻译成机器语言描述的程序称为目标程序。计算机系统执行汇编源程序的过程如图 2.8 所示。

汇编语言的编译效率很高，最接近机器指令。尽管汇编语言比机器语言更接近用户，算法表达容易了许多，可是指令的结构仍依赖于机器语言的指令结构，即汇编语言指令仍与机器语言的指令一一对应，这与人们熟悉的自然语言或数学表示方式还有一些差距，需要专门学习和使用。$y = m \div n - z$ 这样一个简单的表达式都要拆成 4 步计算，复杂一些的算法表示起来会更烦琐，约束了人们使用计算机作为工具的创造性思维。

汇编语言是一种面向机器的语言，目前常用于实时控制、实时检测及实时处理。使用汇编语言写程序时，要求编程人员熟练掌握计算机的硬件结构，因此其通用性差，编写程

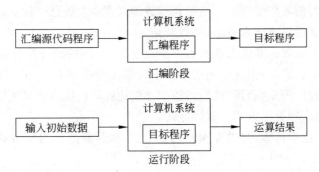

图 2.8　计算机系统执行汇编源程序的过程

序算法也很麻烦,但编译效率比较高。

在不同的计算机系统中使用的汇编系统有所不同。汇编语言和机器语言类似,也有通用性差的特点,相对来说作为中级语言在改进计算机语言表达和方便用户使用方面,也就是表达程序算法方面有所改进,但还不能完全尽如人意,因此就有了更接近人们使用习惯的计算机高级语言。

3. 高级语言

无论使用机器语言还是汇编语言编写程序,都离不开具体的计算机指令系统,没有摆脱语言对机器的依赖。1954 年出现了一种与具体计算机指令系统无关的语言,它接近于人们对求解过程或问题描述的表达方式,易于掌握和书写,这就是 Fortran 语言。人们把具有以上特点的语言称为高级语言(High-level Language),这就是计算机语言系统中的第三代语言。

目前,世界上已有的高级语言不计其数,比较常见的有:

- BASIC:适于初学者学习和使用的语言。
- Fortran:适用于科学计算领域。
- COBOL:适用于商业、经济管理。
- PASCAL:适用于描述的结构化程序设计语言。
- SQL:数据库管理系统标准查询语言。
- C:适于编写系统软件的结构化语言,兼有高级语言和低级语言的优点。
- C++:面向对象程序设计语言。
- C♯:运行于.NET Framework 上的面向对象高级程序设计语言。
- Visual C++:面向对象可视化编程语言。
- Java:新型跨平台分布式程序设计语言,适于网络化环境的编程。
- Delphi:网络编程语言。
- QBASIC:改进的 BASIC 语言。
- Turbo BASIC:改进的 BASIC 语言。
- Visual Basic:可视化编程语言。
- Python:动态类型解释性脚本语言。

高级语言与人们习惯使用的自然语言与数学语言非常接近。例如，$y=2x^2-x+1$ 这样一个数学表达式用高级语言表示，可以写成 $y=2*x*x-x+1$，基本上是原样表达，不需要再细分解析步骤。高级语言具有很强的通用性，不同的计算机系统上所配置的高级语言基本上都是相同的，因此描述程序算法时显然就能针对具体问题而得心应手。高级语言编写的源程序需要"翻译"成机器指令才能让计算机执行。高级语言的"翻译"过程一般分为两种方式，即编译方式和解释方式。

例如，有一个数学函数，要求实现输入 x 的值，然后根据 x 的取值输出 y 的值。数学函数关系表示如下：

$$y=\begin{cases}2x+1 & (x>0) \\ 0 & (x=0) \\ 3x-1 & (x<0)\end{cases}$$

用 Visual Basic 语言描述的程序如下：

```
INPUT "x=", x
IF x>0 THEN y=2*x+1
IF x=0 THEN y=0
IF x<0 THEN y=3*x-1
PRINT "y="; y
END
```

高级语言编写的程序算法易写、易读、易懂、易改，但是计算机系统是不能直接读懂和运行的，需要利用"翻译"程序翻译给机器才能执行，这里可以使用解释程序。

解释程序把高级语言编写的源程序在专门的解释程序中逐条语句读入、分析、翻译成机器指令，其特点是每次执行程序都离不开解释环境，不生成目标程序。每次运行时都要逐句读入检查分析，译出一句，执行一句，因此解释方式的运行速度慢，但用户使用调试时却很方便。对上述算法使用 BASIC 语言的解释程序翻译执行，其解释程序的执行过程如图 2.9 所示。

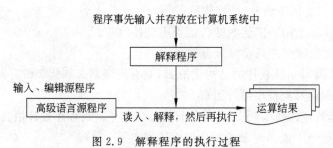

图 2.9　解释程序的执行过程

在这个过程中，机器每次运行源代码程序时都要调用解释程序充当"翻译"，试想可不可以一次就把高级语言编写的程序源代码翻译好，以后每次运行该程序时就不用携带"翻译"了呢？答案就是使用另一种翻译方式，也就是编译方式。

用编译程序可把用高级语言编写的整个源程序一次性地翻译成用机器语言表述的目标程序，把生成的目标程序和可能调用到的内部函数、库函数等链接生成机器

可执行的程序,然后再执行得到计算结果。例如用 C 语言描述上述数学函数关系的程序如下:

```
main()                            /*程序开始*/
{ int x,y;
printf("Please input x:");        /*提示输入*/
    scanf("%d",x);                /*输入 x 值*/
if(x>0)
    y=2*x+1;
else if(x<0)
    y=3*x-1;
else
    y=0;
printf("x=%d,y=%d\\n",x,y);       /*输出结果*/
}                                 /*程序结束*/
```

C 语言编译集成环境很多。运行一个集成环境输入 C 语言程序源代码,经过调试编译语义语法正确后,可一次性"翻译"生成操作系统下可直接执行的机器指令文件。这项工作完成后,以后每次运行用户程序时都不再需要编译程序进行翻译,直接运行就可以了。

高级语言的编译过程都是类似的。用编译程序把高级语言编写的整个源程序一次性地翻译成用机器语言表述的目标程序,再把生成的目标程序和可能调用到的内部函数、库函数等链接生成机器可执行的程序,然后再执行得到计算结果。如 C 语言程序采用的就是编译方式。高级语言的编译过程如图 2.10 所示。

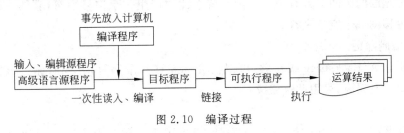

图 2.10　编译过程

计算机系统执行高级语言必须要由翻译处理程序转换成机器语言。无论是解释程序还是编译程序,使用时都需要预先读入计算机内。

程序算法设计的调试过程使用的解释方式灵活,但花费时间长、速度慢,每次执行过程中始终离不开解释程序的"翻译"工作;编译方式一次性编译后,执行速度快,加密性好,所以开发应用软件或系统软件大多使用具有编译方式的程序设计语言。现在大多数高级语言编写的程序都可以使用编译方式调试运行。

2.3.5　键盘与鼠标的工作区及工作方式

键盘和鼠标是使用频率最高的输入设备,是现代计算机操作不可缺少的基本配置,必须要熟练掌握才能提高计算机操作与应用的效率。

1. 键盘工作区划分

键盘是使用计算机最常用的输入设备,一般分为 4 个键区:打字机键区、功能键区、编辑控制键区和小键盘区。键盘的工作区划分如图 2.11 所示。

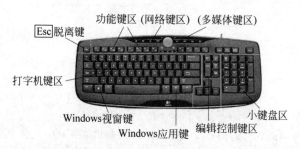

图 2.11　键盘工作区划分

(1) 打字机键区

打字机键区的字母和数字的排列位置与机械式打字机类似,也称主键区,主要有字母、数字、常用符号和一些作为组合控制的特殊键。

① 回车键

在命令操作方式下,回车键作为一行命令的结束,请求系统执行。文字编辑时表示一行字符输入完毕,换行操作,即按下该键后另起一行。

② 空格键

在主键盘区的中间下方有一长条键。按下此键产生一个空格字符,它的作用就是将光标向右边移动一个空格字符。

③ 退格删除键

退格删除键(Backspace 或 ←键)可以使光标左移一个字符,并同时删去该字符。用户在键盘输入有误时,可用此键修改。

④ 换档键

主键盘区有两个对称的换档键(Shift),主要用于主键盘上方数字等双字符键的操作。这些键直接按下时,输入的是下边的符号;同时按 Shift＋双字符键,输入的是上边的符号。第二个作用是大小写字母的转换。比如计算机开机后,直接按字母键,输入的英文字母是小写字母;而同时按 Shift＋字母键,输入的英文字母就是大写字母;要是处于大写字母输入状态,同时按 Shift＋字母键,输入的英文字母就是小写字母。

⑤ 大小写字母锁定键

大小写字母锁定键(CapsLock)是一个两态开关键,按 CapsLock 键可转换字母键的大小写状态。按一下此键,原输入字母由小写变为大写;再按一下此键,又将输入字母由大写变为小写。同时按 Shift＋字母键,打出的字母则正好相反。

⑥ 小键盘数字锁定键

小键盘数字锁定键(NumLock)也是一个两态开关键。按一下则锁住右边小键盘的数字键,此时输出的是数字;再按一下 NumLock 键,小键盘的功能就是键盘上其他符号的功能,如光标的移动等操作。

在进行大量数字输入时,用这些数字键可加快输入速度。

⑦ 制表定位键

制表定位键(Tab)是一个跳格键,按一下此键,光标移到下一个制表符位置。一般两个位置的间隔是 8 个字符。

⑧ 控制键和选择键

在空格键的左右,有控制键(Ctrl)和选择键(Alt)。Ctrl 和 Alt 键本身不起作用,需要与另外一个或一个以上的键同时按下组合而形成一定的控制功能。

例如:行命令状态下,同时按下 Ctrl+NumLock 键或 Pause 键可暂停操作,按任意键继续。用于暂停屏幕内容的向上滚动,此时可按 Ctrl+NumLock、Pause 或 S 键,都可以暂停屏幕内容向上滚动;再按任意键,屏幕继续输出信息。

同时按下 Ctrl+Break 键或 Ctrl+C 键可中断当前 DOS 行命令操作。

按下 PrintScreen 键,其功能是屏幕硬复制,即把当前屏幕上显示的信息原样复制到剪贴板中。

(2)编辑控制键区

① 脱离键

脱离键(Esc)的主要作用是取消当前的操作,退回到上次的操作环境。

② 插入键

插入键(Insert 或 Ins)是一个两态开关键。按一次该键,可以在光标所在一行中插入字符,插在光标位置,其他内容依次后移;再按一次该键,插入状态变为改写状态,这时再在光标处输入字符,则修改光标处字符。

③ 删除键

删除键(Delete 或 Del)可删去光标所处位置的一个字符,光标位置不变,右边字符左移。

④ 光标移动键(←、↑、→、↓)

在全屏幕编辑状态下,控制光标在文档区按左、上、右、下方向移动。

⑤ 翻页键

在全屏幕编辑状态下,翻页键(Page Up 和 Page Down)在两页以上的文档中使用。按 Page Up 键使内容上翻一页,按 Page Down 键使内容下翻一页。

⑥ 回首键

在全屏幕编辑状态下,按回首键(Home)可使光标回到行首。

⑦ 回尾键

在全屏幕编辑状态下,按回尾键(End)可使光标置到行尾。

⑧ 屏幕打印键

屏幕打印键(PrintScreen)在 DOS 操作系统下可以把屏幕的内容送到打印机;在 Windows 操作系统环境中可以把屏幕内容复制到剪贴板。

⑨ 暂停键

暂停键(Pause)可以暂停正在执行的程序或滚动的屏幕。

(3) 功能键区

F1~F12 键在不同的操作系统中有不同的定义,产生不同的作用。例如在 DOS 操作系统中,按 F3 键可以重复最近一次回车前输入的一条命令。例如,在 Windows 行命令提示符下输入一条命令:

```
C:\>COPY  C:\ course \*.txt  D:\ task\*.*↙
```

表示将驱动器 C 盘上名为 course 的磁盘子目录文件夹中的所有 txt 文件复制到驱动器 D 盘上名为 task 的磁盘子目录文件夹中,保持被复制的原来文件的名称不变。

如果需要重复输入上面一行命令,可以按 F3 键复制上次输入的行命令,屏幕上会显示:

```
C:\>COPY  C:\ course \*.txt  D:\ task\*.*
```

用箭头键移动光标可以修改 D 盘为 F 盘,会将指定的文件内容复制到 F 盘上名为 task 的磁盘子目录文件夹中,保持被复制的原来文件的名称不变。

用 F3 键可在 Windows 的 DOS 行命令提示符下复制上次输入的所有内容。用 F1 键可在 Windows 操作系统下调用联机帮助。

(4) 小键盘区

小键盘区共有 17 个键,主要用于数字输入。双重键用数字锁定键(NumLock)进行切换,也可以作为编辑控制键。

在 104 键增强型键盘上还有两种键,即 Windows 操作系统下的"视窗键"和一个"应用键",如图 2.12 所示。

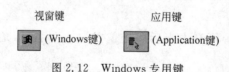

视窗键　　　　　　　　应用键

(Windows键)　　　(Application键)

图 2.12　Windows 专用键

使用这两个键,用户可以快捷地完成 Windows 操作系统常用的、特有的一些操作。例如运行有的软件时需要占据整个屏幕,没有窗口、菜单,也没有任务栏,这时要做其他事情,如果没有 Windows 键盘的视窗键,则只能退出该环境。例如当用户使用 Microsoft Word 编辑文档时,可以从"视图"菜单选项中选择全屏幕显示方式,被编辑的文档占据了整个屏幕,任务栏也被遮挡住了。这时如果需要进行其他一些操作或者要运行其他软件,一般需要退出后再做,很难两全。但是,如果用户有了 104 键盘,这时只需按一下视窗键,直接打开"开始"菜单,就可运行其他软件了。

Windows 键盘比标准的 101 键盘多出 3 个键,分别位于标准键盘空格键两侧的 Alt 与 Ctrl 键之间。视窗键左右两侧各有一个,应用键位于空格键右边的视窗键和右 Ctrl 键之间,熟练使用可以更方便地使用 Windows 操作系统,其功能如表 2.1 所示。

表 2.1 视窗键与应用键的功能

键 操 作	作 用
视窗键	启动"开始"菜单
应用键	弹出所在区域的快捷菜单,相当于鼠标右键
视窗键+E	打开"资源管理器"窗口
视窗键+F1	打开连机"帮助"应用程序窗口
视窗键+M,视窗键+D	最小化所有打开的应用程序窗口,放在任务栏中
视窗键+F	打开"查找"对话框
视窗键+R	打开"运行"对话框
视窗键+Break	打开"系统属性"对话框
视窗键+Tab	切换任务栏上打开的应用程序,按 Enter 键确认

网络功能键和多媒体键的设置与分布,不同品牌的键盘各有不同。

2. 键盘操作

键盘操作主要是指法操作习惯的培养,从开始学习到平时应用计算机,都要养成自然良好的键盘使用习惯,以提高数据录入速度,提高计算机的使用效率。

(1)保持正确的姿势

当开始操作和使用计算机时,首先应有一个端正、自然、放松的坐姿,使键盘位于自己的正前方,小臂与大臂形成自然的角度,双手掌半握,平放在键盘的上方,掌心向下,手指与字键垂直,置于基本键位上。手指与基本键位的关系如图 2.13 所示。

图 2.13 手指与基本键位的关系

(2)基本键位与手指的关系

在键盘输入的基本练习中,手指一般保持在基本键位上的 8 个字键上。需要击其他字键时,击键后手指应放回原来的基本键位上。经过多次反复击键和收回练习,最终自然会养成正确的击键习惯,提高使用效率。实际上,看一个人是否熟练操作和使用计算机,从键盘操作的姿势和熟练程度上就可以判定。

(3)击键方法与标准指法

击键时应干脆利落,有节奏感,不要用力过大,击中后手指立即自然弹起,收回到基本键位。这是一种熟练过程,需要反复练习一定的时间才能掌握。

标准指法与字键位置的操作关系是由字键的使用频率确定的,是人们从劳动生活中总结出来的。在主键区,十个手指各有分工。人的食指使用效率最高,所以左手和右手的食指分别掌管两列字键。键盘的指法分区如图 2.14 所示。

键盘练习的最终要求应该是不用看键盘,即人们通常所说的"盲打",而且要有一定的录入速度,通过训练一定能达到。

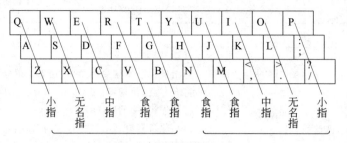

图 2.14　键盘的指法分区

3. 鼠标的使用

鼠标操作时,右手掌朝下呈自然状态扶握鼠标,其中食指放在鼠标左键上,中指放在鼠标右键上。

鼠标的操作一般有如下几种。

(1)指向

鼠标指向操作是使鼠标指针指向某一待操作对象的动作。操作时是根据鼠标指针指向的目标移动定位的。指向操作往往是鼠标其他动作的先行动作。

(2)单击

单击是指快速按放鼠标一个按键的动作。单击动作用于选定一个具体操作。如在应用程序窗口中选取一个菜单项、单击一个工具按钮等。

(3)双击

双击是指快速按放两次鼠标按键的动作。双击多用于打开一个文件、文件夹或启动一个程序等。

(4)三击

三击是指快速地三次按放鼠标按键的动作。三击动作可用在 Word 中选取整个段落等。

(5)拖动

拖动是指选取操作对象后按住鼠标键,同时拖曳移动鼠标的动作。

(6)滚动鼠标轮

现在一些鼠标的左右两键之间有一个滚轮,滚动时便于上网浏览长信息网页或编辑长文本信息。

鼠标操作时,鼠标指示针的图形也在变化。鼠标指针的设置可根据需要自己选择,一般应保持系统默认选项。

2.4　思　考　题

1. 简述计算机系统的组成及相互关系。
2. 列举自己熟悉的应用系统平台的特点。

3. 简述个人计算机系统如何接入所在区域的网络服务。

4. 简述今后个人可以从事具有专业背景和 IT 相关的哪项工作。

5. 简述冯·诺依曼计算机体系结构的工作原理。

6. 列举 CPU 的主要性能技术指标。

7. 简述如何量化计算 FSB 前端总线频率。

8. 简述高速缓存的分级与作用。

9. 简述什么是主频,什么是外频,各有何特点。

10. 简述 CPU 多核技术是如何分配共享系统资源的。

11. 简述主板上有哪些部件,各有哪些性能和指标。

12. 简述计算机系统的总线结构如何划分,各有哪些特点。

13. 试述存储器有哪几类,各有哪些物理特性和使用特点。

14. 试述升级更新个人计算机系统会有哪些问题需要考虑。

15. 试列举外置存储器有哪些,各有何特点。

16. 简述液晶显示器有哪些规格指标需要考虑。

17. 试列举常见打印机的种类和使用特点,以及耗材如何考虑等。

18. 简述个人计算机配置若从外观接口等方面考虑,哪些因素更重要。

19. 试述计算机系统软件和应用软件的相互关系与作用。

20. 试列举使用哪一种计算机语言解决哪一类实际问题会更为适合。

21. 简述解释程序、编译程序的工作过程及相同与不同之处。

22. 简述键盘工作区域的划分作用和使用技巧。

23. 简述 Windows 视窗键有哪些功能。

24. 简述平时使用计算机时应如何保持正确姿势以提高操作效率。

第 3 章 计算机操作系统基础

计算机操作系统(Operating System，OS)是计算机软件系统的核心程序，是管理计算机系统所有硬件资源和软件资源的一组系统软件程序。硬件系统构成了计算机系统得以工作运行的物理环境与物质基础，而软件系统则是对硬件系统组成功能的分层扩充，是硬件系统能够识别并执行的指令的集合。无论巨型机、大型机、小型机还是微型机、便携机等计算机系统，都是通过操作系统发挥强大的硬件系统功能支持用户操作和使用计算机的。本章主要内容如下：

- 操作系统的工作任务；
- 操作系统的技术基础；
- 操作系统的分类与管理功能；
- 操作系统的资源管理与行命令；
- 常见操作的系统管理应用；
- 移动智能终端操作系统；
- 智能手机操作系统技术与研发；
- 移动智能终端操作系统应用与创意。

3.1 操作系统应用

操作系统是由一组完成特定任务的各种程序及运行这些程序所需要的数据或数据库组成的系统软件程序。计算机系统由硬件系统和软件系统组成，硬件系统包括 CPU、存储器、显示器等物理设备，软件系统是计算机系统可以运行的各种程序文件和数据等，通常人们把只有硬件系统组成的机器实体设备称为"裸机"。裸机除了提供机器语言支持以外，并无任何协助用户解决问题的工具，直接使用计算机十分不便，甚至是不可能的，因此软件技术的发展必不可少。软件技术的发展又促进了硬件系统技术的不断发展，并推动了计算机系统智能化的发展。

计算机系统只有提高软件技术的支持水平，才能充分发挥硬件系统的优越性能。软件系统与硬件系统的发展是相辅相成、互相推动的。计算机软件技术的发展推动和促进了硬件技术更高需求的发展；另一方面，如果没有操作系统的诞生与发展，也就不可能有计算机如此广泛的普及和应用。操作系统的类型、功能和版本很多，不同的硬件系统平台、不同的机器配置安装的操作系统是千差万别的，但基于冯·诺依曼体系结构的核心工作原理是相似的。目前,操作系统为人们使用计算机系统提供的人机操作界面可以分为两种方式,一种是行命令操作方式,另一种是图形化界面操作方式。前者多用于专业系统维护、批处理等高效率的工作,后者更多的是为普通用户方便和直观地操作、使用计算机系统而设计的。

3.1.1 操作系统的工作任务

操作系统是一组管理计算机系统所有硬件与软件资源的软件程序,是计算机系统工作运行的信息中心和指挥中心,是软件系统的基础与内核。

操作系统用于管理和调配计算机系统所有的硬件资源、软件资源和数据资源操作,可使计算机系统的所有资源得到最有效的利用。操作系统除了负责内存资源分配、CPU 的使用、输入与输出控制、文件管理等基本事务外,还包括网络共享机制管理、系统安全控制等系统资源管理,可控制系统程序运行流程,同时提供人机交互界面,为所有应用软件提供支持。操作系统是一组任务复杂而庞大的管理控制程序,一般分为处理机管理、作业管理、存储管理、设备管理、文件管理 5 个方面。

现代计算机硬件系统一般有一个或几个 CPU 中央处理器、各种工作方式的内存、不同种类的磁盘、各种不同的输入/输出设备等,结构非常复杂。要编写一个程序使用这些设备是一件非常困难的事。例如,如果要从磁盘读出 1 字节的数据并写入内存,若使用最基本的机器语言完成,将需要十几个参数,包括要读取的地址、每条磁道的扇区数、物理记录格式、扇区间隙等。当操作结束时,控制器芯片还将返回 20 多个状态信息,这要求程序员必须熟悉硬件底层的系统结构,只有专业人员才能完成,这种方式的使用或开发效率非常低,不易被普通用户所接受。

因此人们很早就意识到必须找到某种方法将硬件的复杂性与使用者隔离开来,而采用的方法就是在没有任何软件支持的计算机"裸机"上加载一层软件以管理整个系统,同时给用户提供一个方便快捷和便于交流信息的程序设计接口界面,习惯上称为虚拟机(Virtual Machine)系统,这层功能扩充软件就是操作系统。在操作系统的基础上,人们可以方便地使用磁盘、管理磁盘文件、提交打印输出等,还可以根据行业应用开发各种应用软件系统,如文字处理系统、订票业务信息管理系统、人口信息资源管理系统、国有土地资源管理信息系统等。

计算机系统可以划分成系统硬件、操作系统、系统实用软件或应用软件和用户群体几个层次。操作系统用户与计算机系统的关系如图 3.1 所示。

最底层是计算机系统硬件,一台仅由硬件组成的计算机系统是构成运行软件的基础,但不易使用;硬件之上的第一层软件是操作系统,是对硬件系统功能的第一次扩充,向下管理和控制系统硬件,向上为系统实用程序和应用软件提供良好的运行使用环境;其他系统软件是由一组系统实用程序组成的,可为系统和应用软件提供底层服务。

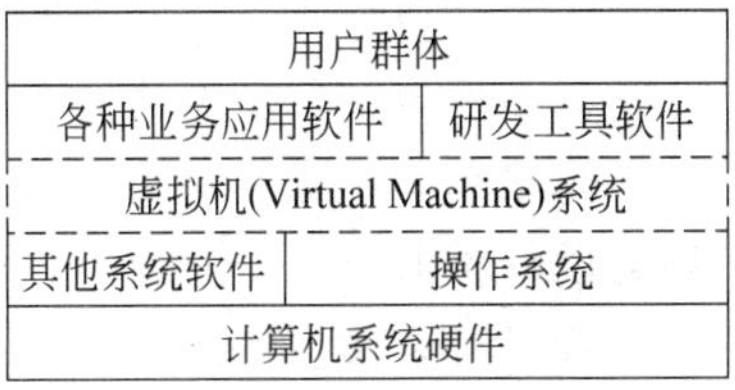

用户群体	
各种业务应用软件	研发工具软件
虚拟机(Virtual Machine)系统	
其他系统软件	操作系统
计算机系统硬件	

图 3.1 操作系统用户与计算机系统的关系

例如，用户组装计算机时将所需要的系统部件购买后组装在一起，这时的计算机是一组硬件系统实体，称为"裸机"，不易使用；然后选择安装操作系统，之后计算机能够工作运行，各种功能通过操作系统显现出来，便于操作使用，实际功能也增强了。这台可以使用的功能"更强"的计算机系统称为"虚拟机"。系统应用软件和用于进一步开发系统的研发工具软件，如语言编译程序、汇编程序、调试程序等系统实用程序等，可以处理业务工作或支持各类应用软件的编制和维护等。系统实用软件运行于操作系统之上，需要操作系统环境的支持。各类用户是计算机系统的使用者和开发者。

计算机层次结构中，层次间表现为单向服务关系，即上层可以使用下层提供的系统服务，下层不能使用上层的服务。例如，操作系统通过接口向上层用户提供各种服务，而上层用户通过操作系统提供的接口访问硬件。

操作系统是计算机硬件上的第一层软件，其他软件都是建立在操作系统之上的。因此，操作系统在计算机系统中占据了非常重要的地位，它不仅是硬件和所有其他软件之间的接口，而且任何计算机都必须在硬件上安装相应的操作系统后才能构成一个可运行的计算机系统。没有操作系统，任何应用软件都无法运行。

人们使用计算机时通过操作系统建立的虚拟机系统与硬件实体打交道，完成一般应用和系统研发等。软件系统分为系统软件和运行于系统软件之上的应用软件两大类。系统软件包括各种操作系统和其他例行系统程序，应用软件是可以为各类用户完成各种应用和开发工作的系统应用程序或系统开发工具等。

实际上，目前软件种类很多，从基本的系统装入程序、各种编辑开发软件、各种杀毒工具、网络浏览工具、数据库管理程序、用户程序等到各种程序设计语言集成开发工具，集编辑、解释、调试、编译和运行为一体，操作系统本身除核心控制管理功能之外，还自带多种应用开发工具等，很多软件系统应用、管理和开发工具兼而有之，应用中并无严格划分，但计算机系统资源核心管理非操作系统莫属。

可以从人与计算机两个角度观察操作系统的作用。首先从资源管理的观点来看，操作系统是计算机系统资源的管理者，管理着计算机中的各种资源；从用户使用计算机的角度来看，操作系统是用户和计算机硬件系统之间的接口，可为用户提供良好的接口以使用计算机。

总之，计算机操作系统是加载到系统硬件上的第一层软件，是对硬件系统功能的首次扩充，它主要完成以下两方面的工作。

1. 实现系统资源管理

操作系统应合理组织计算机的工作流程，合理管理和分配计算机软、硬件资源，是整个计算机系统资源的管理者。

计算机系统中通常包含各种各样的硬件资源和软件资源。人们通常把所有的硬件部件称为硬件资源，把所有的程序和数据信息称为软件资源。使用计算机系统就要使用硬件资源和软件资源，而操作系统则是计算机系统资源的管理者和仲裁者，负责为运行的程序分配资源，对系统中的资源进行有效管理，使系统资源为用户提供很好的服务，保证系统中的资源得以有效利用，使整个计算机系统能高效运行。总之，操作系统就相当于计算机系统的"管家",为用户管理计算机的各种资源,并为用户提供良好的服务。

2. 建立人机互动桥梁

操作系统将硬件细节与用户隔离开来,同时提供快捷、方便、友好的统一界面。用户都是通过操作系统使用计算机系统的。一个好的操作系统应为用户提供良好的界面,使用户能够方便、安全、可靠地操纵计算机硬件和运行自己的程序,而不必了解硬件和系统软件的细节就可以方便地使用计算机。例如计算机系统在安装 Windows 操作系统后,用户可以在图形界面下用鼠标进行各种操作,而不用考虑计算机的硬件特性。

现代操作系统主要是围绕这两大方面进行开发与升级的。综上所述,可以将操作系统定义为:操作系统是管理和控制计算机系统硬件资源、软件资源,合理组织计算机的工作流程,控制程序进程,提供和改善人机交互界面,并为应用软件提供应用与开发支持的一组系统软件和数据集合,是方便用户使用计算机的一组程序,也是计算机系统中的核心系统软件。

操作系统是用户与计算机进行信息交换的桥梁和媒介。人们根据硬件系统选择配置适合的操作系统,才可以有效地发挥系统的整体性能。由于运行于各种硬件环境上的操作系统的使用目的、管理范围不尽相同,各个厂商的操作系统有各种类型、不同的功能组合和不同的版本,各自的运行环境、管理机制、技术结构、技术支持、硬件环境支持等也不完全一样,所以用户在使用计算机,尤其是计算机系统需要升级换代或软件开发时,必须了解操作系统的基本功能特性、系统基本构成、运行环境以及对应用软件和开发工具的支持等。

3.1.2 操作系统应用方式

为了方便不同用户使用或维护计算机系统,需要以方便易行的方式为用户提供一组有效使用操作系统的接口程序。该接口程序通常称为用户界面或用户接口,用户可以通过操作系统提供的接口程序操作和使用计算机系统。

操作系统通常提供两种用户接口方式,即用户命令接口方式和应用程序接口方式。

1. 用户命令接口方式

一般操作系统都有一组完整的操作系统命令。用户命令接口方式通常是指使用操作系统为用户提供的各种命令,直接通过输入设备输入命令,告诉操作系统用户需要执行的操作;命令接口又分为行命令接口方式和图形界面接口方式。

在行命令接口方式下,操作系统提供一组键盘操作命令以及行命令解释程序。用户通过键盘输入操作命令,回车后系统会立即执行该命令,完成指定的操作功能,然后再等待用户输入新的命令,执行新的任务。常见的 Windows 操作系统、UNIX 操作系统、Linux 操作系统等均提供了行命令接口,方便计算机系统的管理与维护,包括磁盘管理与维护、磁盘文件管理与维护等。

在图形界面接口方式下,操作系统采用图形化的操作界面,通过各种图标将系统使用功能直观地表示出来,用户可通过鼠标或键盘操作图形化界面的菜单命令或对话框等,完成各种操作。此时用户不必记忆各种操作系统命令名及格式,就可以使用操作系统的操作命令,完成日常的计算机操作与应用。

现代操作系统均提供了这两种使用方式。如个人计算机使用广泛的 Windows 操作系统不仅提供了经典的图形界面操作方式,也提供了完整的行命令工作方式。例如复制大批文件的操作,在 Windows 操作系统环境中,可以使用鼠标操作,逐一正确选取要复制的源文件,确认后通过菜单命令选取复制或直接使用鼠标拖动即可以完成磁盘文件复制的工作;同样的任务在 Windows 操作系统行命令(Command Prompt)方式下,使用 COPY 命令加上通配符" * "或"?"筛选,只需一条命令就可以完整地实现该操作。

2. 应用程序接口方式

应用程序接口方式是操作系统提供给用户用于系统扩展应用或开发系统而编制程序时使用的。每种操作系统还会提供一组系统调用,每个系统调用可以完成特定的功能。计算机编程人员编写程序时,可在程序中直接使用系统调用,使操作系统完成某些特定功能和系统级服务。实际上,操作系统提供的系统调用抽象了许多硬件细节,许多繁杂的任务可以通过编写程序以统一批处理的方式进行处理,从而使编程人员避开了许多具体的硬件细节,提高了程序的开发效率,也增加了系统程序的可移植性等。

3.2　操作系统技术基础

操作系统使计算机具有很好的适用性和通用性,它是在计算机硬件系统基础上通过操作系统软件实现的。人们通过事先编写的程序实现或完成计算机的各种功能,部分代替人的脑力劳动和烦琐的事务性工作。现代计算机的特点是运算速度快、计算精确度高、可靠性好、记忆和逻辑判断能力强、存储容量大而且不易损失、具有多媒体以及网络功能等。

1965 年进入集成电路芯片的计算机时代后,出现了多道处理系统技术,成为软件系统中最重要的一环。计算机软件技术和硬件技术相辅相成、快速发展,随后在操作系统的设计中逐渐引入了中断技术、通道技术和多道程序设计技术等,使操作系统的功能逐步增强。

3.2.1　单道程序设计

早期的计算机在运行时一般都是独占系统资源,操作系统采用单道程序设计,只能算作系统管理程序,还不是真正意义上的共享、利用和管理整个系统资源的操作系统。单道程序设计系统在单位时间内独占资源,单道顺序地执行程序,即一个程序任务执行完成后,才允许启动另一个程序任务,因此称为单道程序设计系统。

在单道系统中,当前运行的程序作业,因等待 I/O 操作而暂停时,CPU 处理器也只能停下来等候,直至 I/O 操作完成后,CPU 才继续执行作业进程。单道程序设计的工作示例如图 3.2 所示。

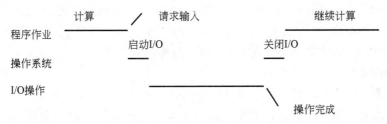

图 3.2　单道程序设计的工作示例

这种由于 CPU 处理器等待 I/O 操作而产生的时间上的浪费,对于那些 I/O 操作需求相对较少的科学计算或工程计算问题还表现得不是十分突出,但在大量商业数据处理运算过程中,这种 I/O 等待时间通常要占处理机总运行时间的 80%～90%。这时就特别需要采取某种措施减少处理机的闲置时间。

20 世纪 60 年代,计算机硬件技术的重大进展是通道技术的引进和中断技术的发展。通道是专门用来控制输入和输出的一种处理器,称为输入/输出处理器,简称 I/O 处理器,它相对主机 CPU 来说速度较慢,但价格便宜,可以和主机 CPU 配合并行工作。通道技术具有中断主机的能力,操作系统通过中断技术协调 CPU 处理器与 I/O 处理器的关系,即有时把输入/输出工作交给 I/O 处理器完成,有时通过中断技术协调,把主要运算工作提交 CPU 处理器运行,这样多个用户程序可以同时调入内存,进入系统运行,于是出现了多道程序设计的概念。

3.2.2　多道程序设计

多道程序设计技术是指在计算机内存中同时存放几道相互独立的程序,并使它们在操作系统的控制之下在时间上相互穿插运行,以减少 CPU 处理器等待的时间。当某一道程序因某种需求,如上面所说的 I/O 操作,而不必占用 CPU 处理器继续运行时,操作系统便将另一道程序提交给 CPU 处理器投入运行,这样可以使处理器及各外部设备尽量处于忙碌状态,从而提高系统的使用效率。多道程序设计的工作示例如图 3.3 所示。

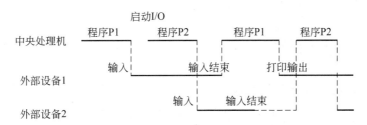

图 3.3　多道程序设计的工作示例

当用户程序 P1 需要输入新的数据时,系统协助 P1 启动输入设备,并同时让程序 P2

投入运行。当程序 P2 需要进行输出操作时,再启动相应的输出设备进行工作。如果这时程序 P1 的输入尚未结束,也无其他用户程序需要提交计算,CPU 处理机就处于空闲状态,直到程序 P1 在输入工作结束后重新执行。当程序 P2 的输出处理完成后,如果程序 P1 仍在执行,则程序 P2 继续等待,直到程序 P1 计算结束,CPU 处理机才转入执行程序 P2 的进程。这样,在多道系统中,CPU 中央处理器的使用效率就可以大幅提高。

多道程序系统具有以下特点。

(1) 多道程序同时运行。计算机内存中同时存放几道相互独立的程序。

(2) 宏观上并行。同时进入系统的几道程序都处于运行的过程中,即它们都先后开始各自的运行,但都未运行完毕。

(3) 微观上串行。宏观上同时运行的程序,实际上是各道程序作业轮流使用 CPU 处理器。在任何一个瞬间时刻,CPU 处理器中始终只能有一道程序作业进程在运行。

操作系统发展到这一阶段,为了满足不同的操作需要,在多道批处理系统技术的基础上又产生了分时操作系统和实时操作系统技术。

3.3　操作系统的分类

计算机操作系统发展到今天应用种类繁多,系统性能日趋完善,使用功能也日益增多。各种操作系统技术如雨后春笋般推陈出新、更新换代,运行在全世界互联网、局域网或个人计算机等各类计算机系统上。操作系统的分类方法有许多,按操作系统的使用性能和应用环境进行分类,主要有批处理操作系统、分时操作系统、实时操作系统、网络操作系统、分布式操作系统和嵌入式操作系统等,简单介绍如下。

3.3.1　批处理操作系统

批处理操作系统的特点是作业成批进行处理,提高了计算机系统的工作效率,但用户自己不能干预自己作业的运行。当发现程序错误时不能及时改正,只能等待操作系统输出信息,重新修改程序,然后再次提交给系统重新装入执行。

批处理操作系统的优点是作业流程自动化、效率高、吞吐率高;缺点是无交互手段,调试程序困难。为了改善早期批处理操作系统无法交互的缺点,出现了分时操作系统。

3.3.2　分时操作系统

一台计算机连接多个终端,计算机轮流为各终端用户服务并能及时对用户服务请求予以响应。支持这种系统运行方式的操作系统称为分时操作系统。

分时操作系统的工作方式是在主机连接的多个终端上都可以有用户联机使用主机。用户交互式地向主机系统提出命令请求,主机系统接收每个用户的命令,采用时间片轮转方式处理各个服务请求,并通过交互方式在终端上向用户显示结果。

为了执行多个终端用户的程序,系统将 CPU 按时间划分成若干个时间片段,简称时间片。操作系统以时间片为单位,轮流为每个终端用户服务。每个用户轮流使用一个时间片,但用户并没有感觉到有其他用户同时联机在线共享主机资源。

分时系统具有多路性、交互性、独占性和及时性等特征,其中多路性是指同时有多个用户使用计算机。宏观上看是多个用户同时使用一个 CPU,微观上看是多个用户在不同时刻轮流使用 CPU。交互性是指用户根据上一命令的响应结果进一步提出请求,可以直接干预每一步操作。独占性是指用户感觉不到计算机主机在为其他人服务,就像整个主机系统被个人所独占。及时性是指系统对用户提出的请求能及时给予响应。

目前,常用的通用操作系统是分时系统与批处理系统的结合,其原则是分时优先,批处理在后,前台响应需频繁交互的作业,后台处理对时间性要求不强的作业。

3.3.3　实时操作系统

实时操作系统使计算机能及时响应外部事件的请求,在规定的时间内完成对该事件的及时处理,并控制所有实时设备和实时任务协调一致地工作。

实时操作系统简称为实时系统。实时系统追求的目标是对于外部请求在规定时间范围内及时做出反应,具有高可靠性和完整性。因此,实时系统对计算机系统资源的利用率要求不高,甚至在硬件上采用冗余措施,以保证高可靠性。

实时控制是指把计算机用于生产过程的控制,系统要求能实时采集现场各种数据,并对采集的数据及时处理,从而自动控制相应的设备,以保证产品的质量。实时系统主要用于工业过程控制、军事实时控制、金融信息处理等领域,包括实时控制和实时信息处理。它同样也可用于武器的控制,如飞机的自动驾驶系统、导弹的制导系统等。

实时信息处理系统是指对信息进行实时处理的系统,典型的实时信息处理系统有飞机订票系统、情报检索系统等。

3.3.4　网络操作系统

网络操作系统是计算机网络资源管理的核心,网络操作系统向网络中的计算机提供网络通信和网络资源共享功能,是负责管理整个网络资源和方便网络用户共享网络资源的软件的集合。网络操作系统对网络各种资源进行管理和控制,是网络用户与网络资源之间的接口。

从功能上看,网络操作系统不仅具有通常单机操作系统所具有的功能,如处理机管理、存储器管理、设备管理、文件管理等,还具有网络通信和网络服务的功能,如提供网络通信协议,提供各种网络服务,提供网络安全管理、故障管理、性能管理等功能。

局域网中主要有 Windows 系列、UNIX 系统、Linux 系列、Netware 网络操作系统等。

美国微软公司的 Windows 网络操作系统,如 Windows NT Server 等通常用在中低档服务器中,高端服务器通常采用 UNIX、Linux 或 Solaris 等非 Windows 操作系统。

UNIX 网络操作系统稳定性和安全性非常好,主要以行命令方式进行操作,普通用户不容易掌握。因此通常小型局域网基本不使用 UNIX 作为网络操作系统,一般 UNIX 用于大型的网站或大型企事业局域网中。

Novell 是美国 Novell 公司于 20 世纪 80 年代开发的局域网络,Netware 是它的网络操作系统。Novell 网络广泛流行于 20 世纪 80 年代,服务器对于无盘工作站和游戏的支持较好,常用于教学网和游戏厅,目前这种操作系统已逐渐被其他操作系统取代。

Linux 是一种新兴的网络操作系统,最大特点就是源代码开放,可以免费获得,系统结构和 UNIX 非常相似,安全性和稳定性好,目前已得到广泛应用。

3.3.5　分布式操作系统

分布式操作系统是指配置在分布式计算机系统上的操作系统。分布式系统是以计算机网络为基础的,系统中有多台计算机,它的基本特征是处理上的分布,即功能和任务的分布。分布式操作系统的所有系统任务可在系统中任何处理机上运行,自动实现全系统范围内的任务分配并自动调度各处理机的工作负载。

分布式系统中若干台计算机相互协作完成一个共同的任务,它与网络操作系统相比更着重于任务的分布性,即把一个大任务分为若干个子任务,分派到不同的处理站点上并行执行,充分利用各计算机的优势。分布式操作系统控制使系统中的各台计算机组成了一个完整的、功能强大的计算机系统。

3.3.6　嵌入式操作系统

嵌入式操作系统(Embedded Operating System,EOS)是运行在嵌入式系统环境中,对整个系统以及它所操作、控制的各种部件等资源进行统一协调、调度、指挥和控制的系统软件,用途广泛。当前,计算机微型化和专业化趋势已成事实,这两种发展趋势都产生了一个共同的需求,即嵌入式软件。

嵌入式软件也需要操作系统平台的支持,这样的操作系统就是嵌入式操作系统,目前正在向专业功能强化的方向发展。嵌入式操作系统具备一般操作系统任务调度、同步机制、中断处理、文件功能等最基本的功能,其突出特点表现在系统实时高效性、硬件相关性、软件固化性以及专用性等方面。嵌入式软件系统的规模较小,相应地,其操作系统的规模也小,技术特性主要有实时性强,可用于各种设备的控制;接口统一,可接入各种设备驱动;易学易用,提供 GUI 图形界面,操作方便;稳定性强,嵌入式系统以嵌入式操作系统为核心管理运行;交互性弱,通过系统调用命令为用户程序提供服务,一般没有操作命令;装卸性强,具有开放性体系结构;代码固化,嵌入式操作系统和应用软件通常被固化在嵌入式系统计算机的 ROM 中;网络功能强大,支持 TCP/IP 及其他协议,预留各种移动设备接口等。

嵌入式软件的应用平台之一是各种家用电器和通信设备,例如手机、遥感控制系统等。由于家用电器市场要比传统的计算机市场大很多,因此嵌入式操作系统已逐渐成为操作系统发展的另一个热门方向。

Linux 具有免费、开放源代码、良好的网络支持等特点,可以作为嵌入系统的操作系统。

3.4 操作系统管理功能

操作系统是整个软件系统中的核心与基石,负责控制和管理计算机的所有软硬件资源。对系统来说,它扩展了整个系统的功能;对用户来说,它屏蔽了很多具体的硬件细节,为计算机用户提供了统一的应用接口。

3.4.1 操作系统管理内容

操作系统的主要功能有处理机管理、存储管理、设备管理、文件系统管理和作业管理等几大部分;对于现代流行的操作系统,还具有网络管理和安全管理等功能。

1. CPU 处理器管理

CPU 处理器管理也称为进程管理,主要任务是对 CPU 处理器资源进行分配调度,并对处理器的运行进行有效控制和管理。CPU 是计算机系统中最宝贵的硬件资源,为了提高 CPU 的利用率,操作系统利用多道程序设计技术,并进一步细分任务作业,采用多任务、多进程、多线程等并行处理技术,让多个程序作业同时装入内存等待运行。如果一个程序因等待某一条件,例如等待输入数据或打印等而不能运行,就把处理器占用权转交给另一个等待运行的程序。当出现一个比当前运行的程序更重要的可运行的程序时,后者应能抢占 CPU,这一切都由处理器管理完成。

处理器管理是操作系统管理功能的关键。操作系统功能的一个主要指标是提高处理机的使用率,让处理机尽可能处于工作状态,从而提高系统的处理能力。

2. 存储资源管理

存储管理主要管理内存资源。内存是非常宝贵的硬件资源,计算机程序必须装入内存后才能执行。在多道程序设计下,多个程序需要同时装入内存,共享有限的内存资源。如何为它们分配内存空间;当程序运行结束时,如何收回内存空间;这些都是存储管理要解决的问题。具体地讲,存储管理应具有内存分配、内存保护、地址映射、内存扩充的功能。

内存分配的主要任务是按照一定的内存分配算法为用户程序分配内存空间,使其共享内存,以提高存储器的利用率。内存回收是指系统将用户不再需要的内存及时收回。

内存保护的主要任务是确保每道用户程序都在自己的内存空间中运行,互不干扰。进一步说,绝不允许用户程序访问操作系统的程序和数据,也不允许转移到非共享的其他用户程序中执行。

内存扩充是指从逻辑上扩充内存。由于物理内存的容量有限,可能难以满足用户的需要,势必影响到系统的性能。内存扩充并不是增加物理内存的容量,而是借助于虚拟存储技术,从逻辑上扩充内存容量,使用户所感觉到的内存容量比实际内存容量大得多。

3. 存储文件管理

操作系统在控制、管理硬件的同时,也必须管理好软件资源。操作系统的文件管理就是针对计算机的软件资源而进行的,文件管理也称为文件系统管理。系统中的信息资源都是以文件的形式存放在外存储器中的,需要时再把它们装入主存。文件包括的范围很广,例如源程序、目标程序、初始数据、结果数据等,各种系统软件,甚至操作系统本身也是文件。

从用户的角度看,文件系统实现了文件的"按名存取"。具体地讲,文件管理的主要功能是实现文件的存储、检索和修改等操作,解决文件的共享、保密和保护等问题,使用户方便、安全地访问它们。文件系统主要提供以下服务。

文件存取:每个用户能够对自己的文件进行快速访问、修改和存储。

文件共享:存储空间只保存一个文件,所有授权用户都能够访问这些文件。

文件保护:保护系统资源,防止非法使用。

常见的磁盘存储文件系统如表 3.1 所示。

表 3.1　常见磁盘存储文件系统

文件类型	说　　明	文件类型	说　　明
FAT	MS-DOS 文件系统	EXT2	Linux 的文件系统
ISO9660	光盘文件系统	EXT3	Linux 的标准文件系统
NTFS	Windows NT 文件系统	SWAP	Linux 交换区文件系统
EXT	Linux 文件系统	…	…

4. 设备管理

在计算机硬件系统中,除了 CPU 和内存之外,计算机的其他部件统称为外部设备。设备管理是指对计算机系统中所有的外部设备进行管理,使外部设备在操作系统的控制下协调工作,共同完成信息的输入、存储和输出任务。

外围设备种类繁多,功能差异很大。设备管理的任务一方面是让每一个设备尽可能发挥自己的特长,实现与 CPU 和内存的数据交换,提高外部设备的利用率;另一方面是为这些设备提供驱动程序或控制程序,隐蔽设备操作的具体细节,以使用户不必详细了解设备及接口的技术细节,方便地对这些设备进行操作,为用户提供一个统一、友好的设备使用界面。例如,激光打印机和针式打印机的实现方法不同,但在操作系统的管理下,用户可以不必了解它们是什么类型的打印机,单击图标即可直接打印文件和数据。

5. 作业管理

除了上述 4 项功能之外,操作系统还应该向用户直接提供使用操作系统的手段,这就是操作系统的作业管理功能。操作系统是用户与计算机系统之间的接口。因此,作业管理的任务是为用户提供一个使用系统的良好环境,使用户能有效地组织自己的工作流程,并使整个系统能高效运行。操作系统通常提供命令接口和程序接口让用户使用计算机。

衡量一个操作系统的性能时,常看它是支持单用户还是支持多用户,是支持单任务还是支持多任务。所谓多任务,是指在一台计算机上能同时运行多个应用程序的能力。

3.4.2　操作系统基本特性

操作系统是系统软件,同其他软件程序相比具有不同的系统特征,它主要有并发性、共享性、不确定性 3 种基本特性。

并发性是指多个程序同时存放在内存中,同时处于运行状态。宏观上看,在一段时间内有多道程序在同时运行;从微观上看,在同一时刻仅能执行一道程序,各个程序是交替在 CPU 上运行的。

共享性是指内存中的多个并发执行的程序共享计算机系统的各种资源,因此操作系统要实现资源分配,以及对数据同时存取时的保护。

操作系统存在着不确定性,这是由共享和并发引起的。在多道环境下,系统中可运行多道用户程序,而每个用户程序的运行时间、要使用的系统资源以及使用多长时间,操作系统在程序运行前是不知道的。因此有可能先进入内存的作业后完成,而后进入内存的作业先完成。也就是说,程序是以异步方式运行的,存在不确定性。

3.5　常见计算机操作系统的应用

操作系统是方便用户使用、控制和管理计算机硬件系统和软件资源的系统软件,其主要功能有进程管理、存储器管理、设备管理、文件管理和作业管理等。操作系统的目的是提供一个供其他程序执行的良好环境,用户可以通过命令接口或程序接口使用计算机系统。本节简要介绍常见的几类操作系统。

3.5.1　Windows 资源管理与行命令

Windows 操作系统的资源管理包括硬件与软件资源的管理,其中常用的是文件资源的管理。Windows 中的行命令最初为 DOS 磁盘操作系统(Disk Operating System,DOS)使用,保留至今,主要用于维护系统、管理磁盘文件、测试网络联通或网络远程登录等。Windows 的行命令方式核心组成与命令结构操作方式一直为新版操作系统沿用。

进入 Windows 中的行命令工作方式后,出现当前默认路径及操作系统命令提示符“＞”。提示用户在命令提示符下输入命令,命令大小写无关。按 Enter 键后,系统自动执行该输入命令。如在系统提示符“＞”下输入“CLS”命令后按 Enter 键,可清除屏幕上的所有显示字符,同时将提示符“＞”置于行命令窗口顶部;输入“CD\”命令,可改变当前路径,使当前路径为磁盘根目录下;输入“D：”命令,可改变 D 盘为当前操作盘等。例如,在Windows 操作系统中使用行命令完成一组磁盘文件的复制操作,如图 3.4 所示。

图 3.4   Windows 中的行命令操作

图 3.4 中显示了用户在当前盘为 C:Users\USER 子目录下的命令状态。用户完成了把 C 盘根目录下所有的 log 系统日志文件复制到 D 盘中 mydir 文件夹子目录中的操作,操作结果表示有一个满足检索条件的文件被成功复制。

用户在 Windows 操作系统行命令提示状态下,输入操作命令后以 Enter 结束,提交计算机执行。执行后成功或不成功,其结果信息都会提示给用户,各种操作系统的行命令操作方式都类似。

计算机中的数据都是以文件形式存储的。文件是指存储于磁盘上的一组相关信息的集合,所谓"一组相关信息"可以是一个程序或一批数据等。例如,人们编写的 C 语言源程序可以保存为一个源文件,书写的信也可以保存为一个文件。为便于存取和管理文件,每个文件以文件名作为其标识,用户通过文件名对文件进行访问,实现"按名存取"。

为了方便操作,Windows 操作系统行命令方式下允许使用通配符" * "和"?"。这两个通配符也可在 Windows 系列操作系统环境下搜索文件时使用,其中" * "代表多个任意字符,"?"代表一个任意字符。

例如"S * . TXT"表示以 S 开头、扩展名为 TXT 的所有文件;"w?. * "表示以 w 字母开头,后面紧跟一个字符或 w 字母后面没有字符,且扩展名为任意字符的所有文件。

1. 文件扩展名的含义

操作系统对文件的扩展名有一些约定,可以通过文件的后缀名看出该文件的存储类型。常用的文件扩展名的含义如表 3.2 所示。

表 3.2   文件扩展名的含义

扩展名	含　义	扩展名	含　义
EXE	可执行程序文件	BAK	备份文件
COM	可执行命令文件	TXT	文本文件
BAT	系统可执行批处理文件	ASM	汇编语言源程序文件
SYS	系统设置文件	FOR	Fortran 语言源程序文件
DAT	数据文件		

2. 磁盘目录管理结构

Windows 操作系统采用树状目录结构管理外存储器中的文件。这里的目录就相当于 Windows 中的文件夹。操作系统不仅允许在目录中存放文件,而且允许在一个目录中建立它的下级目录,称为子目录;如果需要,用户可以在子目录中再建立该子目录的下级目录。在一个磁盘上,文件目录结构可以由一个根目录和若干层子目录文件夹构成,所有的目录文件夹和文件构成一个倒立的树结构,如图 3.5 所示。

图 3.5　文件存储的树目录结构

磁盘目录树最顶层的目录为根目录,在路径中用路径分隔符(\)表示。一个目录的上一层目录为父目录,在路径中用".."表示。同一个目录下的子目录为兄弟子目录。例如,图 3.5 中的 Mydir 文件夹和 MYDAT 文件夹为兄弟子目录。

为了方便用户操作,还引入了"当前目录"的概念。当前目录是指在目录结构中某一个目录为当前可操作的位置,为该盘的"当前工作目录",简称为"当前目录"。命令提示符中会默认显示当前盘和当前目录。例如,C:\Mydir＞表示当前盘为 C 盘,当前目录为 C 盘根目录下的 Mydir 子目录文件夹。

要访问一个文件,必须明确地说明该文件所在的目录和文件名。操作系统使用"文件标识"标识目录树中的各个文件。完整的文件标识由 3 部分组成,即盘符、路径和文件名。其中,盘符指明该文件所在的驱动器名;路径就如同地址一样,可以使用户方便、准确地查找文件所在的目录。当文件所在的盘和路径恰好就是当前盘和当前路径时,前两者可以省略。文件标识符的一般形式为:

[盘符][路径]<文件名>

例如 C:\system32\calc.exe 就是一个带路径的文件标识,输入后可执行并启动 Windows 操作系统内置的计算器程序。

3. 硬件设备名

为了管理与处理设备,操作系统将系统的常用标准设备作为文件对待,并规定了特殊文件名。常用的设备文件名如表 3.3 所示。

表 3.3　常用的设备文件名

设 备 名	代 表 设 备	设 备 名	代 表 设 备
CON	控制台键盘/显示器	AUX 或 COM1	第一个串行口
LPT1 或 PRN	第一个并行口打印机	COM2	第二个串行口
LPT2	第二个并行口打印机	COM3	第三个串行口
LPT3	第三个并行口打印机	NUL	虚设备

设备文件名都是操作系统保留字。在给一般文件命名时不要使用这些专用的设备名，在操作命令中可以像普通文件一样使用。例如命令：COPY my.docx PRN 将在打印机上打印 my.docx 文件。

4. 常用的行命令

常用的行命令可用于例行系统维护和磁盘文件管理，或用于网络远程登录等操作，可以使用授权范围更多的资源。下面介绍一些常用的行命令。

（1）显示文件夹或文件名目录的命令

DIR 命令用于显示指定磁盘、指定目录下的有关文件信息，它包括磁盘上所存文件的文件名、文件扩展名、文件所占的字节数以及建立该文件的日期和时间。命令格式为：

DIR　[<文件标识>/参数]

例如：

用 DIR 加 Enter 键可以显示当前盘的当前文件夹目录下的文件和目录信息。

用 DIR D:\MY，可显示 D 盘 MY 目录下的文件和目录信息。

（2）显示文本文件内容的命令

TYPE 命令用于显示指定的文本文件的内容，命令格式为：

TYPE <文件标识>

例如：TYPE D:\ MYFILE. TXT 是把指定文件 MYFILE. TXT 的内容顺序显示出来。TYPE 命令由前向后顺序显示文本文件的内容。如果文件较长，可以利用 Pause 键或 Ctrl+S 键控制暂停显示输出，用 Ctrl+C 键中断该命令的执行。

（3）删除磁盘文件的命令

DEL 命令用来删除磁盘上的一个或一组文件。命令格式为：

DEL <文件标识>/P

例如：DEL D:\ *.BAK　/P 可删除 D 盘根目录下扩展名为 BAK 的所有文件，其中 P 参数的功能是删除文件前先显示文件名，并要求用户确认是否删除该文件。

（4）文件复制命令

COPY 命令可以对一个或多个文件进行复制，产生一个或多个新文件。命令格式为：

COPY <源文件标识>　<目标文件标识>

例如：COPY D:\ *.doc? D:\mydir 是指把 D 盘根目录下扩展名为 doc 开头的所有文件复制到 D 盘的 mydir 目录下。

（5）建立子目录的命令

MD 命令可以在行命令状态下建立新的文件夹子目录，命令格式为：

MD <文件夹目录标识>

例如：MD D:\ mydir2↙将在 D 盘的根目录下创建一个名为 MYDIR2 的文件夹子目录，要注意该命令一次只能建立一个目录。

（6）改变当前目录的命令

用户可以通过 CD 命令改变当前文件夹的目录。命令格式为：

CD <路径标识>

例如：＞ CD D:\ mydir ↙将系统的当前操作目录改变为 MYDIR 文件夹子目录下，不带参数的 CD 命令将显示系统的当前目录。

例如：＞ CD↙将显示系统的当前目录。

又如：＞CD\↙将使当前目录变为当前盘根目录。

再如：＞CD.. ↙将从当前文件夹目录回到该目录的上一级目录，即父目录。

（7）删除子目录的命令

当不需要一个子目录时，可以用 RD 命令删除。该命令执行时，要求被删除的子目录为空，即该目录下没有任何文件，不含任何子目录。命令格式为：

RD   <文件夹标识>

注意：该命令只能删除下一级空文件夹目录，且不能删除当前所在目录。

（8）磁盘格式化命令

新的磁盘在使用前必须先格式化，即把磁盘按一定格式划分磁道和扇区，未经格式化的磁盘是不能使用的，对旧磁盘也可以进行格式化操作。FORMAT 命令是 DOS 对磁盘进行格式化的命令。命令格式为：

FORMAT <磁盘标识符>

例如：FORMAT   D：将格式化 D 盘。

又如：FORMAT   C：/S 将格式化 C 盘，参数 S 表示将 C 盘格式化为系统启动盘，即将系统引导文件复制到该磁盘。

注意：FORMAT 命令会清除目的磁盘上的所有数据，使用时一定要谨慎小心。

（9）显示或设置日期的命令

DATE 命令可以显示系统当前日期，又能让用户改变系统日期。命令格式为：

DATE

（10）显示或设置时间命令

TIME 命令可以显示系统当前时间，又能让用户改变系统时间。命令格式为：

TIME

（11）清屏命令

CLS 命令可以清除屏幕上的所有字符，并把光标移到屏幕顶端。命令格式为：

CLS

DOS 提供的命令有很多，由于篇幅有限，这里只介绍了一些最常用的命令，读者可以查阅有关的书籍学习其他命令。

3.5.2 Windows 操作系统管理应用

Windows 操作系统是多任务操作系统,是广泛使用的计算机操作系统之一。Windows 使计算机的应用操作更简单,通过鼠标操作图标就可以执行各种程序,其主要特点如下。

1. 多任务处理

Windows 是一个多任务的操作系统,用户可以同时运行多个应用程序,共享系统资源,并可在各程序和各任务之间进行切换。Windows 为每个任务开设了一个窗口,因此多任务在形式上表现为多窗口。例如,不必退出 Word 字处理程序就可以转去玩游戏;或者在用"画笔"程序作画的同时还可以听音乐等。

2. 图形用户界面

Windows 提供的图形用户界面使用户的操作更加方便、快捷。Windows 提供了丰富的系统菜单,同时每个程序与文档都有自己的图标,用户可以用键盘操作,同时也可以用鼠标单击窗口、图标和对话框等完成各种操作。Windows 环境中的应用程序采用一致的外观和操作方式,使得用户能很快熟悉和掌握各种 Windows 下运行的不同应用软件的操作方法,提高了工作效率。

3. 有效的内存管理

Windows 采用虚拟内存技术管理内存,它可以利用硬盘作为虚拟内存,运行所需内存大于实际内存的程序,它突破了 MS-DOS 只能管理 640KB 基本内存的限制。在 Windows 下使用 32 位地址访问内存,即最多可以访问 4GB 的存储空间。

4. 支持多种文件系统格式

Windows 支持的文件系统格式有 FAT16、FAT32、NTFS 等。在这些文件系统格式中,NTFS 是 Windows NT 自己的文件系统格式。Windows 操作系统系列均支持这 3 种文件系统格式。推荐使用 NTFS 格式,因为 NTFS 需验证用户身份后才能访问磁盘中的数据,使数据更安全。

5. 支持多媒体应用

Windows 对多媒体应用提供了支持。Windows 含有丰富的外部设备驱动程序,支持多种硬件安装,可以管理 CD-ROM 或 DVD 驱动器、声卡、MIDI、录音、CD 唱盘和视盘等设备,并提供新的媒体播放程序与声音记录程序等,从而使计算机可以更好地处理声音、图形、文字、动画等多媒体信息,并使个人计算机更具娱乐性。

6. 支持网络应用

Windows 在安装过程中可自动识别网络的存在,提供上网和联机服务,支持电话拨号、超级终端、网上邻居等多种网络应用。

7. 方便的信息交换

Windows 为其应用程序之间的信息交换提供了 3 种标准机制,即剪贴板静态数据交换、DDE 动态数据交换和 OLE 对象链接和嵌入机制。利用剪贴板,大多应用程序的数据可以相互交换、复制利用;利用 DDE 和 OLE,可使得信息交换自动完成,且在一个程序中对某个数据的修改在另一个有关的程序中会立即反映出来。

3.5.3 UNIX 操作系统管理应用

UNIX 是应用广泛的多用户、多任务分时操作系统,1969 年由美国贝尔实验室的 Ken Thompson 在 DEC PDP-7 机上开发。早期的 UNIX 是用汇编语言编写的,1972 年其第三版本用 C 语言重新设计。从 1969 年至今,它不断发展、演变并广泛应用于小型机、大型机甚至超大型机上。自 20 世纪 80 年代以来,UNIX 在微型机上也日益流行起来。

在 UNIX 的发展中,比较重要的是 POSIX 标准。随着 UNIX 的发展,不同的机构或软件公司推出的 UNIX 版本越来越多,因此,从 1984 年起国际上许多组织都在为制定 UNIX 标准而努力,先后推出的标准有 XPG3、XPG4 和 POSIX,其中 POSIX 是 UNIX 国际(UI)和开放软件基金(OSF)都同意的标准。POSIX 标准限定了 UNIX 系统如何进行操作,对系统调用也做了专门的论述。现在大部分 UNIX 版本都是遵循 POSIX 标准的。对于 UNIX 用户来讲,不同公司推出的 UNIX 操作系统只需要遵循 POSIX 标准,命令和程序接口都是一样的。

1. UNIX 系统特点

UNIX 操作系统是经典的计算机操作系统,主要特点如下。

(1) 良好的可移植性

可移植性是指将操作系统从一个平台转移到另一个平台时,仍然能按其自身的方式运行的能力。UNIX 系统实用程序以及内核程序的 90% 都是用 C 语言编写的,因此,UNIX 易读、易懂、易修改,易从一种硬件系统移植到另一种硬件系统上。

(2) 多用户、多任务

UNIX 系统是多用户、多任务的分时操作系统。多用户是指系统资源可以被不同用户各自拥有使用,即每个用户对自己的资源(例如文件、设备)有特定的权限,互不影响。多任务是指计算机同时执行多个程序,而且各个程序的运行互相独立。

(3) 内核短小精悍

UNIX 在结构上分为内核与外壳。内核包括进程管理、存储管理、设备管理和文件管理等。内核仅占用很小的存储空间,且常驻主存。外壳部分利用内核的支持向用户提供多种服务,包括命令解释程序和程序设计环境,便于使用、维护和系统扩充。

(4) 采用树状结构的文件系统

UNIX 的一个文件系统只有一个根目录。根目录下可以有若干文件和子目录,每个目录都可拥有若干文件和子目录。这样的文件结构方便对文件的按名存取，而且容易实现文件的保护和共享。

（5）把设备如同文件一样对待

UNIX 操作系统把系统中的每一种设备，包括磁盘、磁带、终端、打印机等都看作一种特殊文件。这样，系统中的文件分为普通文件、目录文件和设备文件。用户可使用普通文件操作手段对设备进行 I/O 操作。例如，用户把磁盘中的文件用复制命令复制到打印机这个设备文件上，既简化了系统设计，又便于用户使用。

（6）安全机制完善

UNIX 系统拥有一套完善的安全机制，能够有效地保护系统软件和用户数据不被破坏。例如，UNIX 采取了对读写进行权限控制、审计跟踪、核心授权等措施，为网络多用户环境中的用户提供安全保障。又如，UNIX 利用用户账号、口令和权限设置限制使用者的操作范围，可减少使用者因操作失误而造成的损失。系统还提供了大量的检测程序，能够随时自动地检查系统中各部分的运行状况，并对错误自动进行修复，避免系统崩溃。

（7）丰富的网络功能

UNIX 系统提供了丰富的网络功能，对标准的网络体系，如 TCP/IP、Token Ring 和 TXP/SPX 等，UNIX 都提供了强大的支持。

2．UNIX 系统结构

UNIX 系统由内核、shell、应用程序组成。内核是系统心脏，是直接位于硬件之上的第一层软件，对硬件进行管理和控制。内核可以按其功能划分为 6 部分，即存储管理、进程管理、进程通信、中断陷阱与系统调用、输入/输出管理和文件系统。UNIX 系统结构如图 3.6 所示。

图 3.6　UNIX 系统结构

在 UNIX 系统内核之外的 shell 是 UNIX 系统与用户的接口，提供了用户与内核的交互操作，它的作用类似于 DOS 中 COMMAND. COM 模块，但其功能比 COMMAND. COM 要强得多。shell 是一种命令解释程序，shell 解释用户输入的命令行，提交系统内核处理，并将结果返回给用户。shell 本身也是一种程序设计语言，允许用户编写由 shell 命令组成的程序，使用 shell 编写的程序相当于 DOS/Windows 下的批处理文件。用这种编程语言编写的 shell 程序与其他应用程序具有同样的效果，可以直接运行。

UNIX 系统具有大量称为实用工具的程序，它们是专门的程序，可方便用户的操作，例如编辑器、执行标准的计算操作等。用户也可以编写自己的程序。

3．UNIX 简单应用

UNIX 操作系统是一个多用户、多任务的操作系统，它向用户提供了两种应用接口，一种是用户在终端上通过使用命令和系统进行交互的接口，称为用户接口，其中 shell 就是内核与用户之间的用户接口，既是命令解释程序，也是一种程序设计语言，用户可用它编写程序;另一种是面向用户程序的接口,称为程序接口,即通过程序调用使用 UNIX。系统应用如下。

(1) UNIX 的用户界面

UNIX 的用户界面分为图形界面和文本界面。文本界面是 shell 接口,类似于 DOS 的用户接口,如图 3.9 所示。在系统提示符下输入命令即可直接运行。UNIX 也提供了类似于 Windows 的图形界面,即 X Window 系统。在这样的环境下,用户可以免去需要记住大量的 UNIX 命令的麻烦,所有的操作都可以通过鼠标完成。但 UNIX 的图形界面是一个应用系统,启动 UNIX 操作系统时,可以运行也可以不运行 X Window 系统。UNIX 行命令操作方式的用户界面如图 3.7 所示。

图 3.7 UNIX 行命令操作方式的用户界面

(2) 账户管理

UNIX 是一个多用户、多任务的分时操作系统,系统中所有的用户都可以共享机器中的资源,包括软件资源和硬件资源。系统为每个用户设置一定的权限,使其在一定的限制下自由操作,而不能跨越这种限制。UNIX 为每个用户设置不同的用户账号,不同的账号具有不同的权限。账号管理实际上就是一种安全策略。UNIX 系统通过账号管理维护系统的安全性,防止用户非法或越权使用资源。

(3) 注册与注销

UNIX 中的每个用户都有自己的账号,因此用户在使用系统时必须进行登录。登录成功后才能在一定的限制下进行操作,以便系统识别和区分,从而使每个用户的程序和数据不至于被其他用户破坏。

当终端接通后,系统显示请用户登录的提示:

login:

用户在提示后输入自己的登录名进行注册。当系统确认后又显示请输入口令的提示:

password:

用户输入的口令被系统确认后,出现如下系统提示符,表示用户可输入命令使用系统了。

[登录的用户名@主机名当前的工作目录]提示符

例如:

[zhang@Localhost zhang]$

表明用户 zhang 在主机 Localhost 登录成功,当前的工作目录名也是 zhang。

当用户完成自己的工作,不再使用系统时,必须进行注销。注销操作在系统提示符下输入:

logout

注销后系统重新显示登录提示:

```
login:
```

表示一个用户已经退出系统,准备接收新的用户。

注意,注销用户和关机是两个不同的概念。用户注销表示该用户目前不使用系统了,而关机将停止整个系统的运行。只有超级用户可以使用 shutdown 命令关机。

(4) 常用的 UNIX 命令

UNIX 提供了一系列命令和应用程序供用户使用。在学习 UNIX 命令时,要充分使用 man 命令,即 man 命令可以得到大多数命令的帮助信息。

常用的 UNIX 命令有账号维护命令和磁盘管理操作命令两大类。常用的账号维护命令如表 3.4 所示。

表 3.4　账号维护命令

命令名	命令格式	功能描述	实　例
useradd	useradd 用户名	添加用户账号	useradd user1
passwd	passwd 用户名	修改用户的账号	passwd user1
userdel	userdel 用户名	删除指定的用户账号	userdel user1

用户可以使用这些命令完成建立用户账号、修改用户账号、删除用户账号等账号维护工作。磁盘操作命令主要用于文件目录的建立、进入、删除以及改变当前目录等磁盘维护管理操作,如表 3.5 所示。

表 3.5　磁盘操作命令

命令名	功 能 描 述	实　例
cd	改变和显示工作目录	cd /home 或 cd
mkdir	创建目录,同时输入要创建的文件夹目录名	mkdir /home/user1/aa
rmdir	删除一个空目录,命令行给出要删除的目录名	rmdir /home/user1/aa
pwd	显示用户的当前目录	pwd
ls	显示目录文件名,默认列出当前目录文件名	ls −l
cp	复制文件	cp/mnt/cdrom/ ∗ /home/user1
mv	移动文件或对文件重新命名	mv ∗.c /home/user1
more	用于逐屏显示指定文件,即分屏显示	more game.c

UNIX 还提供了一些其他命令,例如 clear 清除屏幕命令及 date 显示系统时间命令。这里就不一一介绍了。在使用命令时要注意,DOS 和 Windows 操作系统不区分命令的大小写,即命令 DIR 和 dir 都可以正确地执行;UNIX 和 Linux 操作系统则区分命令的大小写。输入 cd 命令可以正确地运行,输入 CD 则会被认为是错误的命令。

3.5.4　Linux 操作系统管理应用

Linux 是在 Internet 上形成和不断完善的操作系统。Linux 最早由芬兰大学生 Linus Torvalds 于 1991 年首先开发,并在互联网上公布了该系统的源代码,后经全世界众多软件高手参与共同开发。作为一个新兴的稳定、高效、方便的操作系统,它除了在传统的网络服务和科学计算方面继续扩大应用外,在嵌入式系统、实时系统以及桌面系统等方面也获得了越来越广泛的应用。

1. Linux 的特点

Linux 是源代码公开、可免费获得的开放代码软件,其目的是设计一个比较有效的 Unix PC 版本,免费给全世界的学生使用。该系统引起了全世界操作系统爱好者的兴趣,大家不断对 Linux 进行修改和补充,不断增加功能。用户可以下载更新的版本,并在各种系统的配合下进行测试,这使得 Linux 日趋完善和成熟。如今 Linux 已经成长为一个功能强大的计算机操作系统,其性能可与商业的 UNIX 操作系统相媲美。

Linux 是真正的多用户、多任务操作系统,允许多个用户同时执行不同的程序,并且可以给紧急任务以较高的优先级。

2. Linux 用户

Linux 是一个多用户、多任务的操作系统,可以同时接受多个用户登录。Linux 中的用户分为两类,即超级用户和普通用户。使用 Linux 的每个用户都有一个账户,Linux 通过账户统一管理所有用户。

超级用户只有一个,其账户在安装系统时就建立了,其用户名固定为 root,它拥有系统中的最高权限,可以执行系统中的任何命令和程序,处理任何文件。

普通用户可以有多个,它们的账户由超级用户建立和管理,通常只有有限的权利,每个用户都有一个账号用于授权登录。完整的账户包括用户名、用户标识码、口令、所属组、登录目录等内容。当用户通过网络登录进入 Linux 系统之后,通常以该目录作为当前目录。

在多用户的操作系统中,出于安全性的考虑,一般用户在使用系统时都只有一定的权限,以防止对系统或其他用户造成损害。

超级用户可以不受这些限制。系统管理员用 root 账号登录系统后,不但可以访问系统中的所有文件,而且可以执行一些只有超级用户才能执行的特权指令。超级用户承担了系统管理的一切任务,保证 Linux 系统安全、正常地运行,保证各普通用户的使用权限。

3. Linux 用户界面

UNIX 系统提供了命令行方式的用户界面,Linux 沿用了这个传统界面形式。用户登录成功后,出现系统提示符,用户可以输入各种命令。

Linux 也提供了图形用户界面。X Windows 是广泛应用在 UNIX 操作系统上的图形界面环境,是应用软件,它同样也被 Linux 操作系统使用,已成为重要的图形用户界面。目前比较成熟的图形界面系统有 GNOME 图形界面和 KDE 图形界面,它们都是开放源代码的自由软件,与 Linux 操作系统相辅相成,带给用户更加友好的界面。

在 Linux 中安装 X Windows 后,就可以使用图形界面了。RedHat 9.0 环境下 GNOME 的图形用户接口界面如图 3.8 所示。

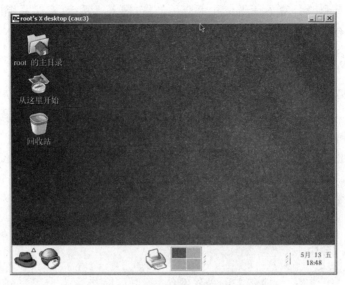

图 3.8 GNOME 的图形用户接口界面

在图形界面的桌面上,用户可以通过鼠标操作使用和配置计算机,其操作管理方式与 Windows 操作系统十分相似,如图 3.9 所示。

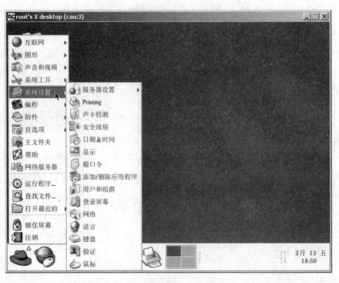

图 3.9 GNOME 的菜单显示

其可视化的菜单命令操作管理方式简单易行,有 Windows 操作基础的用户非常容易掌握 Linux 的桌面操作,而系统管理与维护则需要积累经验才能掌握。

4. Linux 的简单操作

用户要想使用 Linux 操作系统,就必须正确登录。Linux 系统的登录过程与 UNIX 相同,这里就不再介绍了。前面介绍的 UNIX 的命令在 Linux 下都可以正常运行。

5. Linux 的远程访问

Linux 是多用户、多任务的操作系统,多个用户可以同时使用系统。Linux 系统允许用户通过远程终端访问 Linux 主机。例如,在 Windows 系统的网络工作站下,可以使用 Telnet 服务通过网络登录到某 Linux 主机上,使用户工作站远程 Telnet 访问 Linux 系统,成为 Linux 主机的仿真终端,可使用 Linux 主机提供的服务和进行各种操作。

用户只要通过匿名或授权登录到 Linux 远程主机上,就可以如同访问本地机一样使用各种操作命令共享磁盘中的各种资源。

3.5.5 移动智能终端操作系统管理应用

移动智能终端简称智能终端(Smart Device),包括智能手机(Smart Phone)、平板电脑(Tablet 或 Tablet Personal Computer)、笔记本电脑(Laptop 或 Notebook Computer)和掌上电脑(Palm Pilot 或 Palm Top)等移动设备。移动智能终端具有独立的操作系统,可通过移动通信网络实现无线网络接入。用户可自行安装第三方服务商提供的各种应用程序软件、游戏软件和工具软件等,以不断扩充和开发智能设备的功能。

移动智能终端操作系统是硬件系统和软件系统的管理核心。以苹果 iOS、谷歌 Android、微软 Windows Phone 等为代表的移动智能终端手机操作系统都可支持加载各种应用程序,将语音通信和多媒体通信相结合,提供图像、音乐、网页浏览、语音聊天、电话会议等信息服务的增值服务,体现了新一代移动通信技术的特征。

据中国互联网络信息中心数据显示,截至 2012 年 6 月月底,中国网民数量达到 5.38 亿;其中通过手机接入互联网的网民数量达到 3.88 亿,手机首次超越台式计算机成为第一大上网终端。据业内专家分析,随着移动互联网技术的迅速发展,移动智能终端操作系统已成为移动互联网产业的核心。

据中国工业和信息化部统计数据显示,截至 2013 年 3 月月底,中国共有 11.46 亿移动通信服务用户,其中有 2.7727 亿是 3G 用户,占全部用户的 24.20%;有 8.1739 亿用户接入移动互联网,占全部用户的 71.34%。如今,我国仍然是全球最大的智能手机市场。

3.5.6 智能手机操作系统技术与研发

智能手机操作系统是发挥智能手机计算系统所有硬件系统和应用软件作用的平台,其运算能力和系统应用,特别是网络信息服务共享等功能比传统手机系统增强了很多。目前,智能手机使用得最多的是谷歌 Android、苹果 iOS、微软 Windows Phone 和 BlackBerry OS(黑莓)等操作系统。不同的智能手机操作系统平台,其应用软件是不兼容的。

智能手机具有独立的操作系统,能显示与个人电脑一样的网页,拥有很强的应用程序扩展性。现代智能手机的使用和个人电脑一样,可以安装第三方软件,以丰富和增加智能手机的功能;而第三方软件开发商也可以利用应用程序接口(API)以及专有的 API 编写软件。

第三代移动智能通信技术推动了移动通信与互联网的相互融合,引领世界走入移动互联网时代。3G(the Third Generation)手机属于在较广范围内使用的便携式移动智能终端,已从日常功能型手机发展到以 Android、iOS 系统为代表的智能手机 4G 时代。

4G 产品在技术上集成了 3G 技术与 WLAN(无线局域网)技术,并能传输高品质的视频图像,其质量能与高清晰度电视相媲美。移动智能终端操作系统开发策略大约分两种类型。一种策略是集中在某一种操作系统上研发推出新产品,另一种策略是在多种操作系统平台上研发推出自己的终端产品。

从 2010 年以后,全球智能手机的市场竞争已从硬件系统市场竞争逐步转向了移动智能终端操作系统市场的争夺,像苹果、谷歌和微软等美国公司,凭借开发云平台服务和软件研发沉积的实力开发出的移动智能终端操作系统,以其强后台加瘦客户端系统的云端服务模式,利用云端计算优势将海量信息和数据实时传递到云服务器上,为用户提供了大量丰富的信息服务,形成了移动智能终端操作系统的先发优势和市场规模。例如,谷歌 Android 操作系统集成了谷歌各类云计算服务,已在移动智能终端操作系统市场占据了主导地位,占据的全球智能手机市场份额已超过 60%。据我国工业和信息化部电信研究院 2011 年的统计数据显示,谷歌 Android 操作系统、诺基亚 Symbian 操作系统、苹果 iOS 操作系统和微软 Windows Phone 操作系统分别占据中国移动智能终端操作系统市场份额的 73.99%、12.53%、10.67% 和 0.34%,国外操作系统处于相对垄断地位。

在国外移动智能终端操作系统在我国形成垄断格局的情况下,2012 年由工业和信息化部、国家发展和改革委员会、国家科技部、国家外国专家局和北京市人民政府共同主办,工业和信息化部电子科学技术情报研究所承办的"2012 中国移动智能终端操作系统发展趋势论坛"上,倡议打造"中国移动智能终端操作系统产业发展联盟",在移动智能终端操作系统领域建设国家级研发平台,支持自主云端操作系统及应用平台研发。在 2012 年"核高基"国家重大科技专项中,有两项课题分别为"面向移动智能终端的芯片 IP 核设计"和"面向移动互联网的 Web 中间件研发及应用",支持开展包括移动智能终端操作系统、安全可控嵌入式 CPU 核和 IP 核协同优化研究,实现移动智能终端操作系统的硬件加速,提升移动智能终端操作系统的核心竞争力。

"核高基"是"核心电子器件、高端通用芯片及基础软件产品"的简称,其中,基础软件是对操作系统、数据库和中间件的统称。"核高基"是国务院《国家中长期科学和技术发展规划纲要(2006—2020 年)》中并列的 16 个重大科技专项之一,中央财政为此安排预算 328 亿元,加上地方财政以及其他配套资金,预计总投入将超过 1000 亿元。

移动智能终端操作系统作为管理软、硬件和承载应用的关键平台,在移动互联网时代,其应用发展不仅局限于对移动终端领域的影响,还会向其他领域和平台延伸,如发展热门的智能电视技术,其中很多技术实际上是从移动智能终端的技术发展而来的。

工信部发布的 2013 年"核高基"国家科技重大专项中,课题 2-2"移动智能通信终端 SoC 研发及产业化"要求"研制采用安全可靠嵌入式微处理器的移动智能终端 SoC 产品,并与专项已部署的移动智能操作系统配合,形成移动智能通信终端整机解决方案,实现规模应用";而课题 8-1"智能数字电视终端基础软件研发及产业化"要求"针对智能数字电视终端高清交互、三网融合、多业务集成的特点,结合终端软件平台互联网化、业务平台化、云端融合化的需求,重点突破能力开放、云端融合等关键技术"。

3.5.7　移动智能终端操作系统应用与创意

移动智能终端产品应用的广泛普及,得益于其操作系统支持的系统功能和应用程序的丰富多彩。无论是在系统程序的使用功能上,还是在应用程序或云端计算的信息服务上,各产品都在不断研发和推陈出新,不仅吸引了大量追寻新产品的"粉"或"迷"级用户,也不断激发出新用户和各种潜在用户群,发挥各自研发优势,抢占全球移动智能终端产品市场,特别是中国的巨大市场。

计算机科学本质上源自数学思维,无论是系统实现还是各种形式化过程,均构建于数学计算基础之上。但计算机科学绝不仅是实现算法的计算机编程。比如,计算机科学在生物学或生物工程学方面的广泛应用,绝不仅限于从海量大数据中计算搜寻生物基因序列的模式规律,还希望能以计算抽象和计算方法表示基因图谱结构,以找到控制基因突变的方法等。正是借助于计算机科学,使跨学科的计算生物学也在改变着生物学家的思维方式,具体到计算机科学中的计算思维形式化过程,就是数据结构和算法实现。

移动智能终端产品实用程序应用广泛,适宜开发创新产品。相对于其他复杂的专业计算机领域计算来说,移动智能终端操作系统多样化的开发工具更适合开发各种实用程序或者各种智能游戏程序等,如地图定位应用程序、重力感应类应用程序、信息管理服务程序、棋牌推理等智能化游戏程序等,很适合大学生创意设计与实现,各种创意作品已成为移动智能终端产品的一部分。特别是近几年,国内外 IT 企业或政府教育部门纷纷组织各种竞赛,鼓励和引导在校大学生发挥自己的专业优势,跨学科组队,利用掌握的计算机信息技术创新思维、创意设计,从而实现梦想。

以北京市教育委员会主办的大学生计算机应用大赛为例。2010 年创意主题是移动智能终端"3G 智能手机创意设计",立足创新,鼓励创意。北京市教委领导亲临主赛场指导工作,强调主办大赛的基本原则是"政府主办、专家主导、学生主体、社会参与"。在政府领导、各方支持下,大赛主办方联合知名企业,使整个赛程的工作流程组织严谨,实施过程规范有序,为参赛团队提供了很好的创意展现平台,保障了各个赛程的顺利进行。北京市部属和市属各高校积极组队,踊跃参赛,共有 177 支参赛队报名,137 支队伍成功提交了创意作品。

"'北京联通杯'2011 年北京市大学生计算机应用大赛暨京港澳台大学生计算机应用大赛"的创意主题是"移动终端应用创意与程序设计",移动终端包括 3G 智能手机、平板电脑等移动智能手持终端等。

2012 年"华北五省(市、自治区)及港澳台大学生计算机应用大赛"的创意主题是基于新平台下的"移动终端应用创意与程序设计"。大赛的目的是"促进学生将理论知识与实践相结合,应用新技术和方法,完成具有实际应用意义的创意设计,培养大学生的创新意识、创意思维与设计和创业能力。"主办方要求参赛作品软件应能够在移动智能终端操作系统平台的云端服务模拟器或相应的移动终端运行。主要操作系统包括:

- Android 2.1 及以上版本；
- 苹果 iOS 4.0 及以上版本；
- Windows Phone 7 版本；
- MTK VRE 2.0 及以上版本；
- J2ME MIDP 2.0、CLDC 1.1 及以上版本；
- Symbian S60 v3 及以上版本；
- BlackBerry OS 4.5 及以上版本。

由于参赛作品的操作系统平台不尽相同,参赛队除了需要提交完整的作品软件文档外,还要将参赛作品部署到大赛网站云平台上,完成各种操作系统平台对各自参赛作品的提交和调试。这样,专家在进行初次评审时就可以在大赛网站云平台上看到并运行参赛队提前部署的参赛作品,即可核对作品软件文档,检验作品实际运行效果,也可查看、编译和运行源程序代码,如图 3.10 所示。

图 3.10 云计算提供的跨平台操作系统运行环境

通过云计算提供的跨平台操作系统运行环境可运行各种操作系统及系统支持的开发软件,不仅可以运行参赛作品,还可以打开源程序代码进行编译和运行,使专家结合竞赛评价各项指标,从各方面考核所提交的参赛作品,也使各位专家在欣赏作品的同时能够给出完整、科学的综合评价。该赛事每年举办一次,参赛作品无论是数量还是质量,逐年都在不断提升。

随着 5G 技术的到来,期待更多自主创新的优秀作品能够脱颖而出。

3.6 思 考 题

1. 简述操作系统在计算机系统中的作用与功能。
2. 简单分析操作系统的工作任务主要有哪几个方面。
3. 试述计算机的操作系统是如何定义的。
4. 简述用户应用计算机系统两种接口方式的特点。
5. 简述操作系统的发展历程与计算机硬件技术发展的关系。
6. 试述联机批处理系统与脱机批处理系统技术的特点。
7. 简述单道程序设计与多道程序设计技术的原理与特点。
8. 简述分时操作系统的技术特征。
9. 简述操作系统发展技术主要有哪些阶段。
10. 试分析批处理操作系统的优缺点。
11. 简述分时操作系统的工作原理。
12. 简单列举实时操作系统的特点与应用。
13. 试列举常用的网络操作系统。
14. 简单叙述分布式操作系统的工作特点。
15. 试列举身边哪些产品用到了嵌入式操作系统。
16. 简单分析操作系统主要有哪些控制管理功能。
17. 简单分析操作系统的 3 种基本特性。
18. 列举 Windows 行命令在系统维护方面的优点。
19. 列举与磁盘文件目录管理有关的 Windows 行命令。
20. 试述 Windows 操作系统的主要技术特点。
21. 试述 UNIX 操作系统的主要技术特点。
22. 试述 UNIX 操作系统中账户管理的作用。
23. 简述有哪些常用的 UNIX 命令与 Windows 行命令功能相同。
24. 简述 Linux 操作系统技术的主要技术特点。
25. 简述操作系统发展与应用的关系。
26. 简述移动智能终端主要包括哪些设备。
27. 简述为什么说手机已成为全球第一大上网终端。
28. 简述智能手机使用较多的操作系统。
29. 简述 4G 产品在技术上的特点。
30. 简述"核高基"的内容与意义。
31. 简述移动智能终端为何更适于大学生创意设计。

第 4 章 Office 办公自动化组件

随着社会经济的发展与现代信息技术的广泛使用,信息资源不断扩展,信息量迅速增大,信息处理需求不断增加,而且信息数据的处理和表现形式也越多样化,使得通用办公自动化软件快速发展,比较有代表性的有美国微软公司的 Office 和我国金山公司的 WPS Office 办公自动化软件。本章主要内容如下:

- Office 2016 的特点;
- Office 2016 的应用;
- WPS Office 2019 简介。

4.1 办公自动化及应用

办公自动化(Office Automation,OA)是指利用信息技术手段采集、分类、检索、存储、处理、分析和输出各种办公事务信息,包括业务系统信息、办公事务管理信息、图表统计信息等,实现办公事务的自动化处理,以提高个人或群体处理办公事务的工作效率,为管理和决策提供科学的依据。

4.1.1 办公自动化概述

最初,办公自动化是指利用信息技术手段处理办公事务,以提高办公效率和办公质量。办公自动化的典型配置是计算机设备、打印机、复印机和办公软件等,目的是最大限度地实现办公自动化处理。随着网络通信技术的发展,办公自动化在不同的企业管理文化背景下有着不同的意义与解读。随着计算机技术、网络技术和通信技术的飞速发展,信息技术应用水平的提高,企业组织对办公自动化信息需求的增加,办公自动化的作用和应用发生了很大的变化,办公自动化工作内容和工作方式已逐步扩展延伸到企业的业务管理层面和决策支持平台,是现代企业管理信息系统(MIS)的一部分,成为企业信息资源管理的重要部分。办公自动化的主要目的是:利用现代信息技术手段,以计算机网络技术和现代计算机技术为基础,结合现代管理科学、行业规范等,对各种信息资源环境下的信息数据进行有效的数据处理。现代办公自动化的基本特征主要有以下几点。

- 提高个人业务处理的效率。

- 提高企业组织内部协同工作的效率。
- 提高跨地域企业间协同工作的效率。
- 提高企业信息资源管理工作的质量。
- 提高企业业务信息处理的规范性。
- 提高企业信息数据分析的决策水平。
- 提高企业信息数据处理的可靠性。

办公自动化的本质是运用现代信息技术方法和手段处理各种业务信息数据,以提高办公效率,为企业生产或决策提供信息数据支持和依据。对于各行各业、各企业部门来说,其业务信息处理范围、信息处理规模与信息处理复杂程度及业务密切相关,信息数据处理通过信息采集、分类汇总、统计分析等具体业务处理,形成规范的数据以供查询,并提供管理和决策支持。办公自动化通过企业的 Intranet 可以和 Internet 相连,实现企业和群体跨地域协同工作,例如网上报名系统、网络订票系统等,信息交流协同工作几乎在瞬间完成,节省了人力成本和时间成本,提高了效率。

4.1.2 办公自动化软件

办公自动化软件用于办公自动化系统,办公自动化系统是行业部门利用信息化技术进行信息资源管理的各种资源的组合。办公自动化软件系统多种多样,适合各行各业信息处理的办公自动化工具功能各异,可用于不同需要的信息处理。

提高个人的工作效率是提高整体协作工作效率的基础,而在提高个人工作效率中具有代表性的办公自动化软件就是 Microsoft Office 系列和 WPS Office 系列应用软件产品,它们是办公自动化优秀软件的代表。

4.2 Microsoft Office 2016 系统组件

Microsoft Office 2016 是美国微软公司的 Office 办公自动化软件,应用十分广泛。Office 是一套组件,包括文字编辑软件 Microsoft Word、电子表格制作软件 Microsoft Excel、演示文稿幻灯片制作软件 Microsoft PowerPoint、数据库管理系统软件 Microsoft Access、电子邮件管理软件 Microsoft Outlook 等功能独立的专用应用软件等。

4.2.1 Microsoft Office 2016 系统特点

Microsoft Office 2016 组件汇集的程序都是基于 Microsoft Windows 操作系统环境下使用的应用程序,所以组件中各个应用程序既可以独立运行完成特定的任务,又可以有机地联系起来,在不同应用软件之间实现数据资源共享。例如,Excel 表格的数据可以从 Access 数据库的表中获得;在 Microsoft PowerPoint 中制作幻灯片时,可以从 Word 文档中提取演讲大纲。

Microsoft Office 组件的界面交互性很好，使用方便，许多操作命令与操作方法是兼容的。Microsoft Office 组件是基于 Microsoft Windows 操作系统的图形用户界面而设计的，实现了"所见即所得"，因此 Microsoft Office 组件的用户界面比较直观，易学易用。

Microsoft Office 组件的操作命令都采用图形化方式，在工作窗口的上方是功能区，功能区由若干功能选项卡构成，每个选项卡上又将操作命令按照功能特点划分成若干个组（Group），在组中分布着各种命令图标，如图 4.1 所示。

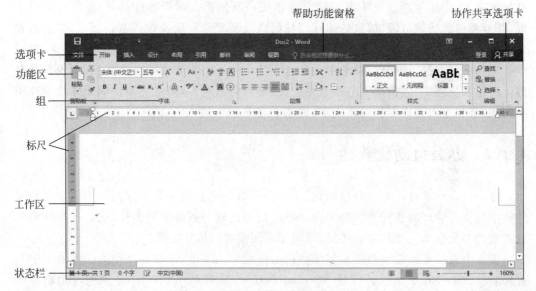

图 4.1　Office 组件工作窗口的组成

Microsoft Office 组件不仅是功能完整的办公自动化应用软件，它还具有二次开发的功能，如支持 Visual Basic for Application，可以作为开发专用软件的开发工具等。

使用 Microsoft Office 的许多常用程序，如 Word、Excel、PowerPoint 等，可以直接将文档保存为 PDF 格式（可移植文档格式）的文件，无须其他软件或加载项，其扩展名为 pdf。PDF 可以保留文档格式并允许文件共享。联机查看或打印 PDF 格式的文件时，该文件可保留预期的格式。用 Word 2016 可直接查看和编辑 PDF 文件，无须再借助 PDF 读取程序。

4.2.2　Microsoft Office 2016 组件

Microsoft Office 2016 是一组应用程序，每个程序又是一种功能强大的专门应用工具，用户可以根据需要制作不同的文档文件。

1. Microsoft Word 文字处理应用程序

Microsoft Word 是基于 Windows 环境的文字编辑软件，在文字处理方面可以实现接近专业编辑排版的各种功能，可以对包含文本文字、表格、插入图像、插入公式等对象的文档文件进行编辑和排版。Microsoft Word 应用程序窗口如图 4.2 所示。

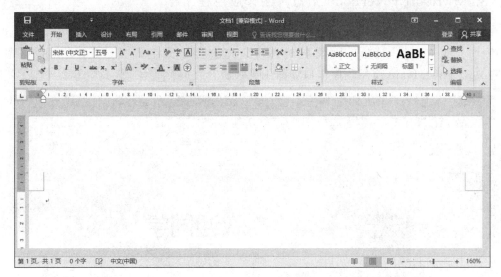

图 4.2　Microsoft Word 应用程序窗口

Microsoft Word 的编辑工作区如同一张白纸，用户不仅可以录入文字，还可以利用系统提供的各种功能编制带有图表或各种复杂格式的 Word 文档。Microsoft Word 不仅具有很强的图文混排功能，同时也能进行表间数据计算或生成 Web 网页文件等。

2. Microsoft Excel 数据制表应用程序

Microsoft Excel 是一种功能强大且易于使用的电子表格制作与管理软件。使用 Microsoft Excel 可以制作标准的电子表格，进行表间数据运算等。Microsoft Excel 应用程序窗口如图 4.3 所示。

图 4.3　Microsoft Excel 应用程序窗口

Microsoft Excel 编辑工作区是由表格的单元格组成的，首先录入各种类型的数据到单元格内，然后可以对数据表格进行各种表格格式的编排和数据管理。有了数据，就可以基于表中的数据生成统计图表、数据报告、数据图形、透视图和数据库等，并与其他组件共享信息资源。

3. Microsoft PowerPoint 幻灯片制作应用程序

Microsoft PowerPoint 是一种易于使用的电子演示文稿制作软件工具,可以制作出生动、漂亮的电子演示幻灯片,需要时还可以打包传输或生成 Web 网页演示文稿。Microsoft PowerPoint 应用程序窗口如图4.4所示。

图 4.4　Microsoft PowerPoint 应用程序窗口

Microsoft Power Point 以幻灯片方式编辑和制作电子文稿,形象生动,需要时可以设置幻灯片页内动画,也可以设置每页幻灯片之间的页间动画。

4. Microsoft Access 数据库管理系统

Microsoft Access 是一款桌面数据库管理系统软件,可以对大量的数据进行管理、查询与共享,功能强大且易于使用,已成为创建中小型数据库的主流。Microsoft Access 2016 应用程序窗口如图4.5所示。

Microsoft Office 2016 包含的 Access 数据库管理系统已不再是单一的文档制作工具,而是具有数据管理功能的系统应用软件,可以实现数据库技术的各种应用。

5. Microsoft Outlook 邮件管理应用程序

Microsoft Outlook 应用程序是邮件传输和协作客户端程序,具有强大的邮件管理功能。Microsoft Outlook 可帮助用户组织及共享桌面上的信息并与其他人通信。Microsoft Outlook 不仅可以收发电子邮件(E-mail)、建立和存储个人通信地址簿,还可以安排工作日程、建立工作日历、创建日记等。Microsoft Outlook 应用程序窗口如图4.6所示。

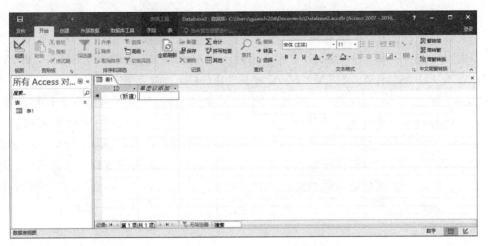

图 4.5　Microsoft Access 应用程序窗口

图 4.6　Microsoft Outlook 应用程序窗口

在 Microsoft Outlook 中,用户无论身在何处,都可以通过网络管理收件箱,通过日历安排自己的议程及与他人的约会,通过组织联系人保持个人和商务信息的不断更新,通过任务管理组织个人和商务事项列表,通过日记记录和跟踪各种类型的重要活动,创建便签提醒自己,还可以使用文件管理创建共享 Microsoft Office 文件;就网络应用来看,将 Microsoft Outlook 与 Internet 结合起来可以查看 Web 页,在电子邮件中发送超链接和 Web 页,并共享日历和联系人信息。

例如,可在“Outlook 面板”中创建任何文件、文件夹或 Web 页的快捷方式。单击“Outlook 面板”上 Web 页的快捷方式,可在 Outlook 右侧窗格中显示常用 Web 节点或网页的相关 Web 页。利用 HTML 格式收发电子邮件,能够使电子邮件与 Web 的内容一样丰富多彩,可利用 Web 样式搜索所需的信息,使用"查找"工具快速查找邮件或任务等。用户可充分利用 Outlook 对多种 Internet 协议的支持,如 POP3/SMTP、IMAP4、LDAP、NNTP、S/MIME、HTML Mail、电子名片(vCard)以及 iCalendar。使用工具栏中的"组织"按钮可以方便地组织文件夹中的内容、设置规则,甚至可以筛选出垃圾邮件,从而将一切规划得井井有条。使用单个命令可将个人或小组日历作为 Web 页发布。可在"联系人"文件夹中创建并存储个人通信组列表以及联系人信息,使用电子邮件的"邮件合并"功能管理大量邮件,根据联系人字段集向所选择的联系人发送邮件。使用联系人项目中的"活动"选项卡可动态跟踪和查看所有与联系人相关的活动,如电子邮件、约会和任务等。使用编程选项可自定义 Outlook,使用常规高效工具可使工作效率更高。

4.3　Microsoft Office 应用

Microsoft Office 办公自动化软件由功能完整的应用程序软件组成,具有相同的 Microsoft 操作风格,熟练掌握该应用组件可提高工作效率。

4.3.1　Microsoft Office 系统启动

Microsoft Office 是一组软件,由各种应用工具软件组成,各有专长,但其操作方法却有相似之处。

1. 直接启动 Office 组件应用程序

在 Windows 操作系统中,单击"开始"按钮,出现按字母顺序排列的程序目录,选择所需程序并单击,即可启动 Microsoft Office 组件中的应用程序,如图 4.7 所示。

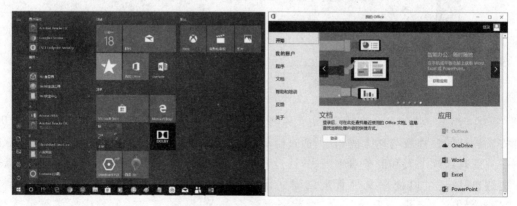

图 4.7　创建 Office 应用程序文档

启动 Microsoft Office 组件中的某个应用程序软件后,可以使用该应用程序软件中的"新建"或"打开"命令建立或打开所要编辑的 Microsoft Office 应用程序文档。

2. 直接打开应用程序文档

要想直接打开 Microsoft Office 应用程序文档，首先应启动相应的 Microsoft Office 应用程序软件，然后打开相应的 Microsoft Office 文档文件。例如，2016 版是从"开始"列表中按英文字母分组排序列出 Office 各应用程序，在桌面"创建"程序组中也有"我的 Office"程序，找到要打开的 Microsoft Office 应用程序，如图 4.8 所示。

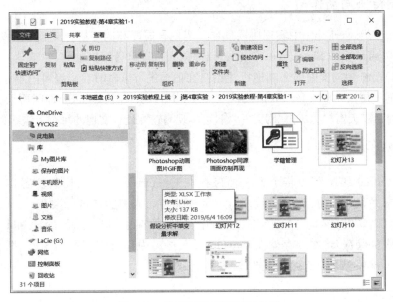

图 4.8　直接打开应用程序文档

双击该应用程序，系统将自动启动相应的 Microsoft Office 应用程序软件，并将选定的 Microsoft Office 文档作为第一个打开的文件。

4.3.2　Microsoft Office 智能标记

智能标记和任务窗格功能提供了更加快捷的命令途径，提高了用户的工作效率。

智能标记是增强 Microsoft Office 应用程序中的内容或版面的选择按钮，一般会在必要时自动出现。例如在 Word 中粘贴剪贴板上的内容时，就会出现  智能标记。单击智能标记将弹出下拉菜单，供用户选择粘贴的方式，如图 4.9 所示。

图 4.9　粘贴智能标志的下拉菜单

4.4　Office 2016 新增功能

Office 2016 是微软公司于 2015 年推出的新版本，其中包括了 Word、Excel、PowerPoint、OneNote、Outlook、Access、Skype、Project、Visio 以及 Publisher 等组件。Office 2016 采取永久

授权的方式，一次性购买可无限期使用，但不能自动更新以获得新功能。

1. 跨设备支持

使用 Office 2016 可以实现 PC、Mac、Windows 以及 Apple 和 Android 手机、平板电脑等设备随时随地访问文档并工作，并能以全保真度进行查看和编辑。

2. 支持协同创作

在 Word、PowerPoint 中实现协同创作。当用户需要和同事协作处理文档时，可先将文档保存到 OneDrive 或 SharePoint Online，以便他人可以进行编辑处理，邀请他人一起对文档进行编辑，Word 中的实时输入功能可让用户在他人进行编辑时看到编辑内容。

还可通过使用 Skype for Business 与正在处理演示文稿的人员进行即时聊天，这时将打开一个即时对话聊天窗口。单击"聊天"按钮，可实现与正在处理文档的每个人进行群组聊天。

3. 提供云支持

利用 Office 2016 可以将个人文档保存在 OneDrive(可以从任意位置访问的联机文件存储)中，并可从任何位置进行访问，可轻松地与家人和朋友进行共享。

文件可以联机保存在 OneDrive.com 上，同时保存在用户计算机的 OneDrive 文件夹中。除了联机保存，将文件存储在 OneDrive 文件夹中还可实现脱机工作，并且在重新连接到 Internet 时会同步所做的更改。

4. 帮助助手

在 Office 2016 中，帮助功能——Tell Me(告诉我您想要做什么)是全新的 Office 助手，可在用户使用 Office 的过程中提供帮助。比如将图片添加至文档或是解决其他故障问题等。这一功能如传统搜索栏一样，置于文档的顶部菜单栏。

5. 转换、编辑 PDF 文档

用 Office 2016 的 Word 打开 PDF 文件时可将其转换为 Word 格式，给用户编辑 PDF 文档提供了极大的方便。同时也可以以 PDF 文件保存修改之后的结果或者以 Word 支持的任何文件类型进行保存。

6. Insights 引擎

使用 Bing(必应)支持的"智能查找"实现核查，为 Office 带来在线资源，让用户可直接在 Word 文档中使用在线图片或文字定义。当用户选定某个字词时，侧边栏中将会出现更多的相关信息。

7. 新图表类型

在 Word、PowerPoint 和 Excel 中，可视化财务或分层数据可使用新的图表类型显示数据的统计属性，包括树状图、瀑布图、排列图、直方图、箱形图的和旭日图等。

4.5 Office 365 应用

Office 365 是微软公司提供的高端云服务,是微软公司基于云平台的应用套件,是订阅杂志形式的云端服务。

1. 同时提供应用套件和升级服务

Office 365 完全不同于之前的传统版本,订购 Office 365 不仅可以得到 Office 应用套件,获取 Word、Excel、PowerPoint、OneNote、Outlook、Publisher、Access 等的最新高级版本,同时也订购了其升级服务,其费用已经包含软件更新费用。在订阅期限内,可以不断获得最新版本的 Office 应用程序,无须付费购买版本升级,新功能将定期部署到 Office 365 客户。每月发布专属新功能时,用户即可立即使用这些功能,从而确保应用程序始终为最新版本。

2. 提供云端支持和多用户服务

用户同时可以用购买时的账户信息安装该产品。用该账户登录 Office 365 各个组件后,可以随时随地开展工作。在 office.com 和 Office Online 应用中创建的文件会自动保存到 OneDrive(可以从任意位置访问的联机文件存储),可以在计算机、平板电脑或手机上随时随地共享、协作和访问文件。用户可以随时随地在各种设备上工作,在线创建、编辑和共享 Word、PowerPoint、Excel 和 OneNote 文件,在线存储、同步和共享文件,所有文件始终保持最新,还可以与他人实时协作编辑文档。

当用户使用一台没有 Office 软件的计算机时,可以用该账户登录 OneDrive,在网页上直接查看、编辑用户的文档。

Office 365 分为个人版、家庭版和企业版。个人版只能支持 1 个用户,家庭版可同时支持 5 个用户,企业版可同时支持 300 个用户。

3. Office 365 的使用期限

Office 365 类似杂志订阅,可以按月、按年付费订阅,限期使用。

4. Office 2016 与 Office 365 计划的区别

借助 Office 365 订阅计划,可以获得完全安装版的 Office 应用程序:Word、Excel、PowerPoint、OneNote、Outlook、Publisher 和 Access(Publisher 和 Access 仅在 PC 端可用)。可以在多种设备上安装 Office 365,包括 PC、Android 平板电脑、Android 手机、iPad 和 iPhone。此外,使用 Office 365 还可获得 OneDrive 等在线存储空间服务供家庭使用。激活 Office 365 订阅后,将始终获得最新版本的 Office 应用程序。

一次性购买的 Office 包括 Word、Excel 和 PowerPoint 等用于单台计算机的应用程序。这些应用程序不会自动更新;若要获取最新版本,必须在发布新版本时再次购买 Office。一次性购买的 Office 不包括 Office 365 中所包含的任何服务。

4.6 WPS Office 2019 简介

WPS Office 是一组办公自动化软件系统,是我国 IT 产业中 OA 软件系统研发制作出的代表性产品。2018 年 3 月推出的 WPS Office 2019 个人版可以跨平台兼容,安装运行在 Windows 操作系统和 Linux 操作系统,用户在 Linux 操作系统环境下编排的文档文件与在 Windows 操作系统中的使用方法相同。

WPS Office 不仅具有文字编辑排版、电子表格制作、图文混合编排、演示文稿制作等常规的 OA 数据处理功能,而且具有更独特的功能,如支持一百多种语言,具有灵活易用的数学公式编排、化学公式编排、矢量绘图等信息数据处理方式,此外还具有实现网络跨平台无缝链接电子政务等各种功能。

WPS Office 不但能够读写 Microsoft Office 的文件格式,而且还可以将相关文件转换成 PDF 文件格式,将绘图文件格式转换成 swf 格式的 Flash 文件。

WPS Office 在国内多次政府采购中中标,因此在我国政府机关中,WPS Office 办公自动化系统使用得非常普遍。

WPS Office 组件主要包含 WPS 文字、WPS 演示和 WPS 表格三大应用程序组件。这些应用程序组件分别对应于 Microsoft Word 应用程序、Microsoft PowerPoint 应用程序、Microsoft Excel 应用程序组件,系统应用功能、用户工作界面和操作使用方法等基本类似,而且文件格式也相互兼容。

1. WPS 文字文档编辑应用程序

WPS 文字应用程序窗口如图 4.10 所示。

图 4.10   WPS 文字应用程序窗口

在 WPS 文字处理程序界面窗口中,可以进行文字录入、修改和编辑等工作,还可以利用 WPS 文字处理程序提供的符号字符、艺术字、立体效果、合并功能以及文字绕排、稿纸格式、斜线表格、跨文档电子表格支持等功能进行文字加工处理和编排。

WPS 文字有一个很实用的功能,就是可以直接生成 PDF 格式的文件,WPS Office 从 WPS Office 2019 版本开始为了适应用户保存 PDF 格式的需求,提供了 PDF 文件输出功能,操作方法如下。

使编辑文档处于当前打开状态,选择"文件"|"输出为 PDF 格式"选项,如图 4.11 所示。

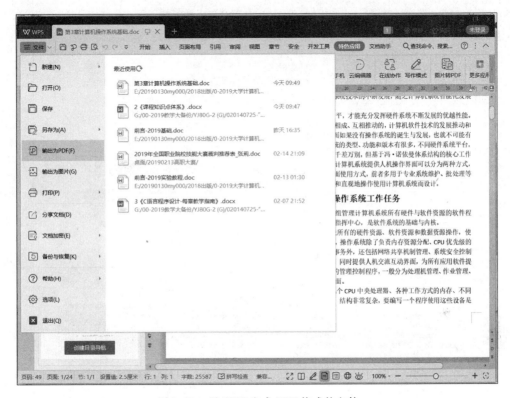

图 4.11　用 WPS 生成 PDF 格式的文件

选择选项后,在弹出的"输出为 PDF"对话框中指定文件的保存位置,单击"高级设置"按钮可进行更详细的输出选项设置,例如输出内容、权限设置等,最后单击"确认"按钮,如图 4.12 所示。

生成的 PDF 文件可以用 Adobe Reader 阅读工具等阅读,阅读界面如图 4.13 所示。

PDF 格式文件是目前用于锁定文档版面的非常流行的文件格式,已成为网络文件共享及传输的一种通用格式。使用 WPS Office 可以直接输出 PDF 格式文件。

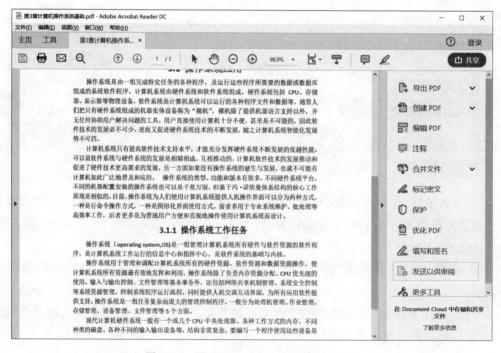

图 4.12 "输出为 PDF"对话框

图 4.13 用 Adobe Reader 打开 PDF 文件

2. WPS 演示——幻灯片制作应用程序

WPS 演示应用程序窗口如图 4.14 所示。

图 4.14　WPS 演示应用程序窗口

WPS 演示应用程序用于制作文稿演示文件,有各种自定义动画效果可以选择,另外还可以添加多种动画方案,极大地丰富了演示文稿的制作与播放效果。

3. WPS 表格——制表工具应用程序

WPS 表格应用程序窗口如图 4.15 所示。

图 4.15　WPS 表格应用程序窗口

4. WPS 2019 "脑图"逻辑思维导图应用程序

WPS 2019 中"脑图"选项中的"思维导图"应用的界面如图 4.16 所示。

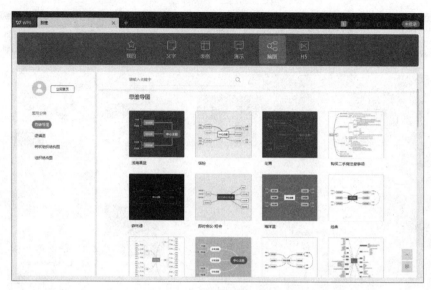

图 4.16 "思维导图"应用的界面

WPS 表格应用程序是一款全功能化的制表软件,用于编制数据表格及建立数据间的联系,以便进行数据信息的检索、转换、分析、统计和计算等,具有表格制作效果即时预览、智能化提示、度量单位控件、文档批注使用等功能。WPS 表格应用程序支持并页打印、顺序双面打印、逆序双面打印、反片打印等多种功能。

WPS Office 还兼容 Microsoft Office 宏文档、文件加密、内容互联等功能,以提升网络信息共享与互动的效率。WPS Office 提供自动在线升级,可随时使用 WPS Office 的新增功能。

4.7 思考题

1. 简述办公自动化的意义与发展。
2. 简单分析办公自动化的基本特征。
3. 简述 Microsoft Office 2016 组件的构成特点。
4. 常用的 Microsoft Office 2016 组件有哪些?
5. 简述 Microsoft Office 的启动方式。
6. 简述如何使用智能标记和任务窗格的功能。
7. Microsoft Office 2016 组件程序窗口功能区的作用是什么?
8. PDF 格式的文档有何特点?
9. 简述如何使用 Microsoft Office 的联机帮助功能。
10. 试述 WPS Office 2019 的特点。

第 **5** 章 数据库技术应用基础

当今世界,信息已成为极为重要的资源之一,在各行各业、各个专业领域的信息化建设过程中,数据库系统是信息化建设中数据处理的核心系统。数据库技术作为计算机技术的重要分支,已成为对大量数据进行组织与管理的信息系统核心技术和网络信息化管理系统的重要基础,几乎所有的信息管理系统都以数据库为核心进行数据的组织与管理。本章主要内容有:

- 数据库系统的组成与功能;
- 数据库技术的应用与发展;
- 信息实体数据模型和实体联系模型的构建;
- 数据实体关系运算与转换;
- 关系数据库的设计理论;
- 关系模式的规范化;
- 结构化查询语言 SQL。

5.1 数据库技术概述

数据库系统在信息化建设中的广泛使用使数据库技术的应用与发展不断深入人类社会生活的各个领域,从各种信息数据的采集转换到企业管理、银行业务管理、情报检索、档案管理、人口普查等,都离不开数据库管理。在物联网、传感网等信息技术应用迅速普及和发展的今天,数据库系统也需要不断更新、发展和完善,数据库设计、开发与维护领域的高级人才十分稀缺。业界专家普遍认为,我国数据库技术应用与国外相比,差距主要在于应用技术的经验和积累。

5.1.1 数据库技术特点

数据库技术的产生使数据管理进入了一个全新的阶段。数据与程序相互独立,可以最大限度地减少数据的重复性,最大限度地被多个用户共享。数据库技术应用主要有以下几个特点。

1. 数据库中的数据是结构化的

在文件系统中,从整体来看,数据是无结构的,不同文件中的记录型之间没有联系,存取数据时只能按顺序访问。数据库系统中的数据管理与组织不仅反映数据项之间的联系,还能表示记录型之间的联系,这种联系可以通过存储路径实现。例如在学生选课管理中,一个学生可以选修多门课,一门课可被多个学生选修,可用 3 种记录型(学生的基本情况、课程的基本情况以及选课的基本情况)进行管理,如图 5.1 所示。

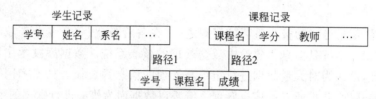

图 5.1　学生选课管理中的数据联系

在查询"张三的学习成绩及学分"时,如果用文件系统实现学生选课的管理,程序员需要编程,并从 3 个文件中查找出所需的信息;如果用数据库系统管理学生选课,可通过关键字关联的数据存取路径实现。利用数据关联存取路径,数据检索可以从一个记录型走到另一个记录型。事实上,学生记录、课程记录与选课记录有着密切的联系,数据存取路径表示了这种联系,这是数据库系统与文件系统的根本区别。

2. 数据库中的数据是面向系统的

数据库中的数据不是面向某个具体应用的,而是面向系统的,这样可减少数据的冗余,实现数据的最大共享,如图 5.2 所示。

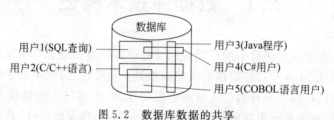

图 5.2　数据库数据的共享

3. 数据库系统比文件系统有更高的数据独立性

数据库系统的数据访问结构分为用户级(应用程序或终端用户)数据逻辑结构、整体数据级的逻辑结构(用户数据逻辑结构的最小并集)和数据存储级的物理结构三级。

数据库数据的独立性是通过数据库系统在数据的物理结构与整体结构的逻辑结构、整体数据的逻辑结构与用户的数据逻辑结构之间提供的映像实现的。当整体数据的逻辑结构或数据的物理结构发生变化时,应用程序访问可以不变。

例如,根据需要把课程记录中的字段"学分"移出,加到选课记录中,即课程记录中减少一个字段,选课记录中增加一个字段,原来的应用程序可以不变。

4．数据库系统为用户提供了方便的接口

用户可以用数据库系统提供的查询语言和交互式命令操纵数据库，也可以用高级语言（如 SQL、C/C++、Java、COBOL 等）编写程序以操纵数据库，从而拓宽了数据库的应用范围。

数据库系统中数据的最小存取单位是数据项，若干数据项组成记录，文件系统的最小存取单位是记录。应用程序与数据库的联系如图 5.3 所示。

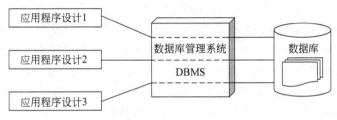

图 5.3　应用程序与数据库的联系

数据库管理系统（Database Management System，DBMS）是一个软件系统，它能够操纵数据库中的数据，对数据库进行统一的控制与管理。

5.1.2　数据库系统的组成

数据库系统（Database System，DBS）是一个实际可运行的系统，它能按照数据库的方式存储和维护数据，并能够向应用程序提供数据。数据库系统通常由数据库、硬件系统、软件系统和数据库管理员（Database Administrator，DBA）4 个部分组成。

1．数据库

数据库的定义在前面的章节中已经讲述过。数据库的体系结构可划分为两个部分，一部分是存储应用所需的数据，称为物理数据库部分；另一部分是描述部分，可描述数据库的各级结构，这部分由数据字典管理。例如 Oracle 数据库系统可查询其数据字典，了解 Oracle 各级结构的描述。

2．硬件系统

数据库的运行需要硬件支持系统，中央处理机、主存储器、外存储器等设备是不可缺少的。数据库系统需要足够大的内存以存放支持数据库运行的操作系统与数据库管理系统的核心模块、数据库的数据缓冲区和应用程序以及用户的工作区。例如 Oracle 5.1 版本在微机上运行需要 1.5MB 的内存；Sybase 的微机版本最低需要 12MB 的内存，最好为16MB 的内存。由于数据库中存储了大量的数据，故需要足够大的磁盘等直接存取设备存取数据或进行数据库的备份，此外还要求硬件系统有较高的信道能力，以提高数据的传输速度。

3. 软件系统

数据库系统的软件主要包括支持 DBMS 运行的操作系统、DBMS 本身及开发工具。为了开发应用系统,还需各种高级语言及其编译系统,例如 Oracle 数据库系统与高级语言 C、Fortran、COBOL 等之间都有接口。Access 关系数据库管理系统内置了 Visual Basic for Application,并允许 Visual Basic 直接访问。不同用户开发的应用可能不同,需用不同的高级语言访问数据库,相应地要把这些高级语言的编译系统装入系统,以供用户使用。

开发工具是为应用开发人员和最终用户提供的高效率的开发应用软件。例如 Oracle 数据库系统提供第四代开发工具。SQL * FORMS 提供一种基于表格的应用开发工具,应用设计人员用它设计格式化画面,应用操作人员通过格式化画面向 Oracle 数据库录入数据,从 Oracle 数据库检索数据。SQL * FORMS 还提供了数据完备性和安全性的检查功能。SQL * GRAPH 是一个交互式的图形生成软件包,它利用从 Oracle 数据库中提取出来的数据生成彩色的拼图、直方图和折线图。大多数数据库系统都提供了开发工具软件,为数据库系统的开发和应用建立了良好的环境。这些开发工具软件都以 DBMS 为核心。

4. 数据库管理员

数据库管理员(DBA)、系统分析员、应用程序员和用户是管理、开发和使用数据库的主要人员。这些人员的职责和作用是不同的,因此涉及不同的数据抽象级别,有不同的数据视图。

数据库管理员可以是一个人,也可以是由几个人组成的小组,他们全面负责管理、维护和控制数据库系统,一般来说,应由业务水平较高和资历较深的人员担任。DBA 的具体职责如下。

(1) 决定数据库的信息内容。数据库中存放什么信息是由 DBA 决定的,他们确定应用的实体,包括属性及实体间的联系,完成数据库模式的设计,并同应用程序员一起完成用户界面的设计工作。

(2) 决定数据库的存储结构和存取策略。DBA 负责确定数据的物理组织、存放方式及数据存取方法。

(3) 定义存取权限和有效性检验。用户对数据库的存取权限、数据的保密级别和数据的约束条件都是由 DBA 确定的。

(4) 建立数据库。DBA 负责原始数据的装入及建立用户数据库。

(5) 监督数据库的运行。DBA 负责监视数据库的正常运行。当出现软硬件故障时,应能及时排除,使数据库恢复到正常状态,并负责数据库的定期转储和日志文件的维护等工作。

(6) 重组和改进数据库。DBA 通过各种日志和统计数字分析系统性能。当系统性能下降(如存取效率和空间利用率降低)时,应对数据库进行重新组织,同时根据用户的使用情况不断改进数据库的设计,以提高系统性能,满足用户的需要。

5．用户

用户分为应用程序和最终用户(End User)两类，他们通过数据库系统提供的接口和开发工具软件使用数据库。目前常用的接口方式有菜单驱动、表格操作、生成报表以及利用数据库与高级语言的接口编程等。

6．数据库系统结构

数据库系统结构是一个多极结构，一方面能方便地存储数据，同时又能高效安全地组织数据。现有的数据库系统都采用三级模式和二级映射结构，其体系结构如图 5.4 所示。

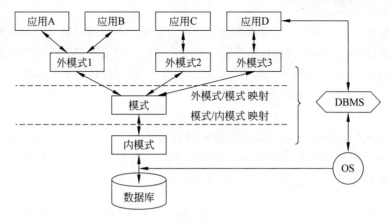

图 5.4　数据库系统体系结构

1）模式

模式又称概念模式，是数据库中全体数据的逻辑结构和特征的描述，是所有用户的公共数据视图。

2）外模式

外模式又称子模式或用户模式，是数据库用户所看到和使用的局部数据的逻辑结构和特征的描述，也就是用户看到和使用的数据。外模式是保证数据库安全性的一个有力措施。每个用户只能看见和访问所对应的外模式中的数据，数据库中其余的数据对他们来说是不可见的。

3）内模式

内模式又称存储模式，是对数据的物理结构和存储方式的描述，是数据在数据库内部的表示方式。一个数据库只有一个内模式。

数据库系统的三级模式是对数据的三个抽象级别，它把数据的具体组织留给数据库管理系统，使用户能逻辑、抽象地处理数据，而不必关心数据在计算机中具体的表示方式和存储方式。

为了实现这三个抽象层次的联系和转换，数据库系统在三级模式中提供了两种映射：

- 外模式和模式之间的映射；
- 模式和内模式之间的映射。

正是由于这二级映射功能,才使得数据库系统中的数据具有较高的逻辑独立性和物理独立性。

5.1.3　数据库系统功能

数据库是存储在外存储器上的逻辑相关的数据的集合,并按一定的方式进行组织和管理。数据库数据相互关联又彼此独立,并以一定的组织方式存储,具有较少的数据冗余,能被多个应用程序或用户共享。

1. 数据的完整性

数据的完整性可保证数据库存储数据的正确性。例如预订同一班飞机的旅客不能超过飞机的定员数;订购货物时,订货日期不能大于发货日期。使用数据库系统提供的存取方法设计一些完整性规则,对数据值之间的联系进行校验,可以保证数据库中数据的正确性。

2. 数据的安全性

并非每个应用都应该存取数据库中的全部数据。例如建立一个人事档案的数据库,只有那些需要了解工资情况并且有一定权限的工作人员才能存取这些数据。数据的安全性可保护数据库不被非法使用,防止数据丢失和被盗。

3. 并发控制

当多个用户同时存取、修改数据库中的数据时,可能会发生相互干扰,使数据库中的数据完整性受到破坏,从而导致数据的不一致性。数据库的并发控制可防止这种现象的发生,提高了数据库的利用率。

4. 数据库的恢复

任何系统都不可能永远正确无误地工作,数据库系统也是如此。数据库系统在运行过程中会出现硬件或软件的故障。数据库系统具有恢复能力,能把数据库恢复到最近某个时刻的正确状态。

5.1.4　数据库技术应用发展

随着计算机技术的不断发展,出现了分布式数据库、面向对象数据库和智能型知识数据库等,它们通常被称为高级数据库技术。

1. 分布式数据库

由于计算机网络通信的迅速发展,使得分散在不同地理位置的计算机能够实现数据的通信和资源的共享,已建立并使用中的许多数据库也需要互联,因此产生了分布式数据库系统。

分布式数据库是分布在计算机网络不同节点上的数据的集合,它有以下两个主要特点。

(1) 网络每个节点上的数据库都具有独立处理的能力。大多数数据处理都是就地完成的,不能处理的才交给其他处理机处理。

(2) 计算机之间用通信网络连接。每个节点上的应用可访问本节点上数据库中的数据,这种应用称为局部应用。也可以通过网络访问其他节点上的数据库数据,这种应用称为全局应用。

分布式数据库在物理上是分布的,在逻辑上是统一的。在分布式数据库系统中适当地增加了数据冗余,个别节点的失效不会引起系统的瘫痪,而且多台处理机可并行工作,提高了数据处理的效率。

2. 面向对象数据库

随着计算机的发展,数据库的应用领域不断扩大,从商务领域(如存款取款、财务管理、人事管理等)拓宽到计算机集成制造系统(CIMS)、计算机辅助设计(CAD)、计算机辅助生产管理等应用领域。这些新的应用领域对数据库技术提出了新的要求。

在面向对象的数据库系统(Object-Oriented Database Systems,OODBS)中,一切概念上的存在,小至单个整数或数字串,大至由许多部件构成的系统均称为对象。一个对象有数据部分和程序部分,例如职工张三是一个对象,25 岁,每月工资为 1500 元。这个对象的数据部分是:姓名是张三,年龄为 25,工资是 1500 元;修改对象张三的年龄或工资,或检索对象属性(例如姓名、年龄、工资)的值时,所使用的程序构成了对象的程序部分。面向对象的数据库系统比一般数据库系统具有更多的特点和应用领域。面向对象的方法将成为标准方法,未来的软件系统将建立在面向对象的概念上。

3. 知识库系统的特点

人工智能的发展要求计算机不仅能够管理数据,还能管理知识,允许用户说明处理数据的规则,这种功能可用知识库系统实现。

知识库是把有关知识的数据信息从应用程序中分离出来加到数据库中,它把人工智能的知识获取技术和机器学习的理论引入数据库系统,通过抽取隐含在数据库实体间的逻辑蕴含关系和隐含在应用中的数据操纵之间的因果联系等,形式化地描述数据库中实体联系的语义网络,并把语义知识自动提供给推理机,从已有的事实知识推理出新的事实知识。知识库是一门新的学科,研究知识表示、结构、存储、获取等技术。知识库是专家系统、知识处理系统的重要组成部分。

5.2　数　据　模　型

数据之间的联系称为数据模型,通常有 3 种,即层次模型、网状模型和关系模型。与之对应的数据库称为层次数据库、网状数据库和关系数据库。

5.2.1　数据模型

数据模型是对现实世界进行抽象的工具。现实世界是复杂多变的,目前任何一种科学技术手段都不可能将现实世界按原样进行复制和管理,只能抽取某个局部的特征,构造反映这个局部的模型,帮助人们理解和表达数据处理的静态特征及动态特征。

1. 数据模型的类型

数据模型是数据库技术的核心,数据库管理系统都是基于某种数据模型的。目前使用的数据模型基本上可分为两种类型,一种类型是概念模型,也称信息模型。这种模型不涉及信息在计算机中的表示和实现,是按用户的观点进行数据信息建模,强调语义表达能力。这种模型比较清晰、直观,容易被理解。另一种类型是数据模型,这种模型是面向数据库中数据逻辑结构的,如关系模型、层次模型、网状模型和面向对象的数据模型等,用户可以使用这种数据模型定义和操纵数据模型中的数据。

2. 数据模型的构成

数据模型包括 3 个部分:数据结构、数据操纵和数据的完整性约束。

数据结构是存储在数据库中的对象的类型的集合。例如建立一个科技开发公司的人事管理的数据库,每个人的基本情况(姓名、单位、出生年月、工资、工作年限等)说明对象人的特征,构成在数据库中存储的框架,即对象的类型。公司中每个技术人员可以参加多个项目,每个项目可有多人参加,这类对象之间存在数据关联,这种数据关联也要存储在数据库中。数据库系统是按数据结构的类型组织数据的。由于采用的数据结构类型不同,因此通常把数据库分为层次数据库、网状数据库、关系数据库和面向对象数据库等。

数据操纵是指对数据库中各种对象实例的操作。例如根据用户的要求检索、插入、删除、修改对象实例的值。

数据的完整性约束是指在给定的数据模型中,数据及数据关联所遵守的一组通用的完整性规则,它能保证数据库中数据的正确性、一致性。例如数据库主键的值不能取空值(没有定义的值);关系数据库中,每个非空外键值(foreign key)必须与某一主键值相匹配。这类完整性约束是数据模型所必须遵守的通用的完整性规则。另一类完整性约束是用户根据数据模型提供的完整性约束机制自己定义的。例如在销售管理中,发货日期要在订货日期之后。

数据模型是数据库技术的关键,可用数据模型描述数据库的结构和语义。

5.2.2　构建信息实体数据模型

数据模型是对现实世界的抽象描述。在组织数据模型时,人们首先将现实世界中存在的客观事物用某种信息结构表示出来,然后再转换为计算机能表示的数据形式。

1. 信息实体的数据转换

信息是指客观世界中存在的事物在人们头脑中的反映,人们把这种反映用文字、图形等形式记录下来,经过命名、整理、分类就形成了信息,如图 5.5 所示。

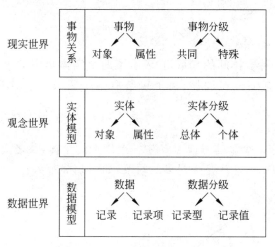

图 5.5　信息数据的形成

在信息领域中,数据库技术用到的术语有实体、属性、实体集、键等。

- 实体(Entity):实体是客观存在并可相互区分的事物。例如人、部门、雇员等都是实体。实体可以指实际的对象,也可以指抽象的对象。
- 属性(Attribute):属性是实体所具有的特性,每一特性都称为实体的属性。例如学生的学号、班级、姓名、性别、出生年月等都为学生的属性。属性是描述实体的特征,每一属性都有一个值域。值域的类型可以是整型型、实数型或字符串型等,如学生的年龄是整数型,姓名是字符串型。
- 实体集:具有相同属性(或特性)的实体的集合称为实体集。例如全体教师是一个实体集,全体学生也是一个实体集。
- 键(Key):也称关键字,能唯一标识一个实体的属性及属性值。例如,学号是学生实体的键,而姓名不能作为键,因为有重名。

2. 信息实体的数据联系

数据模型反映了现实世界中事物间的各种联系,即实体间的联系。联系通常有两种:一种是实体内部的联系,即实体中属性间的联系;一种是实体与实体之间的联系。在数据模型中,不仅要考虑实体属性间的联系,更要考虑实体与实体间的联系,下面主要讨论后一种联系。

实体间的联系是错综复杂的,但就两个实体的联系来说,有以下 3 种情况。

1) 一对一的联系

如果 A 中的任意一个个体至多对应于 B 中的一个个体,反之 B 中的任意一个个体至多对应于 A 中的一个个体,则称 A 与 B 是一对一的联系,如图 5.6 所示。

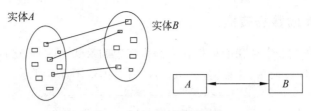

图 5.6　一对一的联系

这是最简单的一种实体间的联系,它表示了两个实体集中的个体间存在一对一的联系。例如,一所学校有一位正校长、每个班级有一个班长等。这种一对一的联系记为 $1:1$。

2) 一对多的联系

如果 A 中至少有一个个体对应于 B 中一个以上的个体,反之 B 中任一个体对应于 A 中至多一个个体,则称 A 与 B 是一对多的联系,如图 5.7 所示。

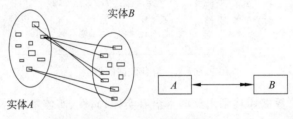

图 5.7　一对多的联系

实体间存在的另一种联系是一对多的联系。例如一个教研室有许多教师、一个班级有许多学生等。这种一对多的联系记为 $1:M$。

3) 多对多的联系

如果 A 中至少有一个个体对应于 B 中一个以上的个体,反之 B 中至少有一个个体对应于 A 中一个以上的个体,则称 A 与 B 是多对多的联系,如图 5.8 所示。

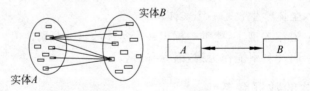

图 5.8　多对多的联系

例如,一个教师教许多学生、一个学生有许多教师教课等。多对多的联系表示了实体集之间存在着交叉联系的相互关系,其中一个实体集中的任一实体与另一实体集中的实体间存在一对多的联系,反之亦然。这种联系记为 $N:M$。

5.2.3　构建实体联系模型

实体联系模型(Entity-Relationship Model,ER 模型)是一个面向问题的概念模型,即用简单的图形方式描述现实世界中的数据。这种描述不涉及这些数据在数据库中如何表示、存取，非常接近人类的思维方式。后来又有人提出了扩展实体联系模型（Extend Entity-Relationship Model，EER 模型），这种模型表示更多的语义，扩充了子类型的概念。EER 模型目前已成为一种使用较广泛的概念模型，为面向对象的数据库设计提供了有效的工具。

在实体联系模型中，信息由实体、实体属性和实体联系 3 种概念单元表示。

（1）实体表示建立概念模型的对象。

（2）属性说明实体。实体和实体属性共同定义了实体的类型。若一个或一组属性的值能唯一确定一种实体类型的各个实例，就称该属性或属性组为这一实体类型的键。

（3）联系是两个或两个以上实体类型之间的有名称的关联。联系可以是一对一、一对多或多对多。

1. 层次结构模型

数据库系统的一个核心问题是数据模型，数据库管理系统大都是基于某种数据模型的。层次模型是较早用于数据库技术的一种数据模型，它是按层次结构组织数据的。层次结构也称树形结构，树中的每个节点代表一种实体类型。这些节点满足：

- 有且仅有一个节点无双亲，这个节点称为根节点；
- 其他节点有且仅有一个双亲节点。

在层次模型中，根节点处在最上层，其他节点都有上一级节点作为其双亲节点，这些节点称为双亲节点的子女节点，同一双亲节点的子女节点称为兄弟节点。没有子女的节点称为叶节点。在双亲节点到子女节点间表示了实体间的一对多的关系。

在现实世界中，许多事物间存在着自然的层次关系，如组织机构、家庭关系、物品的分类等，如图 5.9 所示。

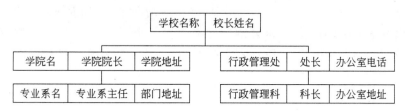

图 5.9　一个学校行政机构的层次模型

这是层次模型的一个典型案例。在这个模型中，学校是根节点，也是学院和行政管理处的双亲节点，学院和行政管理处是兄弟节点。在学校和各学院、各行政管理处实体之间分别存在一对多的联系。同样，在学院和各专业系与班级之间也存在着一对多的联系。其中，每个节点表示一个具体的实体，如"院系"实体型中包括的实体有数学教研室、外语教研室等，"处"实体型中的实体有人事处、教务处等。在层次模型中，模型实例也是一棵倒挂的树。一个数据模型可以有多个模型实例。

这里需要区分模型和模型的值。"型"是对实体型及实体型之间联系的描述。以一定的数据模型，如层次模型，对一个单位的信息结构的描述称为数据模式。图 5.9 中是用层次模型描述大学行政机构的数据模式,"值"是模型的一个实例。

在目前流行的大型数据库系统中,支持层次模型的最著名的数据库系统是 IBM 研制的 IMS 系统,它是世界上最早研制的数据库管理系统。多年来,该系统的性能不断提高,功能不断增加,是广泛使用的数据库管理系统之一。

2. 网状结构模型

在层次模型中,一个节点只能有一个双亲节点,且节点间的联系只能是 $1:M$ 的关系。在描述现实世界中自然的层次结构关系时比较简单、直观,易于理解,但对于更复杂的实体间的联系就很难描述了。在网状模型中,允许一个节点可以有多个双亲节点,但多个节点无双亲节点。

这样,在网状模型中,节点间的联系可以是任意的,任何两个节点间都能发生联系,因此更适于描述客观世界,如图 5.10 所示。

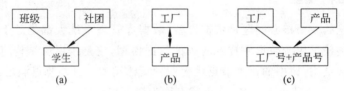

图 5.10　网状模型的例子

在图 5.10(a)中,学生实体有两个双亲节点,即班级和社团,如规定一个学生只能参加一个社团,则在班级与学生、社团与学生间都是 $1:M$ 的联系。在图 5.10(b)中,实体工厂和产品既是双亲节点又是子节点,工厂与产品间存在着 $M:N$ 的关系。这种在两个节点间存在 $M:N$ 联系的网称为复杂网。而在模型图 5.10(a)中,节点间都是 $1:M$ 的联系,这种网称为简单网。

在已实现的网状数据库系统中,一般只处理 $1:M$ 的联系;而对于 $M:N$ 的联系,要先转换成 $1:M$ 的联系,然后再处理。转换方法是用增加一个联结实体型实现,如图 5.10 中的(b)可以转换成(c)所示的模型,图 5.10 中工厂号和产品号分别是工厂实体和产品实体的标识符。

利用网状模型最为典型的数据库系统是 DBTG 系统。有关 DBTG 的报告文本是在 1969 年由 CODASYL 委员会的数据库任务组首次推出的,它虽然不是具体机器的软件系统,但对网状数据库系统的研究和发展却有重大的影响,现有网状数据库系统大都是基于 DBTG 报告文本的。

3. 关系结构模型

关系模型是在层次和网状模型之后发展起来的,它表示实体间联系的方法,与层次模型和网状模型不同。网状模型虽然可以表示实体间的复杂关系,但它与层次模型在本质上却没有大的区别,实体间的联系都是用人为的连线表示的,在物理实现上也都是用指针表示记录间的联系。在关系模型中,实体及实体间的联系是通过表数据本身实现的。

在现实生活中,人们经常用表格形式,如履历表、工资表、体检表等各种统计报表表示数据信息。不过人们日常所使用的表格有时比较复杂,如履历表中个人简历一栏要包括若干行,这样处理起来不太方便。在关系模型中,基本数据结构被限制为二维表格。例如,表 5.1 是学生情况表,表 5.2 是教师任课情况表。

表 5.1 学生情况表

姓　　名	性　　别	年　　龄	班　　级
宋晓伟	男	18	1
张艺青	男	19	2
徐芳芳	女	21	1
⋮	⋮	⋮	⋮

表 5.2 教师任课情况表

姓　　名	年　　龄	所　在　院	任　课　名	班　　级
杨佳蓝	36	工程学院	程序设计	1
杜　建	40	环境学院	操作系统	2
苏　婕	29	经管学院	数据库原理	1
⋮	⋮	⋮	⋮	⋮

从这两个表中可以得到这样一些数据关联信息,例如杨佳蓝老师讲授 1 班的程序设计课,徐芳芳是该老师班上的学生;张艺青是 2 班的学生,他选修的操作系统课是杜建老师讲授的,这些信息是从两个表中得到的,说明在这两个表之间存在着一定的数据联系,这些联系是通过学生情况表和教师任课情况表中都存在的"班级"这个数据项建立的。

在关系模型中,数据被组织成类似以上两个表的一些二维表,每一张二维表称为一个关系(relation)。二维表中存放了两类数据——实体本身的数据和实体间的联系。这里的联系是通过不同关系中具有相同的属性名实现的。

所谓关系模型,就是将数据及数据间的联系都组织成关系的形式的一种数据模型。在关系模型中,只有单一的"关系"的结构类型。

1) 关系模型的特征

结构单一化是关系模型的一大特点。学生情况的关系模型为学生情况(姓名、性别、年龄、班级),教师任课情况的关系模型为教师任课情况(姓名、年龄、所在院、任课名、班级)。

对关系模型的讨论可以在严格的数学理论基础上进行,这是关系模型的又一大特点。关系是数学上集合论的一个概念,对关系可以进行各种运算,运算结果将形成新的关系。在关系数据库系统中,对数据的全部操作都可以归结为关系的运算。

关系模型是一种重要的数据模型,它有严格的数学基础以及在此基础上发展起来的关系数据库理论。

关系模型的逻辑结构实际上是一张二维表,那么关系数据库的逻辑结构实际上也是一张二维表,这个二维表即是人们通常所说的关系。每个关系(或表)由一组元组组成,而每个元组又是由若干属性和域构成的。只有 2 个属性的关系称为二元关系,有 3 个属性的关系称为三元关系。如此类推,有 n 个属性的关系称为 n 元关系。

2) 关系的性质

一个 n 元关系应具有以下性质。

(1) 每个元组都有 n 个属性。

(2) 每个元组中同一区域中的属性具有相同的数据类型。

(3) 不可能存在内容完全一样的元组。

(4) 元组的顺序无关紧要。

(5) 每个属性都有唯一的名称。

(6) 每个属性的次序无关紧要。

一般来说,一个关系相当于一个顺序文件,每个元组相当于文件中的一个记录,而每个属性相当于记录中的一个字段。

3) 关系数据库的优点

关系模型、网状模型和层次模型是常用的 3 种数据模型,它们的区别在于表示信息的方式。关系模型只用到数据记录的内容,而层次模型和网状模型要用到数据记录间的联系以及它们在存储结构中的布局。关系模型中记录之间的联系通过多个关系模式的公共属性实现。

用户只要用关系数据库提供的查询语言发出查询命令,告诉系统查询目标,具体实现的过程就可由系统自动完成,用户无须了解记录的联系及顺序,因此关系数据库具有较好的数据独立性。在层次数据库和网状数据库中,记录之间的联系用指针实现,数据处理只能是过程化的,程序员的角色类似于导航员,所编程序要充分利用现有存储结构的知识,沿着存取路径逐个存取数据。在这种模型中,程序与现有存储的联系过于密切,大幅降低了数据独立性。

SQL Server、Oracle、Paradox、Sysbase、Access 等均属于关系数据库管理系统。关系数据库的主要特点如下。

- 使用简便,处理数据效率高;
- 数据独立性高,有较好的一致性和良好的保密性;
- 数据库的存取不必依赖索引,可以优化;
- 可以动态导出和维护视图;
- 数据结构简单明了,便于用户了解和维护;
- 可以配备多种高级接口。

由于关系模型有严格的数学基础,许多专家及学者在此基础上发展了关系数据库理论。关系数据库的数学模型和设计理论将在后面的章节中详细描述。

目前,关系模型已是成熟且有前途的数据模型,深受用户欢迎。我们知道,数据库管理系统是用来管理和处理数据的系统,它包含多种应用程序和多种功能。关系数据库管理系统起源于 20 世纪 60 年代,在 20 世纪 70 年代得到了充分的发展和应用。20 世纪 80 年代末,通常使用的数据库管理系统几乎都是关系数据库管理系统(RDBMS)。

5.3 关系运算基础

关系数据库是广泛应用的一种数据库,在个人微机、局域网和广域网上使用得更为普遍。运用关系数据库对大量数据进行组织与管理,需要使用必要和科学的方法设计合理的数据结构,才能使用相应的数据库管理系统软件,建立运行可靠的数据库系统,才能对数据进行有效的存储与运用。数据库设计需要掌握一定的理论基础。关系数据库的数据组织、管理与检索等都使用数学理论的方法处理数据库中的数据。

5.3.1 关系数据定义

1. 笛卡儿积

设 $D_1,D_2,\cdots,D_n$ 为 n 个集合,称 $D_1\times D_2\times\cdots\times D_n=\{(d_1,d_2,\cdots,d_n)\in D_i,(i=1,2,\cdots,n)\}$ 为集合 $D_1,D_2,\cdots,D_n$ 的笛卡儿积(Cartesian Product)。其中,$D_i(i=1,2,\cdots,n)$ 可能有相同的,称它们为域,域是值的集合。诸域的笛卡儿积也是一个集合;一个元素 $(d_1,d_2,\cdots,d_n)$ 称为一个元组,n 表示参与笛卡儿积的域的个数,称为度;同时它也表示了每个元组中分量的个数。于是按 n 的值称呼元组。如 $n=1$ 时,称为 1 元组;$n=2$ 时,称为 2 元组;$n=p$ 时,称为 p 元组。元组中的每个值 d_i 称为一个分量。

若 $D_i(i=1,2,\cdots,n)$ 是一组有限集,且其基数分别为 $m_i(i=1,2,\cdots,n)$,则笛卡儿积也是有限集,其基数 m 为

$$m=\prod_{i=1}^{n}m_i \quad (i=1,2,\cdots,n)$$

笛卡儿积可表示为一个二维表。如果给出 3 个域:

$$D_1=\{王欣,刘伟平\}$$
$$D_2=\{张德君,李波\}$$
$$D_3=\{网络技术应用,数据库原理\}$$

则 D_1,D_2,D_3 的笛卡儿积为

$D_1\times D_2\times D_3=\{$(王欣,张德君,网络技术应用),(王欣,张德君,数据库原理),(王欣,李波,网络技术应用),(王欣,李波,数据库原理),(刘伟平,张德君,网络技术应用),(刘伟平,张德君,数据库原理),(刘伟平,李波,网络技术应用),(刘伟平,李波,数据库原理)$\}$

结果集有 8 个元组,可排成笛卡儿乘积空间,如表 5.3 所示。

表 5.3 教师、学生、课程的笛卡儿乘积空间

D_1	D_2	D_3	D_1	D_2	D_3
王 欣	张德君	网络技术应用	刘伟平	张德君	网络技术应用
王 欣	张德君	数据库原理	刘伟平	张德君	数据库原理
王 欣	李 波	网络技术应用	刘伟平	李 波	网络技术应用
王 欣	李 波	数据库原理	刘伟平	李 波	数据库原理

2. 关系算法

笛卡儿积 $D_1 \times D_2 \times \cdots \times D_n$ 的子集称为在域 $D_1, D_2, \cdots, D_n$ 上的关系。记作
$$R(D_1, D_2, \cdots, D_n)$$
其中 R 表示关系的名称，n 表示关系的度或目。

由于关系是笛卡儿积的子集，因此关系是一个二维表，表的每一行对应一个元组，表的每一列对应一个域。由于不同列可以源于相同的域，为了区分，通常将列称为属性，并给每列单独起一个名字，因此，n 目关系必有 n 个属性，将关系所具有的度数 n 称为 n 元关系。显然 n 元关系有 n 个属性。

可用笛卡儿积的子集构造关系。例如，笛卡儿积的子集 R_1 和 R_2：

$R_1 = \{$（王欣,张德君,网络技术应用）,（刘伟平,李波,数据库原理）$\}$

$R_2 = \{$（王欣,张德君,网络技术应用）,（王欣,李波,数据库原理）,

（刘伟平,张德君,网络技术应用）,（刘伟平,李波,数据库原理）$\}$

形成两个名为 R_1 和 R_2 的二维表关系，如表 5.4 和表 5.5 所示。

表 5.4　子集 R_1 构成的关系

教　师	学　生	课　程
王　欣 刘伟平	张德君 李　波	网络技术应用 数据库原理

表 5.5　新关系 R_2

教　师	学　生	课　程	教　师	学　生	课　程
王　欣 王　欣	张德君 李　波	网络技术应用 数据库原理	刘伟平 刘伟平	张德君 李　波	网络技术应用 数据库原理

关系是元组的集合，是笛卡儿积的子集。一般来说，一个关系只取笛卡儿积的子集才有意义。笛卡儿积 $D_1 \times D_2 \times D_3$ 有 8 个元组，如果只允许一个教师教一门课程，显然其中的 4 个元组是没有意义的，只有关系 R_1 与 R_2 才有意义。在数据库中，对关系的要求还需要更加规范。

3. 数据库关系的性质

数据库关系的性质如下。

* 列的性质相同，即每一列中是同一类型的数据来自同一个域；
* 不同的列可来自相同的域，每一列中有不同的属性名；
* 列的次序可以任意交换；
* 关系中的任意两个元组不能相同；
* 行的次序如同列的次序，可以任意交换；
* 每个分量必须是不可分的数据项。

5.3.2 关系模型

关系模型是建立在集合代数的数学理论基础上的,与层次模型、网状模型相比,是一种最重要的数据模型。该数据模型包括 3 个部分:数据结构、关系操作和关系完备性操作。

1. 数据结构

在关系模型中,由于实体与实体之间的联系均可用关系表示,因此数据结构单一。关系的描述称为关系模式,它包括关系名、组成该关系的属性名及属性与域之间的映像。关系模式定义了把数据装入数据库的逻辑格式。在某个时刻,对应某个关系模式的内容元组的集合称为关系。关系模式是稳定的,而关系是随时间变化的。

2. 关系操作

关系操作的方式是集合操作,即操作的对象与结果都是集合。关系操作是高度非过程化的,用户只需要给出具体的查询要求,不必请求 DBA 为其建立存取路径。存取路径的选择由 DBMS 完成,并按优化的方式选取存取路径。

3. 关系完备性操作

关系完备性操作通常由数据库管理系统定义或用户根据需要进行定义。

关系运算分为关系代数和关系演算两类运算方法。

关系代数是把关系当作集合,进行各种集合运算和专门的关系演算,常用的有并、交、差、除法、选择、投影和连接运算。使用选择、投影和连接运算可以把二维表进行任意的分割和组装,随机地构造出各种用户所需要的表格,即关系。同时,关系模型采取了规范化数据结构,所以关系模型的数据操纵语言的表达功能更强,使用更方便。

关系演算用谓词表示查询的要求和条件。关系演算又可以分为元组关系演算和域关系演算两类。若谓词变元的基本对象是元组变量,则称为元组关系演算;若谓词变元的基本对象是域变量,则称为域关系演算。

关系代数、元组关系演算和域关系演算这 3 种关系运算形式构成了关系运算的实际应用功能。

5.4　二元实体关系转换

每种实体类型可由一个关系模式表示。在关系模式中,实体类型的属性称为关系的属性,实体类型的主键作为关系的主键。例如实体类型"学生"由下面的关系模式表示即为一个关系。

学生 (学号, 姓名, 班级, 院, 系, …)

二元关系的转换技术取决于联系的功能度以及参与该实体类型的成员类,成员类指实体类型中的实体。成员类与实体类型之间的联系的关系影响二元关系的转换方式。

如果一种联系表示实体类型的各种实例必须具有这种联系,则说明该实体类型的成员类在这种联系下是强制性的,否则该成员类是非强制性的。例如实体"经理"和实体"职工"之间的联系是 $1:N$,这种联系用"管理"表示,即一个经理管理许多职工,如图 5.11 所示。

图 5.11　N 的二元关系

如果规定每个职工必须有一个管理者,则"职工"中的成员类(实体类型职工中的实体)在联系"管理"中是强制性的;如果允许存在不用管理者管理的职工,则职工中的成员类在联系"管理"中是非强制性的。

如果一个实体是某联系的强制性成员,则在把二元关系转换为关系模式的实现方案中要增加一条完整性限制。

5.4.1　强制性成员类

如果实体类型 E_2 在实体类型 E_1 的 $N:1$ 联系中是强制性成员,则 E_2 的关系模式中要包含 E_1 的主属性。

例如,规定每一项工程必须由一个部门管理,则实体类型 PROJECT 是联系 RUNS 的强制性成员,因此在 PROJECT 的关系模式中包含部门 DEPARTMENT 的主属性,即

```
PROJECT (P#, DNAME, TITLE, START-DATE, END-DATE, …)
```

其中,$P^\#$ 是项目编号,TITLE 是项目名称,START-DATE 和 END-DATE 分别是项目的开始日期和结束日期。DNAME 是部门的名称,它既是关系 DEPARTMENT 的主属性,又是关系 PROJECT 的外来键,表示每个项目与一个部门相关。

5.4.2　非强制性成员类

如果实体类型 E_2 在与实体类型 E_1 的 $N:1$ 联系中是一个非强制性成员,则通常由一个分离的关系模式表示这种联系及其属性,分离的关系模式包含 E_1 和 E_2 的主属性。

例如,在一个图书管理数据库中有一实体类型借书者(BORROWER)和借书(BOOK)之间的联系,如图 5.12 所示。

图 5.12　具有非强制性成员的 $1:N$ 关系

在任何确定的时间中,一本书可能被借出,也可能没有被借出,这种情况可以转换为如下关系模式:

```
BORROWER (B#, NAME, ADDRESS, …)
BOOK (ISBN, B#, TITLE, …)
```

关系 BOOK 中仅包含外来键 $B^\#$，以便知道当前谁借了这本书。但是图书馆的书很多，可能有许多书没有借出，则 $B^\#$ 的值为空值。如果采用的数据库管理系统不能处理空值，则在数据库的管理中会出现问题。

对于这个例子，引入一个分离的关系 ON-LOAD(借出的书)可避免空值的出现。

```
BORROWER (B#, NAME, ADDRESS, …)
BOOK(CATALOG#, TITLE, …)
ON-LOAD (CATALOG#, B#, DATE1, DATE2)
```

其中，$CATALOG^\#$ 是书的目录号，DATE1 是借出时间，DATE2 是归还时间。

仅有借出的书才会出现在关系 ON-LOAD 中，为避免空值的出现，把属性 DATE1 和 DATE2 加到关系 ON-LOAD 中。

5.4.3　多对多的二元关系

$N:M$ 的二元关系通常引入一个分离关系表示两个实体类型之间的联系，该关系由两个实体类型的主属性及其联系的属性组成。

例如，学生与课程之间的联系为 $N:M$，即一个学生可以学习多门课程，一门课程可以由多个学生学习，其概念模型如图 5.13 所示，可由如下的关系模式描述。

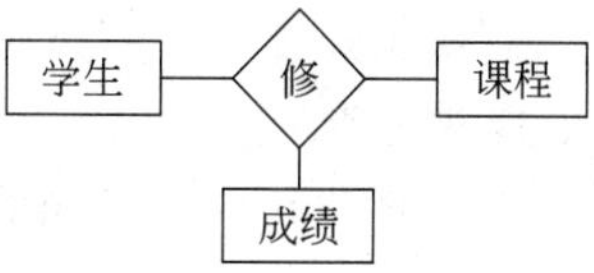

```
S(学号, 姓名, 班级, 系, 年龄, …)
C(课程号, 课程名, 学分, 教师, …)
SC(学号, 课程号, 成绩)
```

图 5.13　学生与课程之间的
$N:M$ 关系

其中，S 表示学生实体类型，C 表示课程实体类型，SC 表示 S 与 C 之间的 $N:M$ 联系及联系的属性。

5.5　关系运算

一个 n 元关系是多个元组的集合，n 是关系模式中属性的个数，称为关系的目数。集合的运算，如并、交、差、笛卡儿积等运算，均可用到关系的运算中，因为可把关系看成一个集合。关系代数的另一种运算，如选择(对关系进行水平分解)、投影(对关系进行垂直分解)、连接(关系的结合)等是专门为关系数据库环境设计的，称为关系的专门运算。关系代数的运算可分为两类：一类是传统的集合运算，另一类是专门的关系运算。

设有 3 个关系实例 R、S 和 T，如表 5.6 所示。

表5.6 关系 R、S 和 T

（a）关系 R

A	B	C
a	1	b
b	1	b
a	1	d
b	2	f

（b）关系 S

A	B	C
a	1	a
b	3	f

（c）关系 T

A	B	C
1	a	1
3	b	1
3	c	2
1	d	4
2	a	3

5.5.1 传统集合运算

传统的集合运算有并运算、差运算、交运算和笛卡儿积运算。

1. 并运算（Union）

关系 R 和 S 的"并"是由属于 R 或 S 或同时属于 R 和 S 的元组组成的集合,记为 $R \cup S$,得到的结果如表5.7所示。

关系 R 和 S 应有相同的目,即有相同的属性个数,并且类型相同。

2. 差运算（Difference）

关系 R 和 S 的"差"是由属于 R 而不属于 S 的所有元组组成的集合,记为 $R-S$,其结果如表5.8所示。

关系 R 和 S 应有相同的目,并且类型相同。

3. 交运算（Intersection）

关系 R 和 S 的"交"是由同时属于 R 和 S 的元组组成的集合,记为 $R \cap S$,得到的结果如表5.9所示。

表5.7 并运算 $R \cup S$

A	B	C
a	1	a
b	1	b
a	1	d
b	2	f
a	3	f

表5.8 差运算 $R-S$

A	B	C
b	1	b
a	1	d
b	2	f

表5.9 交运算 $R \cap S$

A	B	C
a	1	a

4. 笛卡儿积（Cartesian Product）

设 R 为 n 目关系,S 为 m 目关系,则 R 和 S 的笛卡儿积为 $n+m$ 目关系,记为 $R \times S$。其中,前 n 个属性为 R 的属性集,后 m 个属性是 S 的属性集,结果关系中的元组为每个

R 中元组与所有的 S 中元组的组合。关系 R 和 S 的笛卡儿积 $R \times S$ 的结果如表 5.10 所示。

表 5.10　笛卡儿积 $R \times S$

$R.A$	$R.B$	$R.C$	$S.A$	$S.B$	$S.C$	$R.A$	$R.B$	$R.C$	$S.A$	$S.B$	$S.C$
a	1	a	a	1	a	a	1	a	a	3	f
b	1	b	a	1	a	b	1	b	a	3	f
a	1	d	a	1	a	a	1	d	a	3	f
b	2	f	a	1	a	b	2	f	a	3	f

5.5.2　专门的关系运算

专门的关系运算有选择运算、投影运算和连接运算。

1. 选择运算

选择运算(Selection,SL)是根据给定的条件对关系进行水平分解,选择符合条件的元组。选择条件用 F 表示,也可称 F 为原子公式。在关系 R 中挑选满足条件 F 的所有元组,组成一个新的关系,这个关系是关系 R 的一个子集,记为

$$\sigma_F(R) \quad 或 \quad SL_F(R)$$

其中,σ 表示选择运算符,R 是关系名,F 是选择条件。若取关系 R,F 为 $A=a$,做选择运算,$\sigma_{A=a}(R)$ 的结果如表 5.11 所示。

说明:

- F 是一个公式,取的值为"真"或者为"假";
- F 由逻辑运算符 $\wedge$(与,and)、$\vee$(或,or)和 $\neg$(非,not)连接各种算术表达式组成。

算术表达式的基本形式为 $x\theta y$,$\theta = \{>,> =,<,< =,=,\neq\}$,$x$、$y$ 是属性名或常量,也可以是简单函数,属性名也可以用其序号代替。

例如,在关系 T 中,选择 B 属性的值大于 1 并且 D 属性的值小于 4 的元组。

$\sigma_{B>'1' \text{AND} D<'4'}(T)$ 结果如表 5.12 所示。

表 5.11　选择运算 $SL_{A=a}(R)$

A	B	C
a	1	a
a	1	d

表 5.12　差运算 $SL_{B>'1' \text{AND} D<'4'}(R)$

B	C	D
3	b	1
3	c	2
2	a	3

选择运算也可表示成如下形式:

$$\sigma_{1>'1' \text{AND} 3<'4'}(T)$$

表示选择关系 T 中第一个分量大于 1 并且第三个分量小于 4 的元组组成的关系。注意:常量要用引号括起来,属性序号或属性名称不用引号括起来表示。

关系 R 对于选择公式 F 的选择运算用 $\sigma_F(R)$ 表示,即 $\sigma_F(R) = \{t \mid t \in R \wedge F(t) = \text{'true'}\}$。

t 是 R 中满足选择条件的元组，$\sigma_F(R)$ 结果关系是由元组 t 构成的关系。

2. 投影运算

设 R 是一个 n 目关系，$A_{i1}, A_{i2}, \cdots, A_{im}$ 是 R 的第 $i_1, i_2, \cdots, i_m (m \leqslant n)$ 个属性，则关系 R 在 $A_{i1}, A_{i2}, \cdots, A_{im}$ 上的投影（Projection，PJ）定义为

$$\Pi_{i1,i2,\cdots,im}(R) = \{t \mid t = (t_{i1}, t_{i2}, \cdots, t_{im}) \wedge (t_{i1}, t_{i2}, \cdots, t_{im}) \in R\}$$

其中，Π 为投影运算符，其含义是从 R 中按照 $i_1, i_2, \cdots, i_n$ 的顺序取这 m 列，构成以 $i_1, i_2, \cdots, i_n$ 为顺序的 m 目关系。

在有些资料中，用 $PJ_{Attr}(R)$ 表示关系 R 在 $A_{i1}, A_{i2}, \cdots, A_{im}$ 上的投影。

属性也可用其序号表示。

例如，对表 5.6 中的关系 R 作投影运算，可表示为 $\Pi_{A,B}(R)$ 或 $\Pi_{1,2}(R)$ 或 $PJ_{A,B}(R)$。

投影运算是对关系进行垂直分解，消去关系中的某些列，并重新排列次序，删除重复的元组，构成新的关系。

3. 连接运算

连接（Join，JN）是从关系 R 与 S 的笛卡儿积中选取 R 的第 i 个属性值和 S 的第 j 个属性值之间满足一定条件表达式的元组，这些元组构成的关系是 $R \times S$ 的一个子集。

设关系 R 和 S 是 K_1 目和 K_2 目关系，θ 是算术比较运算符，R 与 S 连接的结果是一个 $(K_1 + K_2)$ 目的关系。可用选择和笛卡儿积表示连接运算，即

$$R \underset{A\theta B}{\bowtie} S = \sigma_{R.A\theta S.B}(R \times S)$$

其中，A, B 分别为 R, S 上可比的属性，A, B 应定义在同一个域上。

θ 是算术比较符，可以是 $>$、$>=$、$<$、$<=$、$=$、$\neq$ 等符号，相应地可以称为大于连接、大于或等于连接、小于连接等，即把连接称为 θ 连接。最常用的连接是等值连接，其余统称为不等值连接。

也可以把连接表示为 $(R)JN_F(S)$ 或 $SL_F(R \times S)$，F 为一个条件表达式。例如，把表 5.6 中的关系 R 与 T 作 θ 连接：

$$R \underset{R.C=T.C}{\bowtie} T \quad \text{或} \quad (R)JN_{R.C=T.C}(T)$$

得到的结果关系如表 5.13 所示。

又例如，$(R)JN_{R.B>T.D}(T)$ 连接表达式的结果关系如表 5.14 所示。

表 5.13　连接 $(R)JN_{R.C=T.C}(T)$

$R.A$	$R.B$	$R.C$	$T.B$	$T.C$	$T.D$
a	1	a	1	a	1
a	1	a	2	a	3
b	1	b	3	b	1
a	1	d	1	d	4

表 5.14　连接 $(R)JN_{R.B>T.D}(T)$

$R.A$	$R.B$	$R.C$	$T.B$	$T.C$	$T.D$
b	2	f	1	a	1
b	2	f	3	b	1

5.6　关系数据库设计理论

数据库设计的核心是数据模型。在实际数据库的设计初期,用户面对大量复杂的原始数据资料,如何进行数据分析,设计并建立合理的数据模型等,是本节要解决的问题。

5.6.1　数据库设计理论的应用

在现实世界中,事物往往是相互联系的,例如一个部门的编号确定了该部门的名称、地址及该部门的工作人员等,这些相关性称为数据依赖,它是通过一个关系中属性间值的相等与否体现出来的数据间的相互关系,是数据的内在性质,是数据定义语义的体现。数据依赖的类型有很多,其中最重要的是函数依赖(Functional Dependency,FD)和多值依赖(Multivalued Dependency,MVD)。

解决数据依赖问题是数据库模式设计的关键,是设计和构建数据库的基础。例如,供货商有姓名、地址、提供的各种商品,并且每种商品都有价格。数据库设计用如下关系模型记录描述:

```
SUPPLES(SUP#, SNAME, SADDRESS, ITEM, PRICE)
```

其中,SUP# 为供货商的编号,SNAME、SADDRESS、ITEM 和 PRICE 分别为供货商的姓名、地址、提供的商品及商品的价格。这个关系数据模式存在如下问题。

1) 数据存储形成冗余

供货商的地址对于所提供的每件商品都要重复一次。

2) 数据易产生不一致性

由于数据冗余大,易产生数据的不一致性。如果一个供货商提供多种商品,地址就重复多次。如果供货商的地址有变动,就要修改表中每一元组的地址。如果忘记或漏改一项,就会导致数据的不一致性,使一个供货商有两个不同的地址。

3) 数据插入易产生异常

关系模型的键是(SUP#,ITEM),如果供货商还没有提供商品,则不能将供货商的有关信息,如编号、姓名和地址等放入数据库,因为数据的相关性是 SUP# →SNAME,SUP# →SADDRESS,(SUP#,ITEM)→PRICE,即 SUP# 函数决定了 SNAME 和 SADDRESS,(SUP#,ITEM)函数决定了 PRICE。这种数据相关性就是前面提到的数据依赖。

在生活中,数据依赖是普遍存在的。例如,一个学生的学号确定了该学生的姓名、班级和所在的系等信息。就像自变量 x 确定之后,相应的函数值 $y=f(x)$ 也唯一地确定了一样,学生的学号确定了学生的姓名及学生所在的系。用 $S^{\#}$ 表示学号,SN 表示学生的姓名,SD 表示学生所在的系,$S^{\#}$ 函数确定了 SN 和 SD,或者说 SN、SD 函数依赖于 $S^{\#}$,记为 $S^{\#} \rightarrow SN, S^{\#} \rightarrow SD$。

如果删除一个供货商提供的全部商品,供货商的信息也就丢失了。

为避免出现以上的问题,用两个关系模式描述供货商提供商品的管理,即用下面的模式代替 SUPPLES。

SA(SUP#, SNAME, SADDRESS)SUP#→SNAME, SUP#→SADDRESS

SIP(SUP, ITEM, PRICE)(SUP#, ITEM)→PRICE

这两个关系模式不会产生插入、删除异常,数据的冗余和不一致性也得到了控制。但是如果要查询提供某一特定商品的供货商姓名与地址,必须进行连接运算,付出的代价非常大。相比之下,在用单个关系 SUPPLES 的情况下,只需直接进行选择和投影就可以了。

5.6.2　数据关系的函数依赖

下面介绍如何改造一个不好的关系模式,而获取性能较好的关系模式集合,同时这个关系模式集合又与原有模式等价。

1. 关系函数的类型

关系函数能用来模拟"真实世界"。例如,一个关系函数的每个元组能用来表示一个实体和它的属性,或者表示实体之间的一个联系。实体的属性之间存在 3 种联系,相应关系函数的类型也有 3 种,用来描述关系数据及相互之间的关联。

1) 一对一的关系(1∶1)

一个人只有一个出生日期,如果一个人的姓名唯一,其出生日期也唯一,则姓名与出生日期这两个属性间的关系是一对一的关系。又如,分类与书名也是一对一的关系。

2) 一对多的关系(1∶M)

如果一个人有多个住处,则这个人的身份证号码与其地址是一对多的关系。在一个实体集类型中,如果它的一个实体类型集 A 中的一个值至多与另一个实体类型集 B 中的一个值有关,而 B 中的一个值却与 A 中的多个值有关,则称 A、B 两属性之间的关系为一对多的关系。

3) 多对多的关系(N∶M)

一个医生可以给多个病人看病,一个病人的病可以由多位医生诊断,医生的姓名与病人的姓名之间是多对多的关系;学生的学号与课程编号之间的关系也是多对多的关系。在一个实体类型中,如果它的两个属性值集合中的任一值都与另一个属性值集合中的多个值有关,则称这两个属性之间是多对多的关系。

实体类型的属性之间相互依赖又相互限制的关系称为数据依赖。函数依赖和多值依赖是两种极为重要的数据依赖。

2. 函数依赖

函数依赖是现实世界中属性间关系的客观存在和数据库设计结合的产物。

定义 1 设有关系模式 $R(U)$，x 和 y 均为属性集 U 的子集，R 的任一具体关系为 r，s 和 v 是 r 中的任意两个元组。如果只要有 $s[x]=v[x]$，就有 $s[y]=v[y]$，则 x 函数决定了 y，或 y 函数依赖于 x，记为 $x \rightarrow y$。

关系模式是指关系的型，是对关系的一种描述，通常包含关系名或框架名、属性名表和值域表。设关系名为 R，属性名表为 A_1，A_2，$\cdots$，A_n，则关系模式为 $R(A_1, A_2, \cdots, A_n)$，记为 $R(U)$，$U=\{A_1, A_2, \cdots, A_n\}$，$U$ 是 R 的全部属性组成的集合。

当把给定的元组放入关系模式后，所得的关系为具体关系，有的文献中称为当前关系，这就是所谓关系的值。例如，一个学生的关系模式 $S(S^\#, NAME, AGE, SEX)$ 的初始值是数据库建立时装入的学生关系，以后可能插入新的学生或者删除某些原来的学生，从而得到不同于初始值的具体关系。关系的值可能随时间而变化，要用动态的观点看待。函数依赖实际上是对现实世界中事物的性质之间相关性的一种断言。例如 $S^\# \rightarrow$ SNAME，$S^\# \rightarrow AGE$，$S^\# \rightarrow SEX$，即 $S^\#$ 是关系 S 的键，当两个元组的键相等时，这两个元组必须相等，它们的所有属性值也必须相等。

数据库设计者在定义数据库模式时，指明属性间的函数依赖，使数据库管理系统根据设计者的意图维护数据库的完整性。例如，如果规定了"姓名"函数决定了"电话号码"，即 NAME $\rightarrow$ PHONE，就必须在 DBMS 中设立一种强制机制，禁止含有姓名相同而电话号码不同的元组进入数据库。解决这一问题的方法之一是让同名者改用别名，或者在姓名后附加额外的信息作为属性"姓名"的一部分，从而排除了在数据库中一个人可以有两个电话号码的可能性。

函数依赖不是指关系模式 R 的某个或某些元组满足的约束条件，而是指 R 的一切元组均满足的约束条件。

3. 函数依赖的逻辑蕴涵

在讨论函数依赖时，有时需要研究由已知的一组函数依赖判断另外一些函数依赖是否成立或者能否从前者推导出后者的问题。例如 R 是一个关系模式，A、B、C 为其属性，如果在 R 中的函数依赖 $A \rightarrow B$，$B \rightarrow C$ 成立，函数依赖 $A \rightarrow C$ 是否就一定成立呢？这就是函数依赖的蕴涵所要研究的内容。

定义 2 设 F 是关系模式 R 上的一个函数依赖集合，X、Y 是 R 的属性子集，如果从 F 的函数依赖推导出 $X \rightarrow Y$，则称 F 逻辑地蕴涵 $X \rightarrow Y$，或称 $X \rightarrow Y$ 可以从 F 中导出，或 $X \rightarrow Y$ 逻辑蕴涵于 F。

定义 3 被 F 逻辑蕴涵的函数依赖的集合称为 F 的闭包（Closure），记为 F^+。一般情况下，F^+ 包含或等于 F。如果两者相等，则称 F 是函数依赖的完备集。

5.6.3 数据关系的关键字

在此把关键字简称为键的概念，与函数依赖联系起来，可以用函数依赖给关键字作以下定义。

定义 4 设 $R(A_1, A_2, \cdots, A_n)$ 为一个关系模式，F 是它的函数依赖集，X 是 $\{A_1$，

$A_2, \cdots, A_n\}$ 的一个子集。如果 $X \rightarrow \{A_1, A_2, \cdots, A_n\} \in F^+$，并且不存在 Y 包含于 X，使得 $Y \rightarrow$ $\{A_1, A_2, \cdots, A_n\} \in F^+$，则称 X 为 R 的一个候选键。

通俗地讲，就是在同一组属性子集上，若不存在第二个函数依赖，则该组属性集为候选键。对任何一个关系来说，可能不只存在一个候选键，通常选择其中一个作为主键。键是唯一地确定一个实体的最少属性的集合。包含在任何一个候选键中的属性称为主属性，不包含在候选键中的属性称为非主属性或者非键属性。

例如在关系模式 $S(S^\#, \text{ANAME}, \text{AGE}, \text{SEX})$ 中，$S^\#$ 是键；在关系模式 $SC(S^\#, C^\#, G)$ 中，$(S^\#, C^\#)$ 是键。设有关系模式 $R(P, W, A)$，P 表示演奏者，可以演奏多种作品；W 表示作品，可被多个演奏者演奏；A 表示听众，可以欣赏不同演奏者的不同作品。这个关系模式的键是 (P, W, A)，即 ALL-KEY。

定义 5　设 X 是关系模式 R 中的属性或者属性组，X 并非 R 的键，而是另一个关系模式的键，则称 X 是 R 的外部键（Foreign Key）。

例如，在关系模式 $PJL(P^\#, J^\#, T)$ 中，$P^\#$ 不是键，$P^\#$ 是关系模式 $P(P^\#, \text{NAME}, \text{UNIT})$ 的键，则 $P^\#$ 对关系模式 PJL 来说是外部键。

键与外部键提供了表示关系之间联系的手段。例如关系模式 $PJL(P^\#, J^\#, T)$ 与关系模式 $P(P^\#, \text{NAME}, \text{UNIT})$ 通过属性 $P^\#$ 进行联系。

函数依赖有以下几种情况。

- 关系模型中数据项 Y 函数依赖于 X，但 X 不包含也不等于 Y，则称 $X \rightarrow Y$ 是非平凡的函数依赖，若不特别说明，则通常讨论的是非平凡的函数依赖；
- 若关系模型中数据项 Y 函数依赖于 X，则 X 为决定性因素；
- 关系模型中数据项 Y 函数依赖于 X，X 函数依赖于 Y，即 $X \rightarrow Y$，$Y \rightarrow X$，记作 $X \leftrightarrow Y$；
- 如果关系模型中数据项 Y 不函数依赖于 X，则记为 $X \nrightarrow Y$。

定义 6　在关系模式 $R(U)$ 中，如果 $X \rightarrow Y$，并且对 X 中任一真子集 X 都有 $X \nrightarrow Y$，则称 Y 对 X 完全依赖，记为 $X \xrightarrow{F} Y$。$X \rightarrow Y$，但 Y 不完全函数依赖于 X，则称 Y 对 X 部分函数依赖，记为 $X \xrightarrow{P} Y$。

例如，在关系模型 $P(P^\#, \text{NAME}, \text{UNIT})$ 中，$P^\# \rightarrow \text{NAME}$，$P^\# \rightarrow \text{UINT}$，$P^\#$ 是决定性因素；在关系模式 $PJL(P^\#, J^\#, T)$ 中，$(P^\#, J^\#) \rightarrow T$，$(P^\#, J^\#)$ 是决定性因素。

如果 $P(P^\#, \text{NAME}, \text{UNIT})$ 中无重名职工，则 $P^\# \leftrightarrow \text{NAME}$。

定义 7　在关系模式 $R(U)$ 中，如果 $X \rightarrow Y$，$Y \rightarrow Z$，并且 X 不包含 Y，$Y \rightarrow X$，则称 Z 对 X 传递函数依赖。

5.7　关系模式的规范化

在关系数据库设计中，一个非常重要的问题是如何设计和构造一个合理的关系模式，使它能够准确地反映现实应用，且适合以最小的数据冗余实现最大的数据共享，这就是关系模式的规范化问题。

关系模式的规范化问题是 E. F. Codd 提出的,他还提出了范式(Normal Form,NF)的概念。1971—1972 年,E. F. Codd 提出了 1NF、2NF、3NF 的概念,1974 年 Codd 和 Boyce 共同提出了 BCNF,1976 年 Fagin 提出了 4NF,后来又有人提出了 5NF。各个范式之间的关系如图 5.14 所示。

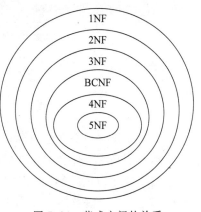

图 5.14　范式之间的关系

规范化的关系模式可以避免冗余、更新等异常问题,而且让用户的使用更方便、灵活。关系数据库模式的设计者要尽量使关系模式规范化,但也要根据具体情况全面考虑。把一个低一级范式的关系模式通过模式分解转换为一组高一级范式的关系模式的过程称为规范化。

5.7.1　关系规范第一范式

定义 8　如果一个关系模式 R 的每一个属性的域都只包含单一的值,则称 R 满足第一范式(1NF)。例如表 5.15 所示的 P 不是 1NF 的关系,因为属性值域 J 不包含单一的值。

表 5.15　非规范化的关系 P

$P^\#$	PD	QTY	J			
			$J^\#$	JD	$JM^\#$	QC
203	CAM	30	12	SORTER	007	5
			73	COLLATOR	086	7
206	COG	155	12	SORTER	007	33
			29	PUNCH	086	25
			36	READER	111	16

其中,P 表示零件,是关系名;J 表示计划课题;$P^\#$ 表示零件的编号,是键;$J^\#$ 表示课题代号;PD 表示零件名称;JD 表示课题内容;QTY 表示现有的数量;$JM^\#$ 表示课题负责人的代号;QC 表示已提供的数量。

在关系 P 中,与 $P^\#$、PD 和 QTY 并列的 J 的值实际上是一个关系,因此关系 P 是一个非规范化的关系。

把关系 P 分解成两个关系 P_1 和 PJ_1,就成为满足第一范式的关系,如图 5.15 所示。相应的键为 $P^\#$ 和 $(P^\#, J^\#)$,其中带下画线的属性为键。

在关系 PJ_1 中,属性 QC 函数依赖于主键 $(P^\#, J^\#)$,属性 JD 和 $JM^\#$ 仅依赖于键的一个分量 $J^\#$,这就会引起如下一些问题:

- 当有一些涉及一个新课题的数据要插入数据库中时,这个新课题组尚未使用任何零件,无法将这些数据插入,这是因为主键的分量 $P^\#$ 还没有相应的值。

$P^\#$	PD	QTY		$P^\#$	$J^\#$	JD	$JM^\#$	QC

P_1 表与 PJ$_1$ 表:

	P_1					PJ$_1$		
$P^\#$	PD	QTY		$P^\#$	$J^\#$	JD	$JM^\#$	QC
	203	CAM	30	203	12	SORTER	007	5
	206	COG	155	203	73	COLLATOR	086	7
				206	12	SORTER	007	33
				206	29	PUNCH	086	25
				206	36	READER	111	16

图 5.15　第一范式下的关系 P_1 和 PJ$_1$

- 如果要修改一个课题中的一个属性,例如课题负责人的代号 $JM^\#$,则有不止一个地方要修改。像 $J^\#$ 为 12 的课题组使用 203 和 206 两种零件,它的 $JM^\#$ 值出现在两个地方,修改 $JM^\#$ 时不能有所遗漏,否则会造成数据不一致性。
- 如果有一个课题组只使用一种零件,当这种零件从数据库中删除时,会导致连同这个课题组的信息也一起从数据库中删除。

为解决上述出现的异常问题,把关系 PJ$_1$ 向第二范式变换。

5.7.2　关系规范第二范式

定义 9　如果关系模式 R 满足第一范式,而且它的所有非主属性完全函数依赖于候选键,则 R 满足第二范式(2NF),如图 5.16 所示。

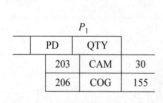

	P_1		PJ$_2$				J_2	
	PD	QTY	$P^\#$	$J^\#$	QC	$J^\#$	JD	$JM^\#$
203	CAM	30	203	12	5	12	SOTER	007
206	COG	155	203	73	7	73	COLLATOR	086
			206	12	33	29	PUNCH	086
			206	29	25	36	TEADER	111
			206	36	16			

图 5.16　第二范式下的关系

把关系 PJ$_1$ 分解成两个关系 PJ$_2$ 和 J_2,其中 $P^\# \to$ PD,$P^\# \to$ QTY,$(P^\#,\ J^\#) \to$ QC,$J^\# \to$ JD,$J^\# \to JM^\#$。即关系 P_1、PJ$_2$ 和 J_2 的非主属性完全依赖“键”,P_1、PJ$_2$ 和 J_2 都属于 2NF。

在一些关系模式中,属性间存在着传递函数依赖,分解为属于 2NF 的一组关系后仍然存在异常问题。例如有关系模式如下:

REPORT($S^\#$, $C^\#$, TITLE, LNAME, $ROOM^\#$, MARKS)

其中,$S^\#$ 是学号,$C^\#$ 是课程号,TITLE 为课程名,LNAME 是教师名,$ROOM^\#$ 为教室编号,MARKS 为分数。

设关系的一个元组 $<s,c,t,l,r,m>$ 表示学生 s 在标号为 c 的课程中得分为 m,课程名为 t,由教师 l 讲授,其教室编号为 r。如果每门课只由一位教师讲授,每位教师只有一

个教室(即只在一个教室中讲课),则关系模式 REPORT 的函数依赖如下:

```
C(S#, C#)→MARKS
C#→TITLE
C#→LNAME
LMANE→ROOM#
```

关系模式 REPORT 的键是$(S^{\#}, C^{\#})$,非主属性 TITLE、LNAME 和 ROOM$^{\#}$ 对键是部分函数依赖,并存在传递函数依赖 $C^{\#}$→LNAME 和 LMANE→ROOM$^{\#}$。REPORT 属于 1NF,不属于 2NF,存在插入、修改和删除异常。

把 REPORT 分解为如下两个关系模式:

```
REPORT1(S#, C#, MARKS)  (S#, C#)→MARKS
COURSE(C#, TITLE, LNAME, ROOM#)  C#→TITLE, C#→LNAME, LMANE→ROOM#
```

由于消除了非主属性对键的部分函数依赖,因此 REPORT1 和 COURSE 都属于 2NF,也消除了在 1NF 下的关系模式中,存在插入、删除和修改异常的问题,但在关系模式 COURSE($C^{\#}$,TITLE,LNAME,ROOM$^{\#}$)中仍然存在插入、删除和修改异常的问题:

- 还没有分配授课任务的新教师,他的姓名及教室编号都无法加到关系模式中;
- 如果要修改教室编号,则必须修改与教师授课相对应的各个元组中的教室编号,因为一位教师可能教多门课程;
- 如果教师授课中止,则教师的姓名及教室编号均需从数据库中删除。

存在这些问题的原因是关系模式 COURSE 中存在传递函数依赖,因此要把关系模式 COURSE 向第三范式转换,除去非主属性对键的传递函数依赖。

5.7.3 关系规范第三范式

定义 10 如果关系模式 R 满足 2NF,并且它的任何一个非主属性都不传递依赖于任何候选键,则 R 满足第三范式(3NF)。

换句话说,如果一个关系模式 R 不存在部分函数依赖和传递函数依赖,则 R 满足 3NF。上述的关系模式 COURSE($C^{\#}$,TITLE,LNAME,ROOM$^{\#}$)分解为 COURSE1 ($C^{\#}$,LNAME)和 LECTURE(LNAME,ROOM$^{\#}$),消除了传递函数依赖,COURSE1 $\in$ 3NF,LECTURE $\in$ 3NF,避免了在第二范式下出现的插入、修改和删除的异常问题。

关系模式 REPORT 分解为下列都属于 3NF 的一组最终关系模式(关系模式的集合):

```
REPORT1(S#, C#, MARKS)
COURSE1(C#, LNAME)
LECTURE(LNAME, ROOM#)
```

这些关系模式已经完全规范化。在分解的过程中没有丢失任何信息,把这三个关系进行连接就能重新构造初始的关系。这种无损分解可以对现实世界进行更加严格和精确的描述。

5.7.4　关系规范 BCNF 范式

BCNF(Boyce Codd Normal Form)是由 Boyce 和 Codd 提出的,也被认为是修正的第三范式。

当关系模式具有多个候选键,且这些候选键具有公共属性时,第三范式不能满意地处理这些关系,需把这些关系向 BCNF 范式转换。

定义 11　设一个关系模式 R 满足函数依赖集 F,X 和 A 为 R 中的属性集合,且 X 不包含 A。如果只要 R 满足 $X \rightarrow A$,X 就必须包含 R 的一个候选键,则 R 满足 BCNF 范式。

换句话说,关系模式 R 中,若每一个决定因素都包含键,则关系模式 R 属于 BCNF 范式。

例如,考虑这样一所院校,在该院校中每门课程有几位教师讲授,但每个教师只讲授一门课程,每个学生可以选修几门课程。可用如下关系模式描述该院校的情况:

ENROLS (S#, CNAME, TNAME)

其中,$S^\#$ 表示学生的编号,CNAME 表示课程名称,TMANE 表示教师的姓名。

存在的函数依赖:

(S#, CNAME)→TNAME、(S#, TNAME)→CNAME 和 TNAME→CNAME

ENROLS $\in$ 3NF,但 ENROLS $\notin$ BCNF,因为 TNAME 是决定因素,但不是键。

如果已经设置了课程,并且确定了由哪位教师讲授,但是还没有学生选修,则教师与课程的信息就不能加入数据库。如果一个学生毕业了或由于某种原因终止了学业,则在删除该学生时连同教师与课程的信息也删除了。存在这些操作异常的原因是存在属性(CNAME)对键($S^\#$,TNAME)的部分依赖。再用无损分解解决,把关系模式 ENROLS 分解为如下两个关系模式:

CLASS(S #, TNAME)
TEACH(TNAME, CNAME)

CLASS 和 TEACH 都 $\in$ BCNF,从而消除了操作中的异常问题。

如果一个关系模式 $\in$ BCNF,则该关系模式一定 $\in$ 3NF。

假设关系模式 $\in$ BCNF 而 $\notin$ 3NF,则必存在一个部分依赖和传递依赖。如 $X \rightarrow Y \rightarrow A$,$X$ 是候选键,Y 是属性集,A 是非主属性;$A \notin X$,$A \notin Y$,$Y \rightarrow X$ 不在 F^+ 中,即不可能包含 R 的键,但 $Y \rightarrow A$ 却成立,根据 BCNF 的定义,R 不属于 BCNF,与假设矛盾,于是属于 BCNF 的关系模式必属于 3NF。

考查关系模式 PJL($P^\#$,$J^\#$,T),键是($P^\#$,$J^\#$),是唯一的决定因素,所以 PJL $\in$ BCNF;PJL 只有一个键,没有任何属性对键部分依赖和传递依赖,故 PJL $\in$ 3NF。

对于关系模式 S($S^\#$,SNAME,SADD,SAGE),$S^\#$、SNAME、SADD 和 SAGE 分别表示学生的编号、学生的姓名、学生的地址和学生的年龄。设 SNAME 也有唯一性,即没有重名。关系模式 S 有两个键 $S^\#$ 和 SNAME。其他属性不存在对键的部分依赖与传递依赖,故 $S \in$ 3NF;而且 S 中除 $S^\#$ 和 SNAME 外,无其他决定因素,故 S 也是 BCNF 范式。

但是若关系模式 $R \in 3NF$,而 R 未必 $\in BCNF$。关系模式 ENROLS 已说明了这个问题。

再看下面的关系模式 $SS(S^{\#}, SNAME, C^{\#}, G)$,其中 $S^{\#}$、SNAME、$C^{\#}$ 和 G 分别表示学生的编号、学生的姓名、课程编号和成绩。若 SNAME 有唯一性,即无相同的名字,则 SS 有两个键 $(S^{\#}, C^{\#})$ 和 $(SNAME, C^{\#})$。非主属性 G 不传递依赖任何一个候选键,所以 SS 是 3NF 范式,但不是 BCNF 范式,因为 $S^{\#} \rightarrow SNAME$,$S^{\#}$ 不是 SS 的候选键。

把 SS 转换成 BCNF 范式:

```
SS1 (S#, SNAME)
SS2 (S#, C#, G)
```

SS1 和 SS2 都 $\in$ BCNF。

若一个关系数据库模式中的关系模式都属于 BCNF,则在函数依赖的范畴内已实现了彻底的分离,消除了插入、删除和修改的异常。3NF 的"不彻底"性表现在当关系模式具有多个候选键且这些候选键具有公共属性时,可能存在主属性对键的部分依赖和传递依赖。

5.7.5 关系规范的多值函数依赖

关系模式的属性之间的关系,除了函数依赖外,还有多值依赖。多值依赖在现实世界中也是广泛存在的,是很值得研究的。

定义 12 设有关系模式 R,X 和 Y 是它的属性子集。如果对于给定的 X 属性值,有一组(零个或多个)Y 属性值与之对应,而与其他属性($R - X - Y$,除 X 和 Y 以外的属性子集)无关,则称"X 多值决定 Y",或"Y 多值依赖于 X",并记为 $X \rightarrow\rightarrow Y$。

例 5.1 描述公司、产品和国家之间联系的关系模式,

```
SELLS(COMPANY, PRODUCT, COUNTRY)
```

其中的一个元组 (x, y, z) 表示公司 x 在 z 国家销售产品 y。关系模式 SELLS 的一个实例如表 5.16 所示。

表 5.16 关系 SELLS 实例

COMPANY	PRODUCT	COUNTRY
IBM	PC	France
IBM	PC	Italy
IBM	PC	UK
IBM	Mainframe	France
IBM	Mainframe	Italy
IBM	Mainframe	UK
DEC	PC	France
DEC	PC	Ireland
DEC	Mini	France
DEC	Mini	Spain
ICL	Mainframe	Italy
ICL	Mainframe	France

SELLS 的键是（COMPANY，PRODUCT，COUNTRY），即 ALL-KEY 显然 SELLS ∈BCNF，但是关系模式 SELLS 具有很大的冗余性。例如，IBM 公司增加了一种新产品，必须为 IBM 出口的每一个国家增加一个元组；同样，如果 DEC 公司向我国出口其所有的产品，必须为每个产品增加一个元组。在一个正确规范化的关系模式中，只需把信息数据加入一次，但由于在关系模式 SELLS 中存在两个多值依赖，因此导致了关系模式 SELLS 的冗余性。为了消除冗余，把 SELLS 无损分解为关系 MAKES 和关系 EXPORTS 两个实例：

MAKES(COMPANY, PRODUCT)
EXPORTS(COMPANY, COUNTRY)

其数据关系如表 5.17 和表 5.18 所示。

表 5.17　关系 MAKES 实例

COMPANY	PRODUCT	COMPANY	PRODUCT
IBM	PC	DEC	Mini
IBM	Mainframe	ICL	Mainframe
DEC	PC		

表 5.18　关系 EXPORTS 实例

COMPANY	COUNTRY	COMPANY	COUNTRY
IBM	France	DEC	Spain
IBM	Italy	DEC	Ireland
IBM	UK	ICL	Italy
DEC	France	ICL	France

这样，关系 SELLS 实例中所包含的信息数据用关系 MAKES 和关系 EXPORTS 实例表示，消除了关系 SELLS 实例中的多值依赖，从而使数据模型设计更加合理。因此有：

设 $R(U)$ 是属性集 U 上的一个关系模式，X、Y 和 Z 是 U 的子集，并且 $Z=U-X-Y$，多值依赖成立，当且仅当对 $R(U)$ 的任一关系 r，给定一对 (X,Z) 值，就有一组 Y 的值与之相对应，这组值仅决定于 X 值而与 Z 值无关。

例如在 SELLS 关系模式中，对于 (IBM，UK)，有一组 PRODUCT 值 {pc，Mainframe} 相对应，这组值仅决定于 COMPANY 上的值，与 COUNTRY 上的值无关。于是 PRODUCT 多值依赖于 COMPANY，即 COMPANY→→PRODUCT。

关于多值依赖的另一个等价的形式化的定义是：

$R(U)$ 是属性集 U 上的一个关系模式，X、Y 和 Z 是 U 的子集，并且 $Z=U-X-Y$。对于 $R(U)$ 的任一关系 r，t 和 s 是 r 中的两个元组，有 $t[X]=s[X]$，则 r 中也包含元组 u 和 v，有

$$u[X] = v[X] = t[X] = s[X]$$
$$u[Y] = t[Y] \quad 及 \quad u[Z] = s[Z]$$

$$v[Y] = s[Y] \quad 及 \quad v[Z] = t[Z]$$

则称 X 多值决定 Y,或 Y 多值依赖于 X。

这个定义的意思是,如果 r 有两个元组在属性 X 上的值相等,则交换这两个元组在属性 Y 上的值,得到的两个新元组必定也在 r 中,并假定 X 与 Y 无关。

例 5.2 设有关系模式 $R(C,T,H,R,S,G)$,其中,C、T、H、R、S 和 G 分别表示课程名、教师名、时间、教室、学生名和成绩。一门课程可能安排在不同的时间,也可能安排在不同的教室,一门课程有一位教师讲授。

关系模式 R 的一个实例如表 5.19 所示。

表 5.19 一个多值依赖关系的例子

C	T	H	R	S	G
CS_1	T_1	H_1	R_2	S_1	B^+
CS_1	T_1	H_2	R_3	S_1	B^+
CS_2	T_1	H_3	R_2	S_1	B^+
CS_1	T_1	H_1	R_2	S_2	C
CS_1	T_1	H_2	R_3	S_2	C
CS_1	T_1	H_3	R_2	S_2	C

对一门课程(即 C)可以有一组(时间,教室)(即 (H,R))与之对应,而与听课的学生及成绩(即 S 与 G)无关。也就是说,存在多值依赖 $C \twoheadrightarrow (H,R)$。设元组 t 和 s 的值分别为
$$t: <CS_1,T_1,H_1,R_2,S_1,B^+>$$
$$s: <CS_1,T_1,H_2,R_3,S_2,C>$$

把 t 中的 (H_1,R_2) 与 s 中的 (H_2,R_3) 进行交换,得到两个新元组 u 和 v,其值分别为
$$u: <CS_1,T_1,H_2,R_3,S_1,B^+>$$
$$v: <CS_1,T_1,H_1,R_2,S_2,C>$$

这里元组 u 和 v 的确也在 R 中,且 S 和 G 中的值不受影响。关系模式 R 中不仅存在多值依赖 $C \twoheadrightarrow (H,R)$,还存在多值依赖 $T \twoheadrightarrow (H,R)$。

函数依赖与多值依赖既有联系又有区别,它们都描述了关于数据之间的固有联系。在某个关系模式上,函数依赖和多值依赖是否成立由关系本身的语义属性确定。

函数依赖可以看作是多值依赖的特殊情况,因为 $X \to Y$ 描述了属性值 X 与 Y 之间的一对一的联系,而 $X \twoheadrightarrow Y$ 描述了属性值 X 与 Y 之间一对多的联系。如果在 $X \twoheadrightarrow Y$ 中规定对每个 X 值仅有一个 Y 值与之对应,则 $X \twoheadrightarrow Y$ 就变成 $X \to Y$ 了。

必须注意,多值依赖的定义与函数依赖的定义有重要的区别。在函数依赖的定义中,$X \to Y$ 在 $R(U)$ 上是否成立仅与 X、Y 值有关,不受其他属性值的影响;而多值依赖 $X \twoheadrightarrow Y$ 在 $R(U)$ 上是否成立不仅要考虑属性集 X、Y 上的值,而且还要考虑属性集 $U-X-Y$ 上的值。换言之,讨论任何一个 $X \twoheadrightarrow Y$ 都不能离开它的值域,值域变了,$X \twoheadrightarrow Y$ 的满足性也会随之改变。

例如,为了提高职工计算机知识的水平而举办计算机培训班。根据报名学员的情况分班,学习不同的课程。课程设置与分班的情况如下:

存在多值依赖＜班级＞→→＜学员＞，＜班级＞→→＜课程＞。如果扩展该关系模式，加入学员学习课程的成绩，即值域由(＜班级＞，＜学员＞，＜课程＞)变为(＜班级＞，＜学员＞，＜课程＞，＜成绩＞)，则多值依赖＜班级＞→→＜学员＞，＜班级＞→→＜课程＞不再成立，而函数依赖的满足性则不受值域扩展的影响。

多值依赖具有以下性质。

(1) 若 $X \to\to Y$，则 $X \to\to Z$，其中 $Z = U - X - Y$。例如关系模式 SELLS(COMPANY,PRODUCT,CONTRY)中，COMPANY→→PRODUCT，COMPANY→→COUNTRY。

(2) 若 $X \to Y$，则 $X \to\to Y$，可把函数依赖看作多值依赖的特殊情况。

(3) 若 $X \to\to Y$，而 $Z = \varnothing$(空集合)，则称 $X \to\to Y$ 是平凡的多值依赖。

5.7.6 关系规范第四范式

第四范式(4NF)是 BCNF 范式的推广，它适用于多值依赖的关系模式。

定义 13 设 R 是一关系模式，D 是 R 上的依赖集。如果对于任何一个多值依赖 $X \to Y$ (其中 Y 非空，也不是 X 的子集，X 和 Y 并未包含 R 的全部属性)，且 X 包含 R 的一个键，则称 R 为第四范式，记为 4NF。

当 D 中仅包含函数依赖时，4NF 就是 BCNF，于是 4NF 必定是 BCNF，但是一个 BCNF 不一定是 4NF。

如果一个关系模式∈BCNF，但没有达到 4NF，仍然存在操作中的异常问题。例如，考虑关系模式 WSC(W,S,C)，W、S 和 C 分别表示仓库、保管员和商品。若每个仓库有许多保管员，有许多种商品，每个保管员保管所在仓库的所有商品，每个仓库的每种商品由所有保管员保管。

按语义，对 W 的每个值W_i，有一组 S 值与之对应，而与 C 取何值无关，故有 $W \to\to S$；同理有 $W \to\to C$。但关系模式 WSC 的键是 ALL-KEY，即键为(W,S,C)。W 不是键，所以 WSC∉4NF，而是∈BCNF。

关系模式 WSC 中，数据的冗余度有时很大。例如某一仓库 W_i 有 n 个保管员，放 m 件商品，则关系中以 W_i 为分量的元组数目有 $m \times n$ 个。每个保管员重复存储 m 次，每种商品重复存储 n 次，解决的方法是分解 WSC，使其达到 4NF。

把关系模式 WSC 分解为 WS(W,S) 和 WC(W,C)，在 WS 中有 $W \to\to S$，WS∈4NF；同理 WC∈4NF，这就消去了在 WSC 中存在的数据冗余度。

规范化的过程是用一组等价的关系子模式使关系模式中的各关系模式达到某种程度的"分离"，让一个关系描述一个概念、一个实体或实体间的一种联系。规范化的实质就是概念的单一化。

关系模式规范化的过程是通过对关系模式进行分解实现的。把低一级的关系模式分解为多个高一级的关系模式，最大限度地消除某些(特别是在 1NF 和 2NF 下的关系模式中出现的)插入、删除和修改的异常问题，这些异常问题是由于错误的"实体-联系"建模引起的。对多数实际应用来说，分解到 3NF 就足够了。但是有时需要进一步分解到 BCNF 或 4NF。1NF、2NF、3NF 及 4NF 之间的逐步规范化设计过程如图 5.17 所示。

一个非规范化关系
↓ 消除非原子型分量
1NF 关系模式
↓ 消除非主属性对键的部分函数依赖
2NF 关系模式
↓ 消除非主属性对键的传递函数依赖
3NF 关系模式
↓ 消除非主属性对键的部分函数依赖和传递函数依赖
BCNF 关系模式
↓ 消除非平凡且非函数依赖的多值依赖
4NF 关系模式

图 5.17　将一个非规范化关系进行范式变换的过程

实际上还存在 5NF，5NF 的实际意义很小，有兴趣的读者可参阅有关文献资料。

规范化的关系消除了操作中出现的异常现象，但是数据库的建模人员在规范化时还需要了解应用领域中的常识，不能把规范化的规则绝对化。例如，考虑下面的关系模式：

CUSTOMER(NO#, NAME, STREET, CITY, POSTCODE)

其中，NO#、NAME、STREET、CITY 和 POSTCODE 分别表示客户的编号、姓名、街、城市和邮政编码。存在的函数依赖是：NO# →NAME, NO# →STREET, NO# →CITY, NO# → POSTCODE, POSTCODE→CITY，因此存在传递函数依赖，所以 CUSTOMER ∉ 3NF。

然而在实际应用中，总是把属性 CITY 和 POSTCODE 作为一个单位考虑，因此在这种情况下对关系模式进行分解是不可取的。

5.8　结构化查询语言

结构化查询语言（Structured Query Language，SQL）是数据库操作的标准语言，也是关系数据库的通用语言。SQL 语言有查询（Query）、操纵（Manipulation）、定义（Definition）和控制（Control）四大功能，这 4 大功能使 SQL 成为一个综合、通用、功能强大的关系数据库语言。

5.8.1　SQL 语言的基本功能

使用 SQL 语言能够完成定义关系模式，录入数据以建立数据库，查询、更新、维护、重构数据库和数据库安全性控制等一系列操作要求，实现数据库生命期中的全部活动。在关系模型中实体以及实体间的联系都用关系表示，这种单一的数据结构带来了数据操作符的统一性。使用一种操作符就可以操作以关系方式表示的信息数据。

SQL语言有联机交互使用方式和嵌入某种高级程序设计语言中进行数据库操作两种方式。在联机交互使用方式下，SQL语言为自含式语言，可以独立使用，这种方式适合非计算机专业人员使用；在嵌入某种高级语言的使用方式下，SQL语言为嵌入式语言，它依附于主语言，这种方式适合程序员使用。尽管用户使用SQL语言的方式可能不同，但是SQL语言的语法结构基本一致，无论在哪种使用方式下，SQL语言操作的过程由系统自动完成，用户只需提出"做什么"，而无须指出"如何做"。

SQL语言功能完整、语法简洁。SQL语言的语法接近英语，易学易用。标准SQL语言完成核心功能一共用了6个动词，其他的扩充SQL语言一般在数据定义部分加了DROP，在数据控制部分加了REVOKE。

SQL语言能够实现的各个功能和使用的动词如表5.20所示。

表 5.20　SQL语言的功能和使用的动词

SQL语言的功能	动　词	SQL语言的功能	动　词
数据库查询	SELECT	数据操纵	INSERT、UPDATE、DELETE
数据定义	CREATE、DROP	数据控制	GRANT、REVOKE

SQL语言支持关系数据库三级模式的结构。在SQL语言中，关系模式称为基本表，存储模式称为存储文件，子模式称为视图，元组称为行，属性称为列。SQL数据库的三级模式结构如图5.18所示。

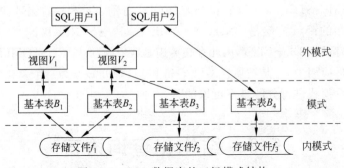

图 5.18　SQL数据库的三级模式结构

用户可以用SQL语言对视图（View）和基本表（Base Table）进行查询等操作。在用户的观点中，视图和基本表一样都是关系。

视图是从一个或几个基本表导出的表，它本身不独立存储在数据库中，即数据库中只存储视图的定义，不存储对应的数据。视图的数据基于基本表的数据，视图是一张虚拟表。

基本表是本身独立存在的表，每个基本表都有与之对应的存储文件。一个表可以跨越若干个存储文件，一个存储文件也可存放若干个基本表。一个存储文件对应外部存储器上的一个物理文件。一个表可以带若干索引。存储文件和索引组成了关系数据库的内模式。存储文件和索引文件的文件结构是任意的。

SQL 用户可以是应用程序,也可以是最终用户。SQL 标准允许使用的主语言主要有 C 语言、Fortran 语言、COBOL 语言、PASCAL 语言和 PL/L 语言等。SQL 用户也可以作为独立的用户接口,供交互环境下的终端用户使用。

SQL 语言的数据定义(DDL)功能包括定义基表、定义视图和定义索引三部分。其中定义基表中又包括建立基表、修改基表和删除基表;定义视图中包括建立视图和删除视图;定义索引中包括建立索引和删除索引,它们的语句分别为 CREATE TABLE、ALTER TABLE、DROP TABLE;CREATE VIEW、DROP VIEW、CREATE INDEX、DROP INDEX。

例如,要建立一个学生基表 Student,使用下述语句

```
CREATE TABLE Student(ID_Card CHAR(18) NOT NULL,
                     Sname CHAR(8),
                     Sage SMALLINT,
                     Sschool_number CHAR(6));
```

即可在数据库中建立一个新的学生表 Student。该表有 4 列,分别是身份证号(ID_Card),数据类型(CHAR(18)),不允许有空值(NOT NULL);姓名(Sname),数据类型(CHAR(8));年龄(Sage),数据类型(SMALLINT);所属学校代号(Sschool_number),数据类型(CHAR(6))。

例如,修改学生表 Student,在其中增加一个新数据项专业(Speciality)、数据类型(CHAR(20)),使用语句:

```
ALTER TABLE Student ADD Speciality char(20);
```

例如,删除学生表 Student,使用语句:

```
DROP TABLE Student;
```

例如,在学生表 Student 中按身份证号(ID_Card)降序建立索引 XID_Card,使用语句:

```
CREATE UNIQUE INDEX XID_Card ON Student(ID_Card DESC);
```

例如,在学生表 Student 中删除索引 XID_SN,使用语句:

```
DROP INDEX XID_SN;
```

5.8.2　SQL 语言的数据检索功能

SQL 语言的数据操纵功能主要包括检索和更新两个方面。数据检索功能有查询(SELECT)、插入(INSERT)、删除(DELETE)和更新(UPDATE)4 个基本语句。下面以一个学籍贷款管理数据库为例,分析 SQL 语言的检索功能。

数据库中的学籍表(Student)如表 5.21 所示。

数据库中的贷款额度表(Loan)如表 5.22 所示。

表 5.21　学籍表（Student）

ID_Card	Sname	Sage	Ssex	Sschool_number
11010519840506001	刘志刚	28	男	A_15
11010719870304002	蒋　辉	25	女	A_01
11013019881008004	许　静	24	女	B_19
12109619910706001	王　军	21	男	C_82
13070519850215002	程　红	27	女	B_57
32605619900318004	王　言	22	女	
40507819901124003	李　贽	22	男	B_19

表 5.22　贷款额度表（Loan）

Loan_number	Amount	Loan_number	Amount
L_04	¥15 000.00	L_28	¥15 000.00
L_11	¥20 000.00	L_30	¥10 000.00
L_16	¥35 000.00	L_33	¥15 000.00
L_25	¥10 000.00		

数据库中的学生贷款表（Borrower）如表 5.23 所示。

表 5.23　学生贷款表（Borrower）

ID_Card	Loan_number	ID_Card	Loan_number
11010519840506001	L_33	13070519850215002	L_25
11010719870304002	L_16	13070519850215002	L_30
11013019881008004	L_28	40507819901124003	L_11

1．基本查询

例如，查询全体学生的详细信息，使用语句：

```
SELECT * FROM Student;
```

结果是查出全体学生。

例如，查询所属学校代号是 B_19 的学生的姓名和年龄，使用语句：

```
SELECT Sname, Sage
FROM Student
WHERE Sschool_number='B_19';
```

结果是查出"许静"和"李贽"的姓名和年龄。

例如，查询所有贷款的学生的身份证号，使用语句：

```
SELECT DISTINCT ID_Card
FROM Borrower;
```

结果是查出所有贷款的学生和身份证号。

由于一个学生可能多次贷款，因此在学生贷款表（Borrower）中可能有多个身份证号的值相同的元组，在进行选择查询时，我们只想知道有哪个同学贷款，而不关心他的贷款次数，所以在查询语句中采用 DISTINCT 去掉结果集中重复的元组。

例如，查询所属学校代号是 B_57 的学生中年龄大于 24 的学生姓名、年龄和性别。

```
SELECT Sname,Sage,Ssex
FROM Student
WHERE Sschool_number='B_57' AND Sage>24;
```

结果为"程红"的有关信息。

例如，查询所属学校代号为 B_19 的学生姓名、年龄和性别，并按年龄降序排序。

```
SELECT Sname,Sage,Ssex
FROM Student
WHERE Sschool_number='B_19'
ORDER BY Sage DESC;
```

例如，查询所属学校代号是 B_57、A_01 和 C_82 的所有学生身份证号、姓名和所属学校代号，并按学校代号升序排序。

```
SELECT ID_Card,Sname,Sschool_number
FROM Student
WHERE Sschool_number IN ('B_57','A_01','C_82')
ORDER BY Sschool_number;
```

IN 等价于用多个 OR 连接起来的复合条件。如果想查询所属学校代号不是 B_57、A_01 和 C_82 的所有学生身份证号、姓名和所属学校代号，并按学校代号升序排序，则只需在 IN 前加上 NOT。代码如下：

```
SELECT ID_Card,Sname,Sschool_number
FROM Student
WHERE Sschool_number NOT IN ('B_57','A_01','C_82')
ORDER BY Sschool_number;
```

2. 连接查询

当查询涉及两个或两个以上的基本表时，就称之为连接查询。连接查询是关系数据库中最主要的查询功能。

例如，查询已参加贷款的学生的全部信息和其贷款单号。

```
SELECT S.*,B.Loan_number
FROM Student AS S,Borrower AS B
WHERE S.ID_Card=B.ID_Card;
```

在本查询中，为了简化语句的书写，用到了表的别名，如 Student AS S，其中 S 就是 Student 的别名。如果要选择的列名在多个表中是唯一的，则其前的表名可以省略，如本例中的 B. Loan_number 也可以直接写成 Loan_number。

例如,查询贷款号为 L_33 的学生信息。

```
SELECT S.*
FROM Student AS S,Borrower AS B
WHERE S.ID_Card=B.ID_Card AND B.Loan_number='L_33';
```

3. 嵌套查询

嵌套查询也称为子查询,是指一个查询块(SELECT-FROM-WHERE)可以嵌入另一个查询块之中。SQL 语言允许多层嵌套。有时人们将子查询分为无关联子查询和关联子查询,二者的区别将在以下的例题中讲解。

例如,查询年龄大于 23 岁的学生的贷款单号和贷款金额。

```
SELECT *
FROM Loan WHERE Loan_number IN
(SELECT Loan_number
FROM Borrower WHERE Borrower.ID_Card IN
(SELECT ID_Card
FROM Student WHERE Sage>23));
```

本查询是一个无关联子查询的例子,无关联子查询使用 IN。查询中用了两次子查询,执行时先得到最内层的查询结果,逐层向外求值,最后得到要查询的值。无关联子查询的内、外层查询的返回结果均为二维表。使用子查询层次清楚,容易表示,易于理解。当然本例也可以用连接查询实现。

例如,查询多次贷款的学生的身份证号。

```
SELECT ID_Card
FROM Borrower AS B1
WHERE ID_Card IN
(SELECT ID_Card FROM Borrower AS B2
WHERE B1.Loan_number<B2.Loan_number);
```

5.8.3 SQL 语言的数据更新功能

SQL 语言的数据更新功能保证了 DBA 或数据库用户可以对已经建好的数据库进行数据维护。SQL 语言的更新语句包括修改、删除和插入三类语句。

1. 修改语句

例如,修改贷款单号为 L-33 的贷款金额为 20000 元。

```
UPDATE Loan SET amount=20000
WHERE Loan_number='L_33';
```

例如,把身份证号为 11010519840506001 的学生的贷款金额修改为 20000 元。

```
UPDATE Loan SET amount=20000
WHERE Loan_number=
(SELECT Loan_number FROM Borrower
WHERE ID_Card='11010519840506001');
```

这里如果确定子查询的结果唯一,则可以使用=,否则应使用 IN。

2. 插入语句

例如,在学生表中插入一个新元组(11015019921228003,孙晓明,20,男,C_20)。

```
INSERT INTO Student
VALUES('11015019921228003','孙晓明',20,'男','C_20');
```

例如,建立一张新表 B_A(ID_Card,Loan_number,amount),并在其中插入贷款金额为 15 000 元的学生的贷款信息。

```
INSERT INTO B_A
SELECT Borrower.ID_Card,Borrower.Loan_number,Loan.amount
FROM Borrower INNER JOIN Loan ON Borrower.Loan_number=Loan.Loan_number
WHERE Loan.amount=15000;
```

3. 删除语句

例如,删除年龄为 25 的学生的记录。

```
DELETE FROM Student
WHERE Sage=25;
```

用 SQL 语言对数据库中的数据进行更新、插入或删除时,都是对单个表进行的。如果表之间没有定义完整性约束,则可能导致多个表之间的数据不一致。

5.8.4 SQL 语言对视图的操作

视图是面向应用从一个或几个基表(或视图)导出的表。一个用户可以定义若干个视图,因此对于某一用户而言,它的外模式是由若干基表和若干视图组成的。

前面讲过,视图是一张虚拟表,即视图所对应的数据不实际存储在数据库中,数据库中只存储视图的定义,只有对视图进行操作时才根据定义从基表中形成实际数据供用户使用。本节将讨论视图的定义。

1. 建立视图

建立视图的格式如下:

```
CREATE VIEW 视图名 [(字段名[,字段名…])]
```

```
    AS 查询语句
    [WITH CHECK OPTION];
```

该语句执行的结果就是把视图的定义存入数据字典中,定义该视图的查询语句并不执行。选项 WITH CHECK OPTION 表示对视图进行更新(UPDATE)和插入(INSERT)操作时要保证更新或插入的行满足视图定义中的谓词条件。另外,在上述格式的查询语句中不能有 UNION 和 ORDER BY 子句。

例如,建立学校代号为 B_19 的学生信息视图。

```
CREATE VIEW Stu_B_19
AS SELECT *
    FROM Student
    WHERE Sschool_number='B_19';
```

视图 Stu_B_19 的字段名都省略了,隐含是子查询中 SELECT 子句目标列中的诸字段。但是如果目标列中是库函数或字段表达式,或者多表连接时选出了几个同名字段作为视图的字段,则在试图定义中必须指出它的诸字段的名字。

例如,把学生的身份证号和贷款金额定义成一个视图。

```
CREATE VIEW Stu_Amount(ID_Card,amount)
AS SELECT ID_Card,amount
    FROM Borrower,Loan
    WHERE Borrower.Loan_number=Loan.Loan_number;
```

2. 删除视图

删除视图的格式如下:

```
DROP VIEW 视图名;
```

该语句的执行结果就是从数据字典中删除某个视图的定义,由此视图导出的其他视图通常不能被自动删除,但是已经不能使用了。若导出此视图的基表被删除了,则此视图也将被自动删除。

例如,删除视图 Stu_B_19。

```
DROP VIEW Stu_B_19;
```

3. 视图的查询

视图也是二维表,因此定义视图之后用户可以如同操作基表那样对视图进行操作。视图是一个虚拟表,在视图上不能建立索引。

对基表的各种查询形式对视图同样有效,如连接查询、分组、排序和嵌套查询等,但在有些情况下对视图的查询要受到限制。如果视图中的列是使用内部函数定义的,则该列名不能在查询条件中出现,也不能作为内部函数的参数。用 GROUP BY 定义的视图不能进行连接查询,即不能同其他视图或基表连接。

例如，在视图 Stu_B_19 中查询年龄大于 23 岁的学生的信息，并按年龄排序。

```
SELECT * FROM Stu_B_19
WHERE Sage>23
ORDER BY Sage;
```

当系统执行此查询时，首先把它转换成等价的对基表的查询，然后执行修改了的查询。即当查询是针对视图时，系统首先从数据字典中取出该视图的定义，然后把定义中的子查询和视图查询语句结合起来，形成一个修正的查询语句。本例修正后的查询语句为

```
SELECT * FROM Student
WHERE Sage>23 AND Sschool_number='B_19'
ORDER BY Sage;
```

对视图的查询实质上是对基表的查询，因此基表的变化可以反映到视图上。视图就如同"窗口"一样，通过视图可以看到基表动态的变化。

4. 视图的更新

视图的更新是指 INSERT、UPDATE、DELETE 三类操作。视图的更新最终要转换成对基表的更新。

例如，给视图 Stu_B_19 中所有学生的年龄加 1。

```
UPDATE Stu_B_19
SET Sage=Sage+1
```

转换为对基表 Student 的更新。

```
UPDATE Student
SET Sage=Sage+1
WHERE Sschool_number='B_19';
```

例如，在视图 Stu_B_19 中插入一个学生(11016019920609001,王晓波,23,男,B_19)。

```
INSERT INTO Stu_B_19
VALUES('11016019920609001','王晓波',23,'男','B_19');
```

转换成对基表的插入。

```
INSERT INTO Student
VALUES('11016019920609001','王晓波',23,'男','B_19');
```

若一个视图是由单个基表导出的，并且只是去掉了基表的某些行和某些列(不包括键)，如视图 Stu_B_19，则称这类视图为行列子集视图。行列子集视图是可更新的。有些视图虽然不是行列子集视图，但是理论上仍是可更新的，而有些视图则是不可更新的。

例如，在视图 Sch_AVGOfAge 中，将学校代号为 B_19 的学校的学生的平均年龄改为 24。

```
UPDATE Sch_AVGOfAge
```

```
SET AVGOfAge=24
WHERE Sschool_number='B_19';
```

由于视图 Sch_AVGOfAge 中的一个元组是由基表 Student 中若干行经过分组求平均得到的,因此对视图 Sch_AVGOfAge 的更新就无法转换成对 Student 的更新,所以视图 Sch_AVGOfAge 是不可更新的。

在关系数据库中,并非所有的视图都是允许更新的。也就是说,有些视图的更新不能唯一、有意义地转换成对基表的更新。一般的数据库管理系统都有如下几种情况。

- 若视图的字段来自字段表达式或常数,则不允许对此视图执行 INSERT 和 UPDATE,但允许执行 DELETE 操作。
- 若视图的字段是来自库函数,则此视图不允许更新。
- 若视图的定义中有 GROUP BY 子句,则此视图不允许更新。
- 若视图的定义中有 DISTINCT 选项,则此视图不允许更新。
- 若视图的定义中有嵌套查询,并且嵌套查询的 FROM 子句中涉及的表也是导出该视图的基表,则此视图不允许更新。
- 若视图是由两个以上基表导出的,则此视图不允许更新。
- 在一个不允许更新的视图上定义的视图也不允许更新。

不可更新视图和不允许更新视图有什么区别呢? 不可更新视图是指在理论上已经证明了不可更新的视图;不允许更新视图是指在实际的系统中不支持更新的视图,其中既包括不可更新视图,也可能包括理论上可更新的视图,只是系统不允许对它们执行更新操作罢了。

5. 视图的功能

SQL 中提供的视图应用使数据库数据操作更加灵活方便,提高了面向应用的数据库性能,主要优点有以下几点。

1) 视图对于数据库的重构造提供了一定程度的逻辑独立性

数据的物理独立性是指用户和用户程序不依赖于数据库的物理结构;数据的逻辑独立性是指当数据库重构造时用户和用户程序不会受影响。一般的数据库都能很好地支持数据的物理独立性,但对于逻辑独立性则不能完全支持。

有了数据的逻辑独立性,即使数据库的逻辑结构发生了改变,用户程序也不必修改。这是因为视图定义了用户原来的关系,使用户的外模式不变,原来的应用程序仍能通过视图查找数据,但由于视图更新的条件性,更新操作会受到影响。

2) 简化了用户观点

视图机制使用户把注意力集中在他所关心的数据上,简化了用户的数据结构。同时对一些需要通过若干表连接才能得到的数据,以简单表的形式提供给用户,把从表到表所需要的连接操作向用户隐藏起来。

3) 使用户以不同的方式看待同一数据

例如某些用户关心某学校学生的贷款金额,而另一些用户则关心所有学生的平均贷款金额。当许多不同种类的用户使用同一集成的数据库时,这种灵活的使用方式显然是很重要的。

4）对机密数据提供了自动的安全保护功能

视图机制可以把机密数据从公共的数据视图中分离出去，即针对不同用户定义不同的视图，在用户视图中不包括机密数据的字段。这样，用户通过视图只能操作他应该操作的数据，其他数据被隐藏起来，达到了对机密数据保密的目的。

5.8.5　SQL 的数据控制功能

SQL 的数据控制功能是指控制数据库用户对数据的存取权限。实际上数据库中的数据控制包括数据的安全性、完整性、并发控制和数据恢复。这里仅讨论数据的安全性控制功能。

某个用户对数据库中某类数据具有何种操作权限是数据库的管理问题，DBMS 提供了相应功能，由 SQL 的 GRANT 和 REVOKE 语句告知系统完成授权决定，并把授权的结果存入数据字典，以完成相关授权的执行。这样，当某一用户提出对数据库的操作请求时，系统会根据授权进行数据库操作权限的核对，决定是否允许相关操作请求，不符合授权的应用将被拒绝操作。

1. 授权对象

SQL 语言中提供的授权语句一般格式如下：

GRANT 权力 1[,权力 2,…][ON 对象类型 对象名]TO 用户 1[,用户 2,…]
[WITH GRANT OPTION];

数据库管理者可以根据对不同类型的操作对象赋予不同的数据库操作权限，相关命令语句如表 5.24 所示。

表 5.24　对象类型和操作权限

操作对象类型	操作权限
表、视图、列（TABLE）	SELECT,INSERT,UPDATE,DELETE,ALL PRIVILEGE
基表（TABLE）	ALTER,INDEX
数据库（DATABASE）	CREATETAB
表空间（TABLESPACE）	USE
系统	CREATEDBC

对于基表、视图及表中的列，其操作权限有查询、插入、更新、删除以及它们的总和 ALL PRIVILEGE。对于基表还有修改和建立索引的操作权限。

对于数据库有建立基表（CREATETAB）的操作权限，用户有了此权限就可以建立基表，因此称为表的主人，拥有对此基表的一切操作权限。对于表空间有使用（USE）数据库空间存储基表的权限。系统权限有建立新数据库（CREATEDBC）的权限。

SQL 授权语句中的 WITH GRANT OPTION 选项的作用是使获得某种权限的用户可以把权限再授予其他用户。例如，把修改学生表中的身份证号和查询学生表的权限授予用户 1（USER1）。

GRANT UPDATE(ID_Card),SELECT ON TABLE Student TO USER1;

例如,把对表 Student、Borrower、Loan 的查询、修改、插入和删除等全部权限授予用户 1 和用户 2。

```
GRANT ALL PRIVILIGES ON TABLE Student,Borrower,Loan TO USER1,USER2;
```

例如,把对表 Loan 的查询权限授予所有用户。

```
GRANT SELECT ON TABLE Loan TO PUBLIC;
```

2. 回收授权

已经授予用户的权限可用 REVOKE 语句收回,格式如下:

```
REVOKE 权限 1[,权限 2…] [ON 对象类型 对象名]
FROM 用户 1[,用户 2…];
```

例如,把用户 1 修改学生身份证号的权限收回。

```
REVOKE UPDATE(ID_Card) ON TABLE Student FROM USER1;
```

例如,把用户 3 查询 Borrower 表的权限收回。

```
REVOKE SELECT ON TABLE Borrower FROM USER3;
```

SQL 的授权机制十分灵活,用户对自己建立的基表和视图拥有全部的操作权限,还可以用 GRANT 语句把某些操作权限授予其他用户,包括"授权"的权限。拥有"授权"的用户还可以把获得的权限再授予其他用户。如果用户不想再让其他用户使用某些权限,还可以用 REVOKE 语句收回。

5.8.6 数据库管理系统的应用

使用 Microsoft Office Access 数据库管理系统可以完成对关系数据库系统相关数据的操作和使用,首先要建立一个数据库,然后设计相关的表、查询等其他应用对象,存储在同一个数据库文件中。用 Access 可以直接创建空数据库,可以根据现有数据库文件创建数据库,也可以根据模板建立数据库。

假设有一个学生信息系统,其中有一个关系为(考生学号,考生姓名,专业,学院,院教务,课程号,课程名,成绩),以 Excel 建立的原始数据关系如图 5.19 所示。

显然,在这个 Excel 二维关系数据表中存在着大量的数据冗余,当数据量很大时,对数据的管理和维护容易出现数据的不一致等诸多问题,也不能提供面向多种应用的数据共享,为了解决实际应用存在的问题,只能使用数据库管理系统,在此以 Access 为例。

首先,由于这个关系的属性存在部分函数依赖和传递函数依赖,需要进行规范化设计,在此形成课程(kc)、成绩(cj)和学生(xs)3 个关系:

kc(课程号,课程名),其中属性"课程号"为关键字;

cj(考生学号,课程号,成绩),其中属性 "考生学号"和"课程号"为组合关键字;

xs(考生学号,考生姓名,专业,学院,院教务),其中属性"考生学号"为关键字。

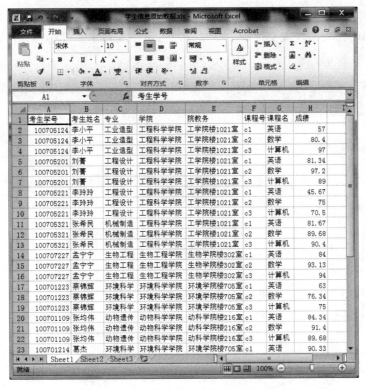

图 5.19　一个信息系统中的原始数据关系

例如选择使用桌面数据库管理系统,通过 Office 启动 Access 数据库管理系统,选择"新建"|"空数据库"选项,在"文件名"一栏中输入 student_score,Access 系统自动追加系统扩展名 accdb,如图 5.20 所示。

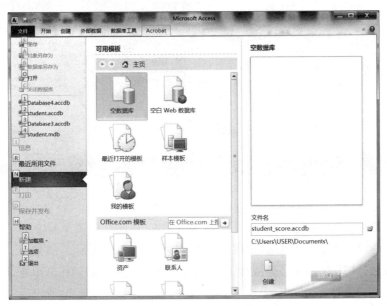

图 5.20　创建数据库并为其命名

在 student_score. accdb 数据库中创建数据库表,并重新命名表文件名为 kc,如图 5.21 所示。以相同的方式创建表文件 cj 和 xs,分别为每个关系定义关键字,并输入一些案例数据,如图 5.22 所示。

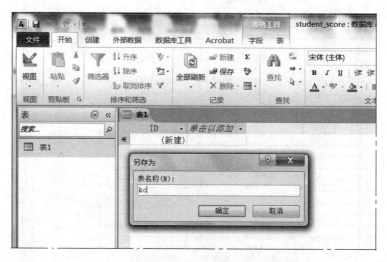

图 5.21　创建数据库表并重新命名表文件名

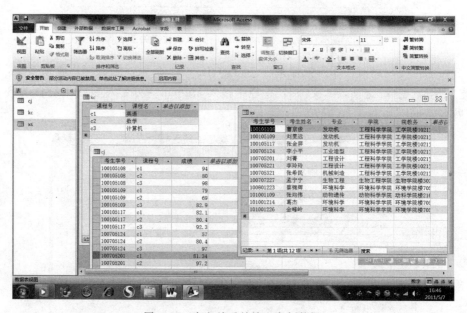

图 5.22　定义关系并输入案例数据

用相应的方法还可以创建更为复杂的关系数据库。数据关系建立以后,就可以通过对数据库表的操作完成各种数据库应用操作,如图 5.23 所示。例如,创建一个应用查询,在以数据关系表关键字建立的关联基础上从关联数据库中选择查询数据项,并输入相关的查询条件,如图 5.24 所示。建立并输入相应的查询条件,如图 5.25 所示。

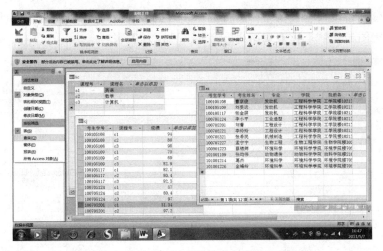

图 5.23　选择对已创建的关系表进行各种操作

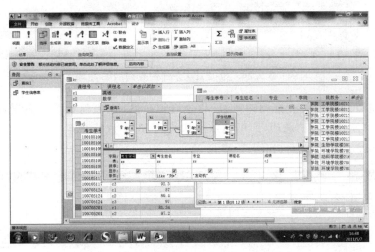

图 5.24　选择查询数据项并输入查询条件

图 5.25　建立查询条件

数据库管理系统根据查询条件进行数据库数据关联操作,得到符合条件的查询结果。选择数据表视图显示数据库查询结果,如图 5.26 所示。

图 5.26　数据关联条件的查询结果

如果希望看到实现对应查询的 SQL 命令语句,可以在当前状态下右击,在弹出的快捷菜单中选择"SQL 视图"选项,即可显示出相关的 SQL 执行命令,这些命令语句在其他数据库管理系统也是兼容的,如图 5.27 所示。

图 5.27　数据关联查询操作的 SQL 命令

其他更多的数据库技术应用基础实验请参考《大学计算机实验教程》(第 7 版)。

5.9 思 考 题

1. 简述数据库、数据库管理系统和数据库系统的组成与作用。
2. 计算机数据模型通常包括哪几部分？
3. 简述如何把现实世界的信息转换成计算机世界的信息数据。
4. 什么是数据库关系的操作关键字？其作用是什么？
5. 层次结构中代表每一实体类型的各个节点是怎样建立联系的？
6. 用什么样的结构模型描述和组织较为复杂的实体间的联系？
7. 在关系模型中的实体及实体间的联系是通过什么方式关联的？
8. 关系模型建立的数学理论基础包括哪几部分？
9. 关系运算分为哪几类运算？如何实现？
10. 关系代数中哪几种运算是专门为关系数据库环境设计的？
11. 试举例说明选择运算、投影运算、连接运算与实际数据库操作的联系。
12. 简述为何要进行关系数据模型的规范化设计及各范式主要解决的问题。
13. 什么是关系数据库系统的基本表？什么是视图？试述二者的区别和联系。
14. 简述 SQL 语言的主要命令语句和操作功能。

第 **6** 章 多媒体技术及图像处理

媒体介质用于表示信息、传播信息，现代信息技术的发展使得表示各种信息的载体介质更加丰富，包括语言、文字、声音、光谱、颜色、图形、图像等，都可以用来表示信息、转换信息和传递信息。本章主要内容有：

- 多媒体计算机系统与存储介质；
- 静态图像处理技术；
- 图像文字识别与转换；
- 动态多媒体信息采集；
- 多媒体文件的导入；
- 动态视频集成剪辑；
- Windows Media Player 应用；
- Adobe Photoshop 图像处理技术；
- Windows Movie Maker 动态图像制作技术。

6.1 多媒体技术概述

计算机领域的多媒体是指信息的表示形式，如文本文字（Text）、声音音频（Audio）、图形（Graphic）、图像（Image）、动画（Animation）和活动影像视频（Video），这些媒体都是人机交互的信息媒体。计算机多媒体技术是指利用计算机获取、处理、编辑、存储和表示各种类型信息的技术和方法。

6.1.1 多媒体技术应用

利用计算机快速、安全、有效地处理和传输表示各种信息载体的数据就是多媒体数据，而采用计算机信息技术处理声音、文字、图表、曲线、图片、视频图像等信息载体的技术一般称为多媒体技术。

计算机多媒体技术广泛应用于各个领域：在教育领域中，有计算机辅助教学、计算机辅助学习、计算机管理教学等；在政府或商务领域中，有图像处理、视频会议等；在专业设计领域中，有虚拟现实设计等；另外还有电子出版物、远程医疗等。

多媒体计算机系统一般能够采集、处理、编辑、存储文本、图像、声音、动画、视频图像等不同类型的信息。

6.1.2 多媒体信息获取采集

计算机多媒体技术最常用的多媒体对象处理有图形图像、静态图像和动态图像处理，包括音频和视频格式文件的压缩和解压缩技术等。多媒体信息通常可以用如下几种方法获取和采集。

（1）利用丰富强大的计算机工具软件直接编辑生成图形对象、静态图像或动态图像。

（2）利用彩色扫描仪、数码相机生成图形对象或静态图像。

（3）通过视频信号数字化设备，如采集卡、DV 摄像机等，可以将彩色电视信号数字化后输入多媒体计算机中，以获得静态图像或动态图像。

图像数据采集处理时需要以文件形式存入计算机系统。常见的图像格式主要有以下几种。

1. BMP 格式

BMP(Bitmap)格式是 Windows 系统下的标准格式，是计算机图形图像处理技术普遍应用的点阵图格式之一。在 Windows 环境下运行的所有图像处理软件都支持 BMP 位图图像。

2. GIF 格式

GIF(Graphics Interchange Format)适用于各种计算机系统平台，大多数软件都支持该格式。一般 GIF 格式只能达到 256 色，而 GIF89a 格式则能存储成背景透明化的形式，并且可以将数张图存成一个文件，形成动画效果。

3. JPEG 格式

JPEG 是一种高效率的压缩格式，压缩时会将人眼无法分辨的图像细节删除，以节省存储空间，但解压时无法再还原曾被删除的细节，对输出放大或制作印刷品会有影响，所以这种类型的压缩格式也称为失真压缩格式。

4. TIFF 格式

TIFF(Tag Image File Format)格式一般常用于应用程序之间和计算机系统平台之间的共享文件，几乎所有的绘画软件、图像编辑软件和页面排版程序都支持 TIFF 格式，各种扫描仪也都可以生成 TIFF 格式图像。

5. PSD 格式

PSD 格式是 Adobe Photoshop 的专用格式，可以存储为 RGB 或四色处理 CMYK 模式，还能自定义颜色存储数目。PSD 格式可以将不同的物件以图层(Layer)分离的形式进行存储,便于修改和制作各种特殊效果。

多媒体技术的发展体现了计算机软硬件技术的最新发展。目前,随着大规模集成电路制造技术、实时多任务操作系统技术、数据压缩技术以及大容量光盘存储器技术和CD-ROM、DVD-ROM 等诸多新技术的发展,可以快速高效地综合处理各种载体信息。

6.1.3　多媒体信息技术的研究

多媒体技术的关键是数据压缩和解压缩技术,包括支持多媒体技术的多媒体计算机操作系统和多媒体数据存储与管理技术。

多媒体技术的发展与研究主要有数据压缩技术、存储管理技术和软件发展技术等。数据压缩技术,如视频处理,包括数字化输入、编码压缩、还原以及同步显示处理技术等。其中压缩编码方案为 JPEG 的静态图像的单色压缩比通常为 10∶1,彩色图像的压缩比通常为 15∶1,而压缩编码方案为 MPEG 的动态视频图像的压缩比通常为 50∶1。在存储管理技术方面出现了多媒体数据库,配合大容量存储技术可以突破传统数据库仅对数字和文字数据的管理,拓展到对图像、声音等信息资料进行管理的软件技术。软件技术本身的发展是促进多媒体技术发展的关键技术之一。在软件设计技术方面,实现完美的多媒体信息交互界面视窗系统不仅方便易用,而且在提高软件的高重用性、高扩充性等优化性能方面也在不断发展。例如超媒体用户界面(Hypermedia User Interface)还可实现非线性阅览和多维空间工作环境。

6.2　多媒体计算机系统与存储介质

多媒体计算机的硬件设备主要配备有声卡、麦克风、视频功能卡、CD-ROM 驱动器、扫描仪、音箱、照相机、摄像机等。

其中,声卡外端有几个常用的插孔,可与外部设备连接,实现声音的输入和输出。麦克风插孔用于连接麦克风录制声音信息;音频输入(Line-in)插孔可以用音频线通过该插孔与录音机、电视机、放像机等设备上的音频输出(Line-out)插孔连接;音频输出插孔用于连接有源音箱或外接音频功率放大器;另外还有扬声器输出(Speaker)插孔,用于连接耳机、喇叭或无源音箱,输出计算机中的声音信息;MIDI 及游戏杆(MIDI/GAME)插口用于配接游戏摇杆、模拟方向盘等,或与数字电声乐器上的 MIDI 插口连接,实现 MIDI音乐信号的直接传输。视频功能卡可以支持活动彩色图像视频模拟信号的数/模转换,实现输入和输出;对图像进行数字化处理,对数字化的图像数据进行压缩和解压缩,将捕捉输入的图像进行还原解压缩,转换为 PAL 制式的模拟视频信号后才能在电视机上播放或在录像机上录制。常见的有视频采集卡、MPEG 解压卡、电视卡等,都可以直接插在计算机主板的插槽中。

随着数码摄像机(DV)的普及和计算机软件以及接口技术的进步,目前对于 DV 拍摄的数字化视频不必进行数/模转换,就可以直接通过专用电缆与计算机上的 USB 接口连接,实现计算机与摄像机之间的信息交换。

多媒体数据信息存储量大。计算机系统一般均配置 CD-ROM、DVD-ROM 光盘驱动器,简称光驱。光驱是常见的多媒体计算机的基本配置之一。光盘刻录机使用很普遍,例如 CD-RW 刻录机可以刻录 CD-R 和 CD-RW 两种盘片,而普遍使用的 DVD 盘刻录机可以刻录多种 DVD 盘片。实际上,随着光盘信息存储技术的发展成熟,高倍速 DVD 刻录机产品已成为多媒体技术存储应用的主流产品,常见的盘片为 DVD+R、DVD-R,还有双层的 DVD+R DL 与 DVD-R DL 盘片,另外还有 DVD+RW、DVD-RW 和 DVD-RAM 盘片等。一般 CD/VCD 只能容纳 650MB～700MB 的数据容量,而 DVD 至少可以容纳 4.7GB 的数据容量。如果按单面、双面及单/双层结构的各种组合来分,DVD 可以分为单面单层、单面双层、双面单层和双面双层 4 种物理结构。单面单层 DVD 光盘的数据容量为 4.7GB,大约为 CD-ROM 光盘容量的 7 倍;而双面双层 DVD 光盘的数据容量高达 17GB,约为 CD-ROM 的数据容量的 26 倍。

DVD 与 CD 和 VCD 都是将数据通过光刻存储在光盘轨道上,然后再通过光驱激光束进行读取,但是在光盘存储密度方面,DVD 要比 CD/VCD 大得多。视频播放时 VCD 只能达到 240 线标准,而 DVD 可以高达 720 线标准,清晰度更高;另外 DVD 具有 CD 和 VCD 所不具备的多声轨、多角度支持功能等,因此 DVD 占据了应用市场的绝对优势。

多媒体技术应用最为普遍的是各类计算机多媒体软件应用程序的使用,包括播放软件、制作工具软件、信息采集系统软件、信息转换系统软件等。

6.3　Windows Media Player 应用程序

Windows 中提供了 Media Player 软件,它是播放和管理多媒体的中心,既是一个多媒体播放器,又是一个音乐 CD 制作工具软件。用户可以方便地使用 Windows Media Player 查找和播放计算机中的数字媒体文件,还可以从音频 CD 盘翻录音乐、刻录喜欢的音乐 CD,或将数字媒体文件同步到便携设备等。Windows Media Player 把电影院、CD 和 DVD 制作、播放机以及多媒体信息数据制作都集成在一个应用工具软件中,可实现多种格式多媒体文件的播放、制作、转出、转入等一体化管理。

例如,计算机中安装了 DVD 驱动器与兼容的 DVD 解码器,就可以构成一个完整的 DVD 播放器,播放 DVD 视频。

6.3.1　Windows Media Player 工作界面

Windows Media Player 是 Microsoft Windows 操作系统自带的媒体播放工具,可以管理和支持多种媒体格式文件,其工作界面划分为多个功能管理区域,如图 6.1 所示。

Windows Media Player 工作界面的各部分区域具有直观便捷的各种管理功能,集科学性和娱乐性为一体,合理使用可提高工作效率和工作乐趣。

图 6.1 Windows Media Player 工作界面

1. 播放机任务栏

播放机任务栏是与完成各项任务相对应的选项卡,如正在播放、媒体库、翻录、刻录、同步等。每个选项卡下面的箭头可使用户访问与此任务相关的选项和设置。例如,通过单击"翻录"选项卡下面的箭头可轻松更改正在翻录的文件格式。

2. 导航窗格

在"媒体库""刻录"和"同步"选项卡下,有导航窗格引导用户对素材进行组织。

3. 列表窗格

用户组织素材后的结果将显示在列表窗格中。

4. 详细信息面板

该面板可显示媒体库内容的详细信息等。

5. 播放控制区域

利用该区域可对当前正在播放的文件进行暂停、停止、上一个、下一个、重复播放以及音量等控制。

6.3.2 音频与视频播放

使用 Windows Media Player 可以播放音频 CD 盘,其中包含各种兼容格式的音频文件或视频文件,以及视频 CD、DVD、VCD 文件等。

启动 Media Player,把要播放的 CD 或 DVD 插入驱动器。一般情况下,光盘即自动播放。如果没有播放,可单击"正在播放"选项卡下的箭头,在弹出的列表中选择光盘所在的驱动器。在 CD 播放过程中,窗口右侧的列表窗格显示播放曲目清单。如果是播放 DVD,则在列表窗格中显示 DVD 标题或章节名。用户可指定从任意章节开始播放,如图 6.2 所示。

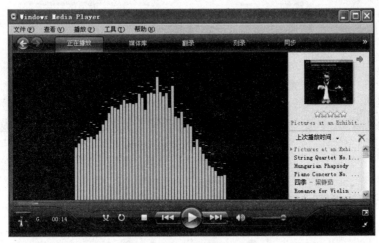

图 6.2　CD 音乐播放界面

6.3.3　媒体库的使用

媒体库是 Windows Media Player 管理的一块特定区域,用户可以以媒体库形式管理计算机系统内所有的音乐文件、视频文件和图片文件等。使用媒体库检索功能可以轻松地查找和播放数字媒体文件,另外还可以选择要刻录到 CD 或同步到便携式设备的相关内容。

1. 媒体库管理

使用 Windows Media Player 媒体库可以有效地组织计算机系统所有的数字媒体集,主要包括音乐、视频和图片等媒体文件。一旦将媒体文件添加到媒体库,就可以随时实现创建、播放列表,播放、刻录、混合 CD,将多媒体文件与便携式音乐及视频播放机同步等。

媒体库中的内容通常可以通过监视文件夹进行添加或更新。

2. 监视文件夹

启动播放机时,播放机会自动在监视文件夹中搜索音乐、视频和图片文件,然后将这些文件添加到媒体库中。如果用户从媒体库文件夹中添加或删除文件,则播放机会自动更新媒体库。监视文件夹的设定可通过"媒体库"选项卡中的"添加到媒体库"选项实现,如图 6.3 所示。

图 6.3　设定监视文件夹

6.3.4　翻录音频文件

用户可以使用 Windows Media Player 翻录音频 CD 中的曲目,将曲目创建为计算机上的文件。在翻录之前,用户可以通过"翻录"选项卡中的选项指定文件的保存格式和比特率,如图 6.4 所示。

图 6.4　"翻录"选项卡

"翻录"选项卡中的选项可以根据需要进行选择,其中有几项较为重要,其作用如下。

1. 格式化

格式化是在翻录期间创建的文件格式,不同的播放软件所支持的文件格式是不一样的。对于 Windows Media Player 来说,默认的格式是 Windows Media 音频选项,这种格式可使文件大小和声音质量达到最佳平衡。

- Windows Media Audio Pro：主要用于低存储量的便携设备。这种格式的增强功效可改善低比特率的音频质量，但有些设备不支持此格式。
- Windows Media 音频（可变比特率）：可减少文件大小，但翻录时所需的时间更长。
- Windows Media 音频无损：可提供最佳的音频质量，且不会增大文件。
- MP3：采用 MPEG-1 标准对音频进行压缩，占用空间较小。
- WAV(无损)：是标准数字音频文件，音质好、失真小，但文件占用空间大。

在"更多选项"中，用户可以指定文件存储的位置。一般情况下，应把文件存放在监视文件夹中；或新建一个文件夹，将其定义为监视文件夹，这样能使翻录的文件随时更新媒体库。

2. 比特率

比特率是数据传输和处理的速率。比特率的高低会对音频的音质产生影响，但它又受硬件设备性能的限制。对应不同的文件格式，系统提供了不同的比特率供选择，以便用户调整翻录的音频质量和适应设备性能。如果选择了无损格式，则只有一种比特率可选。

6.3.5　添加和编辑媒体信息

使用 Windows Media Player 可以添加和编辑系统媒体信息，"媒体信息"是对数字媒体文件内容的表达与描述。对于音乐文件，常见的表述有标题（歌曲名）、唱片集（歌曲所在唱片集的名称）、唱片集艺术家（与唱片集相关的主要艺术家名称）、参与创作的艺术家（演奏歌曲的艺术家名）、流派（音乐类型）、分级（您或数据提供程序对歌曲进行分级的星级数目）。对于其他类型的数字媒体文件，例如视频、录制的电视或图片，可以具有与其内容类型相关的其他属性。例如，录制的电视文件可能具有"演员"和"系列"属性，而图片文件可能具有"事件"和"拍摄日期"等属性。

因为播放机根据媒体信息组织媒体库中的项目，所以媒体库中所有的项目都具有正确而完整的媒体信息是非常重要的。Windows Media Player 媒体库中的项目或翻录的 CD 曲目可能缺少媒体信息或媒体信息不正确，例如歌曲缺少或具有不正确的歌曲标题、曲目编号、艺术家姓名、唱片集标题、流派等，这时就需要补充和添加媒体信息。

1. 自动添加媒体信息

在多数情况下，播放机可以自动下载媒体信息，将其添加到文件中。例如，翻录 CD 时，如果同时连接到 Internet，播放机将从 Microsoft 维护的 Windows Media 数据库中检索翻录曲目的媒体信息，将这些信息自动添加到文件中。如果在翻录期间因未连接到 Internet 而导致媒体信息丢失，则在连接到 Internet 后，新翻录曲目的媒体信息会很快显示出来。

播放机还可以定期扫描媒体库的内容,寻找缺少媒体信息的项目。如果可以将媒体库中的项目与联机数据库中的项目匹配,则播放机会自动下载缺少的媒体信息,并将其添加到媒体库的文件中。

2. 使用"编辑"命令添加媒体信息

使用"编辑"命令可直接添加或修复媒体库中的信息。单击"媒体库"选项卡,右击文件标题、艺术家姓名或其他媒体信息属性,在弹出的快捷菜单中选择"编辑"命令,输入要添加或修复的信息,然后按 Enter 键。有些属性,例如长度、大小以及比特率等无法手工编辑。

3. 使用"高级标记编辑器"添加媒体信息

媒体库的"详细信息面板"显示的并不是所有的媒体信息,例如"原唱片集"或"每分钟节拍数"。如果要更改未在媒体库中出现的属性或一次更改多个属性,可使用"高级标记编辑器"命令进行编辑。标记是媒体信息属性的另一个名称。

单击"媒体库"选项卡,右击文件,在弹出的快捷菜单中选择"高级标记编辑器"命令。在打开的对话框的每个选项卡相应的框中输入要添加或修复的信息,然后单击"确定"按钮,信息会立即添加到媒体库和文件中。

6.3.6　刻录 CD 盘

使用 Windows Media Player 的刻录功能可以将已存放在计算机中的歌曲以任意组合从媒体库刻录成自定义的音频 CD。刻录的 CD 即可在任何标准 CD 播放机中播放。

(1) 单击"刻录"选项卡的箭头,选择要刻录的 CD 类型(音频或数据),通常选择"音频"选项。

(2) 将空白 CD-R 光盘插入 CD 刻录机。

(3) 将要刻录的音频文件从详细信息窗格中拖曳到列表窗格,以创建要刻录的文件列表。

(4) 在列表中,向上或向下拖动文件以按照希望它们在 CD 中显示的顺序进行排列。

(5) 如果所选文件超出一张 CD 的装载量,系统将自动将文件分配到"下一光盘"。

(6) 单击"开始刻录"按钮。

(7) 如果正在刻录多张 CD,请在完成第一张光盘的刻录后插入一张空白 CD,然后单击"开始刻录"按钮。重复此步骤,直到完成所有 CD 的刻录为止,如图 6.5 所示。

在刻录 CD 光盘时,不要使计算机执行任何其他多任务操作,否则可能因数据传输中断而导致刻录失败。

图 6.5　刻录光盘

6.4　静态图像处理技术

图像是多媒体中的可视元素，也称静态图像，在计算机中可分为位图和矢量图两类，两者生成方法不同，用途也不同。

6.4.1　位图

位图又称点阵图，在技术上称为栅格图像，它由网格上的点组成，这些点称为像素（pixel）。像素是用数字表达图像信息的基本单位。一般情况下，每个像素是一个微小的正方形。通常采用每英寸长度上的像素数目表示图像分辨率，称为 ppi（pixel per inch）。有些人也把像素称为点（dot），故也将图像分辨率称为 dpi（dot per inch）。

像素并没有一个固定的尺寸。在图像尺寸一定的情况下，高分辨率的图像比低分辨率的图像包含的像素更多，因此此像素点更小。与低分辨率的图像相比，高分辨率的图像可以重现更多细节和更细微的颜色过渡。因为高分辨率图像中的像素密度更高，图像的品质也就越好。

一幅电子图像所表达的细节的详尽程度是在进行图像采样（如扫描、照相等）时确定的。电子图像一经生成，每个像素都分配有特定的位置和颜色值，它所包含的像素总数也是一定的。使用一些图像处理软件也可以对一幅电子图像重新取样，以更改图像的像素总量。当减少像素的数量时，某些信息将从图像中删除；增加像素的数量时，将添加新像素。但重新取样需要采用某种插值方法确定添加或删除像素的方式。所以，无论是删除还是添加像素，都是对实际像素的一种近似模拟，因此重新取样会导致图像品质下降。例如，对一个电子图像重新取样增加像素总量时，该图像会丢失某些细节和锐化程度。

每个像素用若干个二进制位指定它的颜色深度，有时也将颜色深度称为位分辨率（Bit Resolution）或位深，用来衡量每个像素存储信息的位数。若图像中的每一个像素值只用一位二进制（0 或 1）存放它的数值，则生成的是单色图像；若用 n 位二进制存放，则生成彩色图像，且彩色的数目为 2^n。例如，用 4 位存放一个像素的值，则可以生成 16 色的图像；用 8 位存放一个像素的值，则可以生成 256 色的图像。

常见的位图文件格式有 BMP、GIF、JPEG、TIFF、PCX 等，其中 JPEG 是一种由国际标准化组织（ISO）和国际电报电话咨询委员会（CCITT）联合制定的，适合于连续色调、多级灰度、彩色或单色静止图像数据压缩的国际标准（它对单色和彩色图像的压缩比通常为 10∶1 和 15∶1）。

位图可以用 Windows 附件中的画图程序绘制。利用数码相机、扫描仪等设备采集和捕获的图像信息所生成的文件均是以位图的方式存储的。

对于数码相机来说，常用总像素数表达其成像质量的高低，它的像素数是由相机中的光电传感器上的光敏元件数目决定的，一个光敏元件就对应一个像素。例如，一台数码相机最大可以拍出 1600 像素×1200 像素的照片，它的像素值就是 $1600×1200＝192$ 万，约等于 200 万，通常称为 200 万像素的数码相机。像素越高，照片细节表达得就越充分。

对扫描仪而言，常用光学分辨率描述其性能。扫描仪光学分辨率是指在每英寸范围内能够通过扫描得到多少真实的像素数量，其单位是 ppi，也有人使用 dpi 这个单位。光学分辨率实际上有两种含义：水平分辨率和垂直分辨率。水平分辨率表明每英寸有多少个光敏元件，能够扫描多少个像素；垂直分辨率表示在扫描头移动方向上步进电机机械移动的精细度。

位图图像是连续色调图像（如照片或数字绘画）最常用的电子媒介，可以表现阴影和颜色的细微层次。

6.4.2 矢量图

与生成位图文件的方法完全不同，矢量图采用的是一种计算方法或生成图形的算法，也就是说，它存放的是图形的坐标值。如直线存放的是首尾两点坐标；圆存放的是圆心坐标、半径；圆弧存放的是圆弧中心坐标、半径、起始和终止点坐标。这意味着用户可以移动线条、圆、弧等单个图形元素，调整它们的大小或者更改它们的颜色，而不会降低图形的品质。

矢量图形与分辨率无关，也就是说，可以将它们缩放到任意尺寸，可以按任意分辨率打印，而不会丢失细节或降低清晰度。因此，矢量图形最适合表现图形设计（例如徽标等图案），在缩放到不同大小时可以保持图形的清晰。矢量图存储量小、精度高，但显示时要先经过计算，转换成屏幕上的像素。

矢量图文件的类型有 CDR、FHX、AI 等，一般是直接用软件程序制作的，如 Coreldraw、

Freehand、Illustrator 等。

6.5　图像扫描技术

不同的扫描仪有不同的扫描界面,但基本过程和步骤是相似的。下面以 Microtek 公司的 ScanWizard 5 扫描系统为例简单介绍相关的应用。

1. 启动扫描程序

双击桌面上的扫描软件 Microtek ScanWizard 5 的图标,弹出操作窗口,如图 6.6 所示。

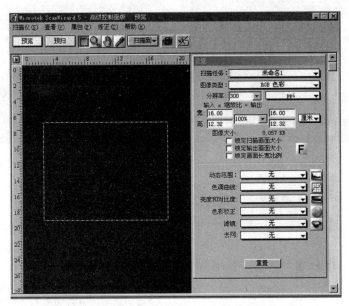

图 6.6　Microtek ScanWizard 5 扫描仪软件主界面

窗口右侧是关于图像类型、分辨率以及图像尺寸等各项的选择参数。对于彩色照片,图像类型一般选择"RGB 色彩"。分辨率则根据图像用途的不同选择相应的数值,通常用于 Word 文档或网上传输的图像可选择 72ppi、96ppi,用于印刷则可选择 200ppi;如果是线条图,则宜选择 600ppi,以提高分辨率,增加清晰度。不过 ppi 值越高,生成的图像文件越大,占用磁盘空间越大,网上传输的数据量也越大,所以并不是 ppi 的值越高越好,应根据不同用途进行选择。至于其他一些参数,初学者可选择默认值或参考扫描仪说明书中的详细介绍。

窗口左半部的黑色区域对应扫描仪上的扫描面板部分。

2. 确定扫描范围

将要扫描的图片放到扫描仪的面板上,然后单击"预览"按钮,出现预览画面,如

图 6.7 所示。

画面显示扫描图片在面板上的位置和大小,调整虚线框以确定将要开始正式扫描的有效范围。

3. 指定文件存储的路径与格式

扫描区域选定后,单击"扫描到"下拉按钮,在弹出的列表中选择"扫描到"选项,如图 6.8 所示。此时弹出如图 6.9 所示的窗口。在这个对话框中确定扫描将要生成文件的存储路径及文件名称。对于"保存类型"选项,可选择 ∗.tif 或 ∗.jpg 格式。前者为通用格式,生成的文件较大;后者为压缩格式,生成的文件较小,适于存储和传输,如图 6.10 所示。

图 6.7 扫描仪图片预览

图 6.8 "扫描到"选项

图 6.9 "扫描到:另存为"对话框

4. 开始扫描

单击"保存"按钮,扫描开始,如图 6.11 所示。

待扫描完成后,将在刚才指定的位置存放生成的图像文件,需要时可以插入 Word 文档中,也可以用 Photoshop 等图像处理软件进一步加工。至此就完成了把一张图片转换成数字信息并存储到计算机的过程。

图 6.10　选择合适的文件类型

图 6.11　正常扫描

6.6　图像文字识别与转换

在实际工作中,有时需要把大量纸质文字资料转换成电子文档,以长期保存、共享、使用,尤其是大量历史文献。使用 OCR(Optical Character Recognition)文字识别软件可以将纸质或图像文字资料通过扫描仪输入,识别转换为文字内码,生成可编辑文字文档。

6.6.1　扫描仪文字识别

例如有一篇印有文字内容的纸张或照片形式的文章,这里使用计算机应用软件"尚书六号汉字表格识别系统"进行识别转换,如图 6.12 所示。

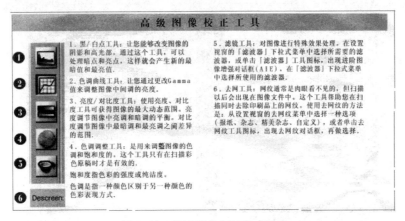

图 6.12　印刷版文字纸张或照片

1. 启动识别软件

双击"尚书六号汉字表格识别系统"的图标,启动该应用软件,工作界面如图 6.13 所示。

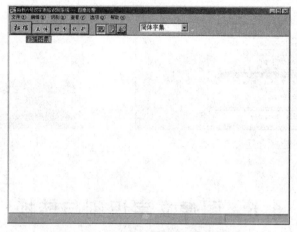

图 6.13　文字识别系统的工作界面

2. 扫描文稿

一般情况下,在识别软件内都嵌入了扫描驱动,通过扫描仪扫描文稿。

把印刷版文字文稿正确放在扫描仪的扫描板上,准备好后,单击"扫描"按钮,系统调用扫描程序,出现对话框。在左侧自定义选择要识别文字的区域,准备扫描,如图 6.14 所示。

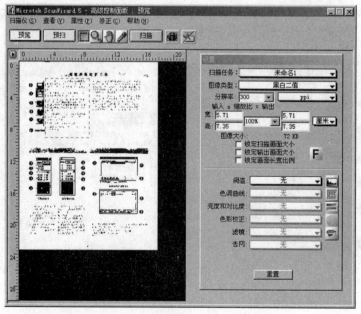

图 6.14　自定义要识别文字的区域

在"图像类型"下拉列表中选择"黑白二值"选项,"分辨率"选项可选 200~300ppi,文字越小,所需的分辨率越高,然后单击"扫描"按钮,开始扫描,如图 6.15 所示。

3. 确定识别范围

单击左侧的"放大镜"按钮,然后在文字图像上单击即可放大文字图像,如图 6.16 所示。

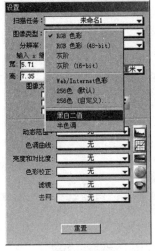

图 6.15 参数选择

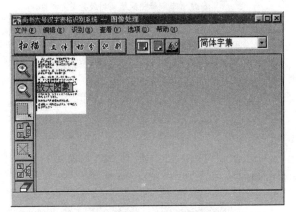

图 6.16 扫描图像后出现的"图像处理"对话框

单击"设定识别区域"按钮,划定识别范围的区域,如图 6.17 所示。

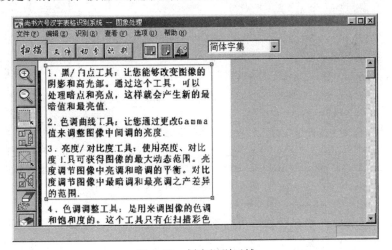

图 6.17 划定识别区域

4. 校正图像

为了提高识别准确率,在开始识别之前可先对文字图像进行倾斜校正。选择"编辑""倾斜校正"命令,对图像进行校正处理,如图 6.18 所示。

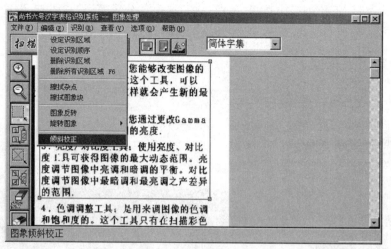

图 6.18　校正图像

5. 开始识别

单击"识别"按钮，即开始对文字图像进行识别处理。识别处理后的结果即生成可以编辑的电子文字文档，如图 6.19 所示。

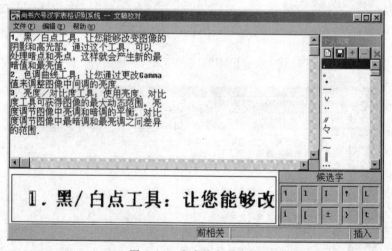

图 6.19　生成的电子文档

窗口上半部是已识别并转换的可编辑的电子文字文档，下半部则是文字图像的显示。同时有一方框光标框住某一文字，对应电子文档中识别转换的文字。出现识别错误时，便于用户直接校对更正。

6. 保存电子文档

用户认为校对完毕后，可选择"文件/另存为"命令，将该文字文件保存成文本文档，如图 6.20 所示。至此，对图像中的文字识别转换工作已经完成。

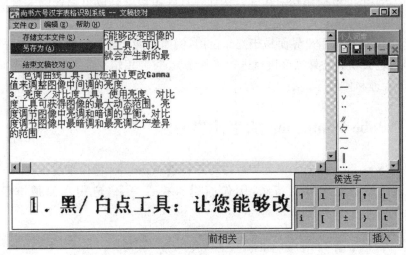

图 6.20 生成文本文档

6.6.2 扫描笔文字识别

扫描笔文字识别适用于数量不多但需要随时识别转换文字的场合。

扫描笔方便携带,便于移动办公。通过笔形的笔尖扫描头将报纸、书刊、杂志等文档中的文字逐行扫描提取、摘抄、存储或者翻译。

扫描笔分为脱机扫描笔和联机扫描笔。

联机翻译笔就是连接计算机使用的扫描翻译笔,能在与计算机连接的情况下即时将扫描的内容识别转换为文本输入计算机。

脱机扫描笔一般是指翻译笔和摘录笔结合的扫描笔,具有即扫、即摘、即翻译、即记忆等功能。

有的扫描笔具有翻译功能,可以通过笔尖的扫描直接将报纸、书刊中的文字翻译出来。

图像识别处理技术在计算机应用技术领域有许多应用内容和成果,比如指纹识别、人脸识别、车牌识别等。

6.7 Adobe Photoshop 图像处理技术应用

Adobe Photoshop 是目前广为流行的图形图像处理软件,由美国 Adobe 公司开发研制。新版 Photoshop 比以往版本具有更强大的图像处理功能,实用性更强,可极大地扩展用户的应用创造力。Adobe Photoshop 内置矢量绘图工具,提供增强的图层控制功能,集成多种绘图、修饰和特殊效果工具,成为网站图片、画册制作等各行业创建高品质图像工作的基本工具,是数字图像处理工具软件的经典代表。

Adobe Photoshop 应用功能很多。例如在点阵图像中合成可编辑的矢量图形、组合线条和各种形状、建立定义边界清晰的矢量文本、编辑图形图像等。

Photoshop 可视化用户界面易于操作使用,例如提供了增强型裁剪工具、提取图像等操作命令,通过关联性工具栏可快速进行工具设置,可使用定制的笔刷、渐变等功能,色彩配置更易于管理和使用等。

6.7.1　Adobe Photoshop 的工作界面

Adobe Photoshop 图形图像处理程序可运行于 Windows 操作系统上,工作界面的可视化程序设计使功能区域更清晰,图像编辑操控性更强,应用更简捷方便。Adobe Photoshop 的工作界面如图 6.21 所示。

图 6.21　Adobe Photoshop 的工作界面

6.7.2　Adobe Photoshop 工具箱

在工具箱中,每种工具都有一个对应的图标。功能相近的工具共享一个位置,此时在图标右下角会有一个黑三角。用鼠标右击该图标即可弹出同类工具的扩展工具,如图 6.22 所示。

1. 区域选择及移动类工具

在 Photoshop 中,许多命令都可以单独对选中的区域起作用,而不影响区域外的内容。要指定图像中的某个区域,有多种工具可以使用。

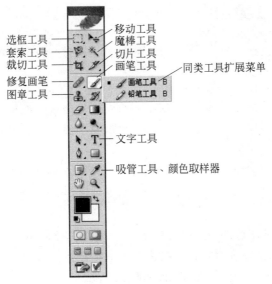

选框工具 —— 移动工具
套索工具 —— 魔棒工具
裁切工具 —— 切片工具
修复画笔 —— 画笔工具
图章工具 —— 同类工具扩展菜单

画笔工具 B
铅笔工具 B

文字工具

吸管工具、颜色取样器

图 6.22　Photoshop 工具箱

1）选框工具

选框工具有矩形选框、椭圆选框和单行像素以及单列像素选择工具,都可以很方便地选定规则的区域或像素。

2）套索工具

套索工具有套索工具、多边形套索工具、磁性套索工具 3 种,可以指定不规则的区域。使用套索工具可连续选择所划定的一块区域,若光标轨迹没有封闭,系统会自动封闭。多边形套索是由单击所形成的折线多边形区域,若最终位置与起始位置重合,则区域即可封闭,若不重合,需双击鼠标,系统即自动封闭。磁性套索工具会随着光标的移动而自动"吸"到前景图像的边缘划定区域,自动设置各个转折点,但有时它所划定的区域并非如人所愿。

3）魔棒工具

单击魔棒工具可自动选中图像上颜色相近的一块连续像素区域,而不必进行人工画线。

4）移动工具

每种区域选择工具在划定范围后,选择工具在所选区域内会变成区域边界移动工具,拖动所画边界即可移动位置,但不移动其中的像素内容。而用移动工具拖动时,则连同其中的像素内容一起移动。

5）裁切工具

拖动裁切工具可以在图像上划出一块矩形区域,并在矩形四边和四角显示控制柄,可调整矩形的大小。光标在该矩形内具有移动功能,可以移动矩形改变所圈定的位置;光标在矩形外是控制旋转功能,可以将该矩形旋转任意角度。执行裁切时,将光标放在矩形内,双击鼠标即可裁掉矩形以外的图像内容。

2. 图片修饰加工类工具

图片修饰加工类工具可以直接在图像上添加、复制、修复像素。

1) 修复画笔工具

修复画笔工具用于校正图像上的瑕疵，使它们消失在周围的图像中。修复画笔工具可以利用图像中的样本像素绘画，但并不是完全对样本像素进行复制，而是将样本像素的纹理、光照、透明度和阴影与源像素进行匹配，尽量符合修复处周围的风格特征，使修复后的像素不留痕迹地融入图像。

修复时先选择与瑕疵周围像素相似的取样点，然后在图像中需要修复的地方单击并拖动鼠标即可。

2) 仿制图章工具

仿制图章工具是把图像的一部分复制到另一处。先按住 Alt 键，在图像上希望复制的原图部分单击取点，然后在目标位置按住左键拖动鼠标，用仿制图章工具在原车辆后面按原图取点范围复制另一辆同样的车，如图 6.23 所示。

(a) 原图　　　　　　　　　　　　　(b) 复制后的图

图 6.23　用仿制图章工具复制另一辆同样的车

用仿制图章工具也可以对图像进行修复操作，但它只能做单纯的复制，不能与周围像素进行自动匹配。

3. 添加内容类工具

添加内容类工具主要用于在图像背景上添加所需的内容。

文字工具用于在图像中添加文本。在图像上要添加文字处单击，输入文字即可，如图 6.24 所示。要想移动文字位置，需要使用移动工具进行移动。

4. 其他辅助工具

1) 吸管工具

将吸管工具指向要查看的位置，可以在"信息"调板中查看单个位置的颜色值。用吸管工具单击图

图 6.24　在图片上添加文字

像某个位置即把该位置的颜色设为前景色。若在按住 Alt 键的同时单击,则设为背景色。

2)颜色取样器

使用颜色取样器最多可显示图像中 4 个位置的颜色信息。

6.7.3 图像快速调整功能

Photoshop 可以对一幅图像在总体上进行快速调整,其调整内容包括亮度、颜色、饱和度、对比度等。选择"图像"|"调整"|"亮度/对比度"等命令可以对图像的各种属性和色调范围进行参数调整。例如对曝光不足或曝光过度的照片采取补救措施进行校正,如图6.25 所示。

图 6.25 选择"亮度/对比度"命令

有关菜单选项的使用,只有对图像处理技术应用的基本要素有一定的了解,才能有效使用 Adobe Photoshop 等专业工具软件更好地对图像属性等进行参数设置与控制。

1. 色彩属性

图像色彩的基本构成包括色相、亮度和饱和度 3 种属性。色相(hue)指自然光基本颜色的红、橙、黄、绿、青、蓝、紫等色彩组合,而图像以黑、白呈现,各种灰色都属于无色系;亮度(brightness)是指色相的明暗程度;饱和度(saturation)则是指色彩的纯度,也可称为彩度。

2. RGB 颜色模式

RGB(red,green,blue)红、绿、蓝 3 基色合成屏幕显示的色彩。给彩色图像中每个像素的 RGB 分量分配一个数码,从表示黑色的 0 到表示白色的 255。例如,当 R 值为 251,G 值为 20,B 值为 52 时,呈现出一种明亮的红色;当 RGB 分量值相等时,显示结果为灰色;当所有分量的值都是 255 时,显示结果是纯白色;当 RGB 分量值都为 0 时,显示结果就是纯黑色。

RGB 图像为 3 通道图像,各通道占 1 字节,这样每个像素都有 8×3=24 位;实际上,屏幕上显示的图像色彩有多达 1670 万种颜色,RGB 图像只使用 3 种基本颜色。

新建 Photoshop 图像的默认模式为 RGB 颜色模式,而计算机显示器一般也使用 RGB 颜色模式显示图像。

3. CMYK 颜色模式

CMYK 模式以四色处理为基础,是一种用于印刷组色的颜色模式,一般使用 C 青色、M 洋红色、Y 黄色、K 黑色 4 种颜色油墨叠加组合,形成颜色连续的图像效果。

在 Photoshop 的 CMYK 颜色模式中,每个像素的每种分量各分配一个百分比值。高光最高颜色分配较低百分比值,暗调较暗颜色分配较高百分比值。例如在 CMYK 图像中,青色 2%、洋红 96%、黄色 90% 和黑色 0% 的参数设置会呈现明亮的红色;CMYK4 种分量值都是 0% 时,就会产生纯白色。当需要使用印刷色打印制作 Photoshop 图像时,应使用 CMYK 衍射模式。

4. 黑白位图模式

黑白位图模式是使用黑白两种颜色值表示图像像素的颜色模式。黑白位图模式的图像也称黑白图像,因为只用 1 位存放一个像素,又称单位图像。

除了这几种颜色模式外,还有灰度模式、双色调模式、索引颜色模式、多通道模式等,可根据需要结合使用。

5. 原始图像

原始图像是未进行调整的图像,如图 6.26 所示。

图 6.26　原始图像

6. 亮度

亮度是对原始图像增加或降低整体明亮度,图 6.27 所示为提高亮度后的效果。

7. 对比度

对比度可以增大或减小图片的反差。增大反差,使亮处更亮,暗处更暗,明暗更加分明;减小反差,使亮处变暗,暗处变淡,图片整体变得暗淡,图 6.28 所示为增大对比度后的效果。

其他应用可参照上述过程进行设置,各种参数设置和图像处理效果随着选择和确认

图 6.27 "亮度"为 65 时的效果

图 6.28 "对比度"为 65 时的效果

即刻呈现在显示屏幕上。

6.7.4 图层技术应用

在 Photoshop 中,可以根据需要在一幅图像上添加一层或多层像素,形成一层层相互独立的图层。对每层像素都可以独立进行编辑和修改,同时并不影响其他图层。例如,在图像上添加文字,文字就是一层图层。改变文字的大小位置并不影响图像所在的图层。

图层上的像素并非一定要铺满整个图层。例如,文字所在的图层,有文字的地方有像素,没有文字的地方就没有像素,是"透明"的,如图 6.29 所示。

(1) 背景层:最初打开的图像文件——路上的汽车。

（2）设计图层1：松树所在的图层，是右下角的一棵松树在图像合成时自动生成的图层。

（3）设计图层2："春天的阳光"文字图层，在图像上加入文字时自动生成一个新图层。

（4）设计图层3："行驶的汽车"文字图层，该图层与文字"春天的阳光"不是一次加入，又单独成为一个图层。

所有的图层叠加在一起显示，就是一个完整的效果图，如图6.30所示。

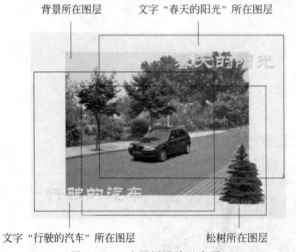

图6.29　4个图层设计示意图　　　　　图6.30　图层叠加组成的效果图像

在编辑过程中，可以根据用户的需要随时将需要编辑的图层调到最上层，作为"当前层"进行编辑修改。这些操作可以在Photoshop的"图层"调板中进行显示和控制，如图6.31所示。

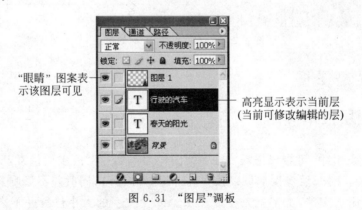

图6.31　"图层"调板

在图层显示窗口左侧，每个图层都有一个"眼睛"图案，表示该图层处于"可见"状态。也可以只显示指定的图层，将其他图层"隐藏"起来。单击"眼睛"图案，对应的图层也随之隐藏，并且在打印时也不会被输出，如图6.32所示。

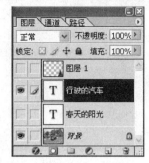

图 6.32　显示和隐藏图层

6.7.5　图像选区边界的羽化

羽化就是要使选区边界周围的像素在发生改变时以渐变形式模糊边缘,逐渐淡化选区轮廓。

羽化可以增加照片的艺术效果,淡化次要元素,突出主要内容;也可以用于两幅照片的合成,使合成边界逐渐过渡,增加逼真的效果。

比如,要突出照片中心的汽车,淡化四周的背景,可以采用羽化实现。操作步骤如下。

(1) 先用套索工具定义羽化边缘。

(2) 选择"选择"|"羽化"命令,弹出"羽化选区"对话框,定义羽化半径,这里设为 200 像素。

(3) 再选择"选择"|"反选"命令,使选择区域定义为中心以外的区域。

(4) 按 Delete 键,删除"反选"区域的内容。由于对区域边界定义了"羽化",所以删除时并不是将中心区域以外的内容全部删除,而是从"羽化"边界向外逐渐变淡,如图 6.33 所示。

图 6.33　羽化处理后的效果

利用"羽化"功能还可以把当前图的一部分移植到另一张图中,并实现平滑过渡。例如,将图 6.34(a)的部分前景与图 6.34(b)的部分背景合并,实现对图 6.34(a)背景的置换。操作步骤如下。

(1) 先将前景图 6.34(a)中要保留的前景部分用套索工具圈出,并用 10 像素半径羽化,如图 6.34(a)所示。

(2) 再打开图 6.34(b)的文件,作为背景文件,如图 6.34(b)所示。

(3) 用移动工具(连同轮廓内的像素一起移动)将图 6.34(a)中圈出并已羽化的区域拖到图 6.34(b)中的相应位置。这样,以图 6.34(b)为背景,以图 6.34(a)为前景的一幅合成图就完成了,并在接缝处实现渐变融合。此时,合成图由 2 个图层组成,如图 6.34(c)所示。

(a) 前景图   (b) 背景图

(c) 合成图

图 6.34　利用羽化制作合成图像

6.7.6　滤镜功能

滤镜是系统内预制的一些艺术特效处理程序。有些滤镜可以改善图像的品质,弥补原图像的不足,如"模糊"滤镜、"锐化"滤镜等。有些滤镜纯粹是为了增加特效或艺术魅力,产生奇特的效果,以增强艺术感染力。

1. "镜头光晕"滤镜

选择"滤镜"|"渲染"|"镜头光晕"命令,弹出"镜头光晕"对话框,设定相关参数,如图 6.35 所示。单击"好"按钮,即可给原图加上"镜头光晕"效果,如图 6.36 所示。

2. "光照效果"滤镜

选择"滤镜"|"渲染"|"光照效果"命令,弹出"光照效果"对话框,设定相关参数。其中光照方向和范围大小可以用鼠标拖住"预览"图中的把柄改变,如图 6.37 所示。单击"好"按钮,即可给原图加上"光照效果"效果,如图 6.38 所示。

3. "锐化"滤镜

选择"滤镜"|"锐化"|"锐化"命令,如图 6.39 所示。该图中只对选区内的图像进行锐化,如图 6.40 所示。

图 6.35 "镜头光晕"对话框

图 6.36 添加"镜头光晕"后的效果

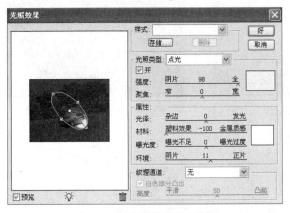

图 6.37 "光照效果"对话框

图 6.38 添加"光照效果"后的效果

图 6.39 选定"锐化"方式

图 6.40 添加"锐化"后的效果

4. "风"滤镜

选择"滤镜"|"风格化"|"风"命令,弹出"风"对话框,在"风""大风""飓风"中选择一种,然后选择一种风向,单击"好"按钮,如图 6.41 所示。在方法中选择"风",方向选择"从左",则可给原图加上疾驶行车的效果,如图 6.42 所示。

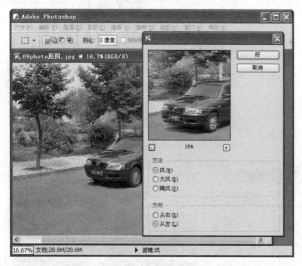

图 6.41　在"风"对话框中进行选择

图 6.42　添加"风"后的效果

5. "球面化"滤镜

选择"滤镜"|"扭曲"|"球面化"命令,弹出"球面化"对话框,球面化程度在-100%～100%选择,球面化模式有"水平优先""垂直优先"和"正常"3 种,如图 6.43 所示。

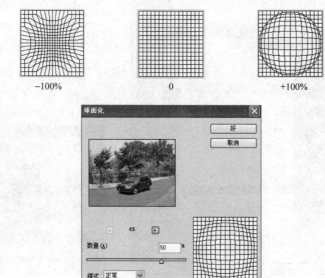

图 6.43　参数设置及效果

设置"数量"为 50％、"模式"为"正常"的球面化处理效果如图 6.44 所示。

图 6.44　添加"球面化"后的效果

6.8　Windows Movie Maker 动态图像制作技术

Movie Maker 是 Windows 操作系统自带的入门级视频编辑软件,在 Windows 7 操作系统之后将其精简,在 Windows 8 系统中不再内置,在 Windows 10 操作系统上将其恢复,作为组件集成在 Windows 操作系统中,也可单独安装使用。Movie Maker 是动态图像处理应用和视频剪辑制作工具的代表软件,简单易学,使用方便。

Movie Maker 之前一直是 Windows Essential 的一个组成部分,为用户提供基本的视频编辑处理功能,尽管和其他各类专业视频剪辑软件相比在功能上还有较大的差距,因其操作简洁快速,有一定用户基础,是一个不错的动态图像处理解决方案使用工具。

如果新版 Movie Maker 是基于 Windows 10 操作系统平台的应用推出,也会像 Windows 10 系统上的邮件、日历、音乐等自带应用程序一样使用统一的设计应用风格,方便用户操作使用。

利用 Movie Maker 可以把自己拍摄的录像片段和其他音频、视频甚至照片等媒体资料合成制作成个性化电影。

完成一个数字视频的编辑制作主要有以下三大步骤:首先使用 Windows Movie Maker 通过摄像机或其他视频源将音频和视频捕获到计算机上,然后将捕获的内容应用到电影中,或将现有的音频、视频或静态图片导入 Windows Movie Maker,在电影中使用;然后在 Windows Movie Maker 中完成对音频与视频内容的编辑(包括添加标题、视频过渡或效果,剪裁不必要或拍摄不理想的片段,合成音频以及添加旁白等);最后保存为完成的电影。

用户可以将制作的电影保存到计算机上,使用媒体播放机观看已保存的电影,如 Windows Media Player;也可以通过电子邮件附件的形式发送电影或将其发送到 Web 上与他人分享。如果 DV 与计算机相连,则可以将电影录制到 DV 磁带上,然后在 DV 摄像机或电视机上播放。

6.8.1 Windows Movie Maker 工作界面

Windows Movie Maker 的工作界面包含菜单栏、工具栏、窗格以及情节提要和时间线几个区域,如图 6.45 所示。

图 6.45 Windows Movie Maker 界面构成

1. 菜单栏和工具栏

在 Windows Movie Maker 中,菜单栏包含了所有可执行的命令,工具栏提供了选择菜单命令的替代方法,使用工具栏可快速执行常见任务。要显示或隐藏工具栏,选择"查看"|"工具栏"命令即可。

2. 任务/收藏窗格

任务窗格提供有关编辑项目和制作电影时执行常见任务的信息;收藏窗格提供了有关查看收藏的信息,包括系统自带的视频效果、视频过渡以及视频剪辑等。这两个窗格在同一个位置,可以根据需要相互切换。

3. 内容窗格

内容窗格可显示在收藏窗格中选定的视频、音频、图片、视频过渡和视频效果。原始媒体素材在使用前一般要先导入内容窗格备用,然后再将它们添加到情节提要和时间线中进行编辑加工。

4. 预览窗格

预览窗格用于播放和查看内容窗格中各文件的内容,也可播放浏览时间线上编辑处理的内容,在将项目保存为电影之前进行预览,显示编辑效果。可以使用监视器上的按钮执行多种功能,例如将一个视频或音频剪辑拆分为两个较小的剪辑,或对监视器中当前显示的帧拍照等。

5. 情节提要和时间线

用于制作和编辑项目的区域有两种视图可供选择:情节提要视图和时间线视图。制作电影时,两个视图可随时切换。这是一个重要的工作窗口,用户对电影的编辑、加工内容以及处理当前项目中的剪辑信息全部反映在这里。

使用情节提要视图可以查看项目中剪辑的排列顺序,并可以对其进行重新排列;也可以利用此视图查看已添加的视频效果或视频过渡。情节提要中的所有剪辑构成了一个制作项目。

使用时间线可以查看或修改项目中剪辑的计时,也可以更改项目视图、放大或缩小项目的细节、录制旁白或调整音频级别等。要剪裁剪辑中不需要的部分,可使用剪裁手柄,该手柄在选中剪辑时出现,如图 6.46 所示。

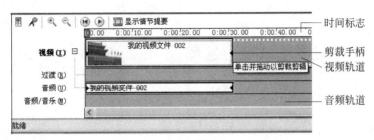

图 6.46　在时间线中剪裁视频

6.8.2　动态多媒体信息采集

原始视频素材一般存储在摄像带上,用摄像机或播放机才能进行回放。要想利用计算机对它进行编辑加工,需要先将其转换为计算机可读的数据文件,这就需要先进行视频捕获。

在 Windows Movie Maker 中,可以使用各种捕获设备在计算机上捕获视频和音频。捕获设备是一种硬件,使用它可以向计算机传输视频和音频,然后将其转换为可以在计算机上播放的数据文件。

1. 模拟视频采集

早期的摄像机是采用模拟方式将视频和音频信息存储在磁带等载体上的,称为模拟信号源。要捕获模拟信号,需要计算机中有内置的模拟视频卡或外置的模拟视频采集设备将模拟信息转换成数字信息。模拟信号通过专用电缆和视频卡上的端口输入计算机。

2. 数字视频采集

目前,DV 数码摄像机已被广泛使用,视频信息以数字的形式存储在磁带上,从而使向计算机传输视频信号变得更为简单。用 USB 2.0 端口直接从信号源连线就可以捕获视频信号。

另一种捕获 DV 数字视频信号的端口是美国电器及电子工程师协会(IEEE)的 1394端口。1394 端口是一种高速串行总线标准,它为多种设备提供了增强的计算机连接。该端口通常被设计在主板上,在计算机背部需要专用的 1394 电缆与摄像机连接。

3. 音频信号采集

在一般情况下,在捕获视频信息时,伴随着视频信号记录下来的音频信号会一同被捕获到计算机上。对于独立的音频信息,需要单独对音频信号进行捕获。

使用音频捕获设备可将音频从外部源捕获到计算机上,最常见的音频捕获设备是麦克风。可以使用音频卡(也称声卡)、单独的麦克风、模拟摄像机或 Web 摄像机的内置麦克风等捕获设备。

6.8.3 音频与视频信息采集过程

音频与视频信息采集即动态视频和音频信号的捕获过程。

1. 计算机、摄像机等硬件的连接与设置

根据信号源和外部设备的不同,应选择相应的连接方式。

对于模拟信号源,通常用专用电缆与视频采集卡连接。将摄像机上的视频输出连接到捕获卡的视频输入口,然后将左右音频线(通常从 RCA 左右频道连接器连接到单个3.5 毫米立体声耳机插头)连接到声卡上的音频输入口(或模拟视频捕获卡,如果卡同时带有音频和视频插孔)。如果摄像机和捕获卡都带有 S 视频端子,则可以使用 S 视频端子录制视频,同时保持连接音频连接器以捕获音频。

对于 DV 数字信号,用专用电缆把摄像机和计算机直接通过 USB 接口相连;或用IEEE 1394 电缆将 DV 摄像机的 DV 输出端口与计算机上的 IEEE 1394 端口相连。打开 DV 电源后,计算机会提示发现新硬件,并自动安装驱动。

做好硬件连接后,将摄像机设置为播放模式,通常在 DV 摄像机上出现 VTR 或 VCR标志。

2. 捕获 DV 摄像机磁带上的视频

在"电影任务"窗格中单击"捕获视频"下的"从视频设备捕获"超链接,弹出相应的对话窗口,为将要捕获的视频指定存储路径和存储文件名,如图 6.47 所示。

单击"下一步"按钮,出现"视频设置"界面,选择用于捕获视频的设置。该设置决定了捕获视频的质量和文件的大小。如果将来仅用于在计算机上剪辑和播放,可选择

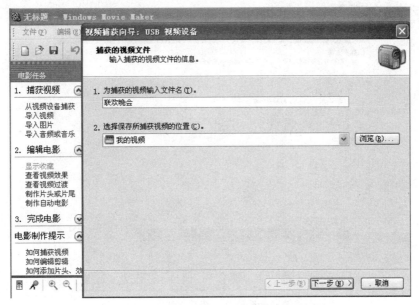

图 6.47　设置捕获视频的保存位置和文件名

Windows Media Video(WMV)文件格式,其比特率为 512kb/s,每分钟视频约占用 3MB
磁盘空间;如果剪辑完毕后还准备录回到磁带上,则需要选择 AVI 文件格式,以使视频达
到最佳质量。但 AVI 格式文件的传输比特率高达 25Mb/s,每分钟视频约占用 178MB 磁
盘空间,如图 6.48 所示。

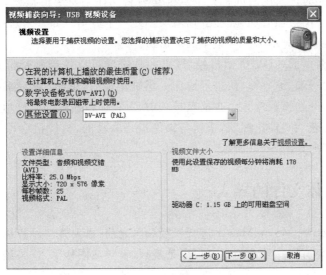

图 6.48　视频设置

　　单击"下一步"按钮,出现"捕获方法"界面,如果选择"自动捕获整个磁带"单选按钮,
则单击"下一步"按钮后,系统开始自动启动摄像机,将录像带倒回至起始点,并开始捕获;
如果选择"手动捕获部分磁带"单选按钮,则可以在视频播放过程中根据需要手动捕获部

分片段,如图 6.49 所示。

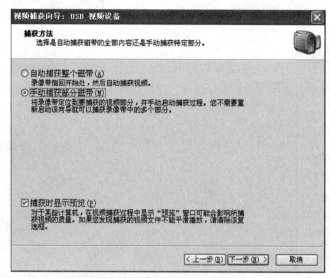

图 6.49　捕获方法

单击"下一步"按钮,进入"捕获视频"界面。为将来剪辑的方便,可选中"完成向导后创建剪辑"复选框,这是一个非常实用的功能,系统会在以后导入视频时自动将视频拆分为较小的剪辑片段,但源文件还是作为一个文件存储在磁盘上。创建剪辑的操作将把捕获的视频拆分为易于管理的片段。如果使用 DV 设备捕获视频,则系统将根据 DV 摄像机在最初录制视频时记录的时间标记信息创建剪辑。如果使用模拟设备捕获视频,则当视频中相邻两帧中的一帧有明显变化时,就会创建一个剪辑。如果未选择创建剪辑,则在捕获结束后,该视频将显示为一个整个的大剪辑。

在"预览"视窗下面,"DV 摄像机控制"下的软按键可以控制磁带位置,进行播放、暂停、停止、倒带、上一帧、下一帧、快进等操作。正确定位后,单击"开始捕获"按钮,摄像机即启动,系统同时开始捕获视频。在捕获过程中,可在窗口左侧即时显示捕获的时间和文件大小。"开始捕获"和"停止捕获"按钮与摄像机是联动的,摄像机会根据捕获操作的开始或停止自动响应,如图 6.50 所示。

6.8.4　多媒体文件的导入

在使用 Windows Movie Maker 进行视频编辑之前,需要先将计算机内已存储的数字媒体文件导入内容窗格。导入的内容可以是视频、音频或图片等,作为编辑素材备用。在 Windows Movie Maker 中导入文件时,可以一次导入一个文件,也可以一次导入多个文件。

需要注意的是,导入的素材只是"源文件"的索引,并非源文件的副本。在导入视频、音频或图片文件时,该文件仍将保留在被导入时的原始位置。Windows Movie Maker 中出现的最终剪辑只是对源文件的利用方案,并没有对源文件进行复制。也就是说,将源文

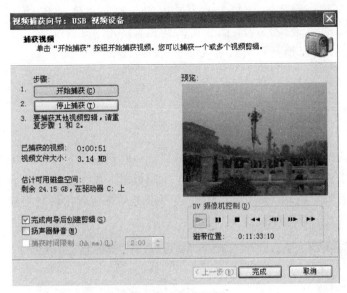

图 6.50　捕获视频

件导入 Windows Movie Maker 后,如果用户又对源文件做了改动,则这些更改会自动显示在 Windows Movie Maker 中使用了该源文件的项目中。因此,用户一定不要重命名、删除或移动源文件,以确保它们可以保持在 Movie Maker 项目中使用。相反,如果仅从 Windows Movie Maker 中删除该文件的缩略图或剪辑,则只是删除了对该文件的索引,该源文件仍位于其原始位置,保持不变。

在"捕获视频"中执行"导入视频""导入图片""导入音频或音乐"操作,即可将相应内容导入内容窗格,如图 6.51 所示。

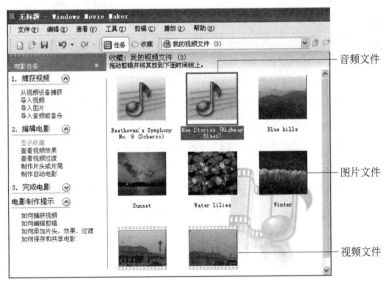

图 6.51　已导入内容窗格的文件

可以导入 Windows Movie Maker 中使用的音频文件格式有 aif、aifc、aiff、asf、au、mp2、mp3、mpa、snd、wav 和 wma;图片文件格式有 bmp、dib、emf、gif、jfif、jpe、jpeg、jpg、png、tif、tiff 和 wmf;视频文件格式有 asf、avi、m1v、mp2、mp2v、mpe、mpeg、mpg、mpv2、wm 和 wmv。

6.8.5　编辑预览功能

导入内容窗格的媒体文件以及放在情节提要和时间线上的内容可以随时在预览窗格上查看、浏览,以查看最终效果。使用"播放"按钮可以一帧一帧、一段一段地移动,也可以在任意帧处将剪辑剪断,拆分为两个剪辑;还可以对动态视频中的任意帧进行"拍照",将其转换成静态图片,如图 6.52 所示。

图 6.52　在预览窗口拆分剪辑和拍照

6.8.6　动态视频集成编辑

要建立一个项目和制作电影,需要将导入或捕获的视频、音频或图片添加到情节提要/时间线上,用鼠标直接将内容窗格中的媒体文件图标拖到情节提要/时间线上即可。情节提要/时间线上的剪辑将成为项目的内容和最终电影的内容。

情节提要和时间线都能显示出正在处理的工作内容,情节提要显示出剪辑的排列顺序;时间线显示出剪辑的计时信息。编辑过程中,可以随时在情节提要和时间线之间切换,如图 6.53 所示。

影片的剪辑加工过程主要在时间线上完成。将剪辑添加到情节提要/时间线并创建项目后,可以进行组合编辑。

1. 重新排序

根据需要用鼠标在时间线上前后拖动某一剪辑的位置,重新排列剪辑的先后顺序。

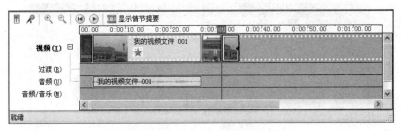

图 6.53　添加到时间线的工作内容

2. 剪裁

可以在时间线视图上对剪辑进行剪裁,掐头去尾,隐藏不在项目中使用的剪辑片段。例如,可将一个剪辑的开始或结尾片段剪裁掉。剪裁并不是从素材中删除信息,可以随时通过清除剪裁点将剪辑恢复为原来的长度。只有将剪辑添加到情节提要/时间线后才能进行剪裁。不能在内容窗格中进行剪裁,如图 6.54 所示。

3. 拆分剪辑

利用预览窗口中的"剪切"按钮可以将一个视频剪辑拆分成两个剪辑。当在剪辑中间插入图片或视频过渡时,此选项非常有用。可以拆分时间线上显示的剪辑,也可以拆分内容窗格中的剪辑。

图 6.54　剪裁片段

4. 在剪辑间添加过渡

视频过渡控制如何从播放一段剪辑或一张图片过渡到播放下一段剪辑或下一张图片。在情节提要/时间线的两张图片、两段剪辑或两组片头之间以任意的组合方式添加过渡,过渡在一段剪辑刚结束、另一段剪辑开始播放时进行播放。Windows Movie Maker 包含多种过渡,可以从电影任务窗格中的"查看视频过渡"选项调出,如图 6.55 所示。

5. 添加剪辑效果

视频效果决定了视频剪辑、图片处理或片头在剪辑项目文件生成及最终电影中的显示方式,可以为视频剪辑和图片添加视频效果。

视频效果可在视频剪辑、图片或片头的整个显示过程中呈现出特殊效果,如淡出、淡入、放大、缩小、变慢、旋转等。各种效果可以从电影任务窗格中的"查看视频效果"选项调出,如图 6.56 所示。

6. 添加视频剪辑文字片头

视频剪辑功能可以在任意视频剪辑的前、中、后位置添加文字片头,通过使用片头和片尾向电影添加文字信息以增强其效果,如电影片名、参与制作者的姓名、日期等信息。

可以将片头文字添加到电影中的不同位置,如在电影的开始或结尾处、一段剪辑的前

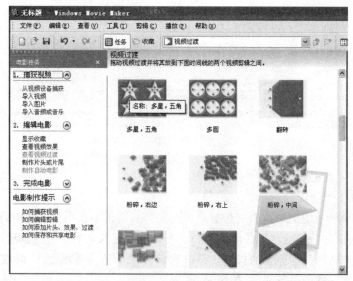

图 6.55　添加过渡效果

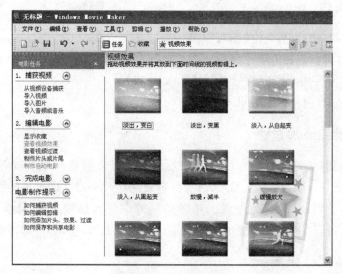

图 6.56　添加视频效果

后或者与一段剪辑重叠。

　　片头的字体、颜色可由用户自己定义。片头的出现方式也有多种动画效果可以选择。单击任务窗格中的"制作片头或片尾"超链接,根据系统提示制作即可,如图 6.57 所示。

7. 添加背景音乐或录制旁白

　　可通过时间线上的"音频/音乐"轨添加背景音乐或录制旁白,直接把音乐文件从内容窗格拖至"音频/音乐"轨上;或在"音频/音乐"轨空白的时段上录制旁白即可。

　　通过捕获音频旁白,可以用自己的声音描述项目中以及最终保存的电影中的视频、图片或片头等项的内容,这是增强电影效果的一种方式。

———————— 大学计算机教程(第 7 版)

图 6.57　制作片头或片尾

　　录制旁白时,要先将麦克风连接到声卡上,再将时间线上的播放指示器拖至"音频/音乐"轨上的空白点,然后单击"旁白时间线"按钮,调出操作窗口,单击"开始旁白"按钮即可开始录制。已录制好的旁白将显示在"音频/音乐"轨上,并被另存为扩展名为 wma 的 Windows Media Audio 文件。默认情况下,音频旁白文件保存在硬盘上"我的视频"中的"旁白"文件夹内,如图 6.58 所示。

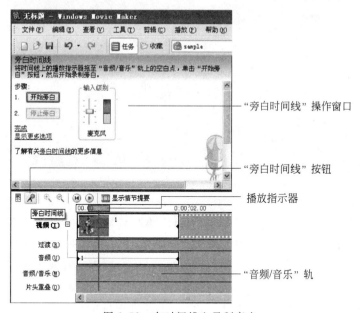

图 6.58　在时间线上录制旁白

6.8.7　剪辑项目文件的生成

　　Windows Movie Maker 编辑动态图像文件的视频、音频、片头、背景音乐等效果合成后,生成剪辑项目编辑文件,扩展名为 mswmm,通过保存该剪辑项目文件可以保留已完成的所有编辑工作内容,以便随时在 Windows Movie Maker 中打开该剪辑项目文件,进一步编辑、修改,也可以从上次保存项目文件的编辑位置继续编辑该项目文件。

在保存项目文件时,添加到情节提要、时间线中的剪辑排列顺序以及视频过渡、视频效果、片头、片尾等都被保存在该文件中。

6.8.8　电影剪辑合成效果文件

必须先将项目保存为电影,才能将其作为电子邮件的附件进行发送,发送到 Web 服务器或者将其录回到 DV 摄像机中的磁带上。

在 Windows Movie Maker 中完成编辑项目后,使用"保存电影向导"可以将项目的计时、布局和内容保存为一个完整的电影,如图 6.59 所示。

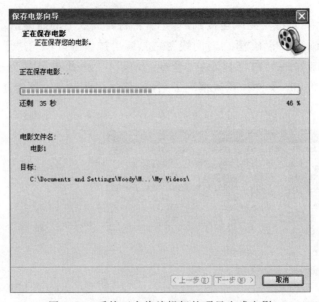

图 6.59　系统正在将编辑好的项目生成电影

此时它已与源视频文件脱离了链接关系,不再是编辑项目中的源视频文件的索引指针,而是最终生成了一个新的、完整的视频文件,包含所有已添加到情节提要/时间线的数字媒体文件,其中包括所有音频、视频、图片、视频过渡、视频或音频效果以及所有的片头和片尾。

可以将电影保存在可写入的 CD 上、以电子邮件附件的形式进行发送或录制到 DV 摄像机中的磁带上。

实际上,许多多媒体制作工具是系列软件,而且更加专业。比如 Adobe 公司在图形、图像和动态媒体创作工具软件中,平面方面有 Adobe Photoshop、Illustrator、InDesign 和 Acrobat,数字视频方面有 Adobe Premiere、After Effects Std 和 After Effects Pro 等;不仅在 Windows 操作系统上可以使用,在其他操作系统上也能使用。如 Premiere 具有非线性编辑功能,可以收集素材和制定脚本,导入素材后进行剪裁,可以组接片段,调整片段持续时间,改变片段速度,应用特效,设置运动,加入声音、运动效果及切换等,可以实现专业的制作。

6.9 思 考 题

1. 多媒体信息技术包括哪几方面的内容?
2. 试列举常见的多媒体信息技术应用。
3. 多媒体信息获取和采集的方法有哪些?
4. 常用图像文件格式主要有哪些? 它们各有何特点?
5. 试列举多媒体信息技术的应用研究。
6. 简述常见多媒体计算机系统与存储介质的使用特点。
7. 简述如何使用 Windows Media Player 媒体库管理多媒体文件。
8. 简述如何使用 Windows Media Player 工具编辑刻录光盘。
9. 简述位图文件格式的应用特点。
10. 简述矢量图的技术特点。
11. 简述为什么多媒体信息需要压缩和解压缩。
12. 简单列举使用哪些软件可以把扫描仪采集的文字图像转换成文本格式。
13. 简述 Photoshop 图像处理技术的特点与功能。
14. 简单列举 Photoshop 工具箱应用及颜色属性的设置方法。
15. 简述 Photoshop 图层技术的应用特点。
16. 简述图像选区边界的羽化过程及有关图像效果处理的功能。
17. 简述如何使用滤镜功能。
18. 简述动态音频、视频信息处理技术的特点。
19. 简述 Windows Movie Maker 的功能与使用方法。
20. 简单列举动态多媒体信息的采集方式。
21. 简述如何使用 Windows Movie Maker 导入多媒体文件。
22. 简述动态视频集成编辑的特点。

第 **7** 章 计算机网络技术应用

进入 21 世纪后,计算机网络技术迅速普及与应用,使人们进入了一个全新的信息时代,网络通信技术、计算机技术和多媒体技术作为主要标志构成了现代信息技术。本章主要内容有:

- 计算机网络技术概述;
- 计算机网络构建;
- 计算机网络的体系结构;
- 网络系统设备;
- 局域网技术;
- Internet 技术;
- 接入 Internet;
- 配置 Internet 信息服务器;
- 计算机网络标准化。

7.1 计算机网络技术概述

计算机网络是计算机技术、通信技术发展相结合的产物。计算机网络是借助电缆、光缆、公共通信线路、专用线路、微波、卫星等传输介质,把跨越不同地理区域的计算机互相连接起来而形成的信息通信网络。网络中所有的计算机共同遵循相同的网络通信规则,通常称为协议(Protocols)。在协议标准的控制下,计算机和计算机之间可以实现文字、图表、数字、声音、图形和图像等信息的综合传输,实现网络中计算机之间各种信息资源、硬件资源和软件资源的共享。

7.1.1 计算机网络的用途

现代计算机网络具有分布处理能力,在一个跨越不同地理区域的网络中,人们可以把更多的任务分散到多台计算机上进行分布处理。利用计算机网络,人们可以在本地分散收集和处理数据,然后汇总信息;可以在实时控制性要求比较高或者条件危险的恶劣环境下利用计算机进行工作。在日常生活中,利用计算机网络可以把千里之外的信息尽收眼底,呈现在自己的计算机屏幕上;可以发送与接收电子邮件;如果需要,还可以把这些信息下载到本地磁盘;利用计算机网络,可以在家中学习、办公、购物、订票;可以足不出户进行电子贸易、股票交易等;可以在网络上和他人聊天或讨论问题;还可以在网络上欣赏音乐、电影、体育实况比赛等。

7.1.2　计算机网络的分类

人们可以从技术或应用等不同的角度对计算机网络进行分类。常见的计算机网络按通信距离可以分为局域网(Local Area Network)、城域网(Metropolitan Area Network)和广域网(Wide Area Network)。广域网的通信距离通常为几十千米到几千千米,很多时候需要借助电话线等公共传输线路,所以传输速率较低。局域网的通信距离相对较小,一般为 2000m 左右,如一幢大楼、一个企业单位或者一个部门内。在局域网内,信息传输速率一般较高。城域网的范围一般为 50km 左右,大约为一个城市的规模,其传输速率适中,故得名为城域网。

局域网是一个企业、部门最常使用的组网形式。网络系统中需要有计算机、网络适配卡、连接计算机或网络设备的局域网电缆、适合且好用的网络操作系统以及必要的局域网应用软件等。在局域网中至少需要有一台计算机被指定为文件服务器,还可以有应用程序服务器和打印服务器等,其他计算机都作为工作站。

每个联网的计算机都装有一块网络适配卡,通过局域网电缆把所有的工作站和文件服务器连接起来。文件服务器安装有网络操作系统,如 Netware、Windows NT、Linux 等。每一台称作工作站的客户计算机也有自己的操作系统,如 Windows、UNIX、Linux 等都能支持网络通信。其中 Windows NT 是美国微软公司开发的网络操作系统,与 Windows 的操作界面类似,使用非常普及。Netware 是美国 Novell 公司开发的一种局域网操作系统,1989 年引入我国,已被国内用户普遍接受。Linux 是近年被人们看好的操作系统,流行和普及也很快,系统程序源代码开放,系统软件也可以从网上免费下载、免费使用。

广域网相对于局域网来说,是跨越地理区域更大的计算机网络,通常需要借助于公共通信服务设施,如电话线等,也可以通过卫星、微波等传输。广域网连接的可以是大型主机系统、小型网络系统、服务器等;也可以是几个局域网的互连。广域网中的远程用户可以通过电话线接入某个网络服务商,也可以通过本地某个局域网接入广域网。广域网的技术更为复杂,但对于用户访问网上信息、共享网络资源来说都是相似的。

Internet 是目前使用最为广泛的广域网。Internet 上的计算机有多种类型,包括大型机、中型机、小型机和微型机,各种机器上运行的操作系统也不完全相同,所以要想接入 Internet,就必须遵循共同的网络通信协议,即 TCP/IP 簇。现在使用的计算机操作系统,如个人计算机的 Windows 操作系统等,大都把 TCP/IP 簇内置在操作系统的标准配置中,用户在安装系统时可以设置。

常见的分类还有按网络的组件与地理布局的形状和结构分类,即按网络的端点之间可能连接的网络连接拓扑结构分类,可以分为总线型网络、环状网络、星状网络等。

总线网使用开路的电缆直接连接所有的网络节点,也称菊花链,即所有的计算机都通过相应的硬件接口连到总线电缆上，如图 7.1 所示。总线型网络也常常被称为以太网。

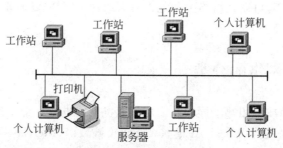

图 7.1 总线型网络

典型的环状网中，每台计算机有两个连接连在最近的机器上。环状网的数据沿环单向传输，每台计算机作为一个中继器连到一个闭合的环上，这个环是所有的计算机公用的传输介质，如图 7.2 所示。自从 IBM 公司的令牌环网络（Token Ring Network）出现后，可以通过使用一个中继集线器连接所有的计算机，物理连接类似于星状，而工作访问方法是环状，访问令牌在网络组件之间依次循环传递。

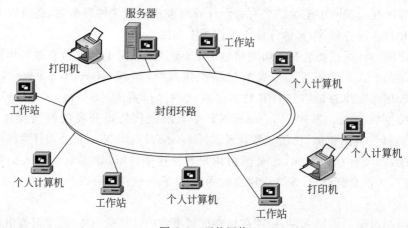

图 7.2 环状网络

在星状网络中，每个网络设备都集中连接到一个公共点设备上，称为集线器。星状网络中每个网络设备可以独立访问网络，共享集线器的带宽，是现代局域网的主流拓扑结构，最终形成交换式网络拓扑结构。在交换式网络拓扑结构中，交换式集线器一般称为交换机，它的每个端口及连接的网络设备都有自己的带宽，如图 7.3 所示。

按网络资源的访问方式分类，有对等网络和客户机/服务器网络。在对等网络中，每一台连接到网络的计算机可以直接访问其他连网计算机上的软件、数据等资源，每一台连网计算机是对等计算机，没有层次结构。在客户机/服务器网络中，需要经常共享的资源通常放在称为服务器的计算

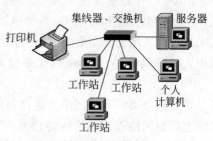

图 7.3 星状网络

机上,这台计算机是多用户计算机,协助客户机对网络资源进行共享。所有用户账号(也称 ID)和用户密码都被集中管理,有较好的安全性。其中服务器通常比客户机有更好的处理性能、更大的内存和更大的硬盘空间。

7.1.3　计算机网络的功能

计算机网络系统中包括网络传输介质、网络连接设备、各种类型的计算机等。在软件方面,计算机网络系统需要网络协议、网络操作系统、网络管理和应用软件等。

计算机网络是计算机技术与通信技术相结合的产物,它的应用范围不断扩大,功能也不断增强,主要包括以下几个方面。

1. 资源共享

现代计算机网络连接的主要目的是共享网络上的资源,包括硬件资源,比如大容量的硬盘、打印机等;软件资源,比如文字数字数据、图片、视频图像、卫星云图、气象资料等。

网络中的各种资源均可以根据不同的访问权限和访问级别提供给入网的计算机用户共享使用,可以是全开放的,也可以按权限访问,即网络上用户都可以在权限范围内共享网络系统提供的共享资源,包括硬件和软件。共享基于连网环境资源的计算机用户不受实际地理位置的限制。例如,客户端的用户可以在网络服务器上建立目录并将自己的数据文件存放到此目录下,既可以从服务器上读取共享的文件,也可以把打印作业送到网络连接的打印机上打印,还可以从网络中检索到自己需要的信息数据等。

在计算机网络中,如果某台计算机的处理任务过重,也就是太"忙"时,可通过网络将部分工作转交给较为"空闲"的计算机完成,以便均衡使用网络资源。

资源共享使得网络中分散的资源能够为更多的用户服务,提高了资源的利用率,共享资源是组建计算机网络的重要目的之一。

2. 提高信息系统的可靠性

组成计算机网络的计算机网络系统具有可靠的处理能力。计算机网络中的计算机能够彼此互为备用。一旦网络中某台计算机出现故障,故障计算机的任务就可以由其他计算机完成,不会出现因单机故障而使整个系统瘫痪的现象,增加了计算机网络系统的安全可靠性。比如,如果网络中的一台计算机或一条线路出现故障,则可以通过其他无故障线路传送信息,并在其他无故障的计算机上进行需要的处理,对不可抗拒的自然灾害也有较强的应付能力,例如战争、地震、水灾等可能使一个单位或一个地区的信息处理系统处于瘫痪状态,但整个计算机网络中其他地域的系统仍能工作,只是在一定程度上降低了计算机网络的分布处理能力。

3. 进行分布处理

在具有分布处理能力的计算机网络中,可以将任务分散到多台计算机上进行处理,由网络完成对多台计算机的协调工作。对于处理较大型的综合性问题,可按一定的算法将任务分配给网络中不同的计算机进行分布处理,从而提高处理速度,有效利用设备。这样,以往需要大型机才能完成的大型题目,可由多台微型机或小型机构成的网络协作完成,而且运行费用大幅降低,运行效率却大幅提高,还能保证数据的安全性、完整性和一致性。

采用分布处理技术往往能够将多台性能不一定很高的计算机连成具有高性能的计算机网络,使解决大型复杂问题的费用大幅降低。

4. 进行实时控制和综合处理

利用计算机网络可以完成数据的实时采集、实时传输、实时处理和实时控制,这在实时性要求较高或环境恶劣的情况下非常有用。另外通过计算机网络可将分散在各地的数据信息进行集中或分级管理,通过综合分析处理后得到有价值的数据信息资料。利用网络可完成下级生产部门或组织向上级部门的集中汇总,以使上级部门及时了解情况。

5. 其他用途

利用计算机网络可以进行文件传送,可以作为仿真终端访问大型机,可以在异地同时举行网络会议,可以进行电子邮件的发送与接收,可以在家中办公或购物,可以通过网络欣赏音乐、电影、体育比赛节目等,还可以在网络上和他人聊天或讨论问题等。计算机网络的功能特点使得计算机网络应用已经深入社会生活的各个方面,如办公自动化、网上教学、金融信息管理、电子商务和网络传呼通信等。

网络数据的分布处理、计算机资源的共享及网络通信技术的快速发展与应用推动了社会的信息化,使计算机技术朝着网络化方向发展,融合了计算机技术与通信技术的计算机网络技术是当前计算机技术发展的一个重要方向。

7.1.4 计算机网络的由来与发展

计算机网络的发展主要分为面向终端的多用户分时联机系统阶段、含有前端处理机的计算机通信网络和能够实现网络资源共享和管理的计算机网络时代。

1952 年,在第一代电子管计算机发展的同时,计算机网络的研究试验工作便从军事应用领域开始,相继出现了研究实验型或实用的计算机网络,美国建立了半自动地面防空系统(Semi-Automatic Ground Environment System,SAGES),该系统把远距离的雷达和其他设备借助于通信线路汇集到一台主计算机,实现了计算机远距离控制和人机对话的工作方式,标志着计算机网络发展的初始萌芽。

这个阶段的计算机网络主要是批处理运行方式的主机系统和计算机终端之间的数据通信。利用通信线路、通信设施和通信软件把许多计算机终端连接到主机上,使每个用户都可以在自己的终端上分时轮流使用中央主机系统的资源,形成了计算机终端网络,计算机到终端之间的通信是一种以中央计算机为核心的集中式系统。20 世纪 50 年代末,随着集成电路技术的发展,这种连接多个终端的计算机网络大量出现,形成了计算机网络规模发展的第一个阶段。

20 世纪 60 年代以后出现了分时操作系统,在主机和主机、主机和远程终端之间增加了专门的前置计算机,用于处理终端信息和控制通信线路,也可以对用户提交的作业进行一些预处理。这样主机系统之间的通信都是通过前置处理器实现的。

1968 年,美国国防部高级研究计划局(ARPA)主持研制的 ARPA 计算机网络的诞生是计算机网络发展过程中的一个里程碑,投入运行以后,计算机网络技术迅速发展,提高了计算机的应用水平。

20 世纪 70 年代到 80 年代是计算机网络发展最快的阶段,随着微机的发展以及局域网的广泛使用,Internet 也飞速发展,网络开始实用化、商品化。计算机技术与通信技术结合得更加紧密,计算机网络不再是单纯的机器联网,而是随之成为整个社会和经济发展的重要基础设施。

计算机网络经历了从简单到复杂、从低级到高级、从单机到多机、由局域到广域相互交叠、不断改进的发展过程。这个过程可以分为面向终端的计算机网络、多机互联的计算机通信网络和现代计算机网络 3 个发展阶段。

20 世纪 80 年代以来,特别是以 IBM PC 为代表的个人计算机网络的出现和普及使计算机广域网和局域网的应用范围及领域不断扩大。有代表性的局域网技术,除了以太网(Ethernet)和令牌环(Token Ring)网以外,还有在光纤介质上运行、通信距离更远的光纤分布式数据接口(Fiber Distributed Data Interface,FDDI),作为局域网的干线或园区网。

在计算机网络技术的发展中,网络软件技术起着重要的作用。网络协议软件、网络操作系统、网络管理软件以及目前 Internet 上广泛使用的各种软件都是计算机网络发展不可缺少的重要组成部分。另外,20 世纪 80 年代中期以来,计算机网络设备技术也有了很大发展,各种基础网络设备产品,如各种网络接口卡、集线器和智能化集线器,特别是各种交换机,在高性能企业网的组成中发挥着重要的作用。由于网络通信设备技术的发展可以提供多种性能规格的网络设备,使网络系统集成更方便、更容易。

20 世纪 90 年代以后,网络技术更趋成熟,光纤通信技术大量使用,利用信元中继技术开发出了多种适用于多媒体通信的网络,例如宽带 ISDN 和 ATM 网络就是使用信元中继的网络。同时,以太网的传输速率已达 1000Mb/s,现在更多、更好的网络技术和产品不断涌现,推动了信息技术的飞速发展。

7.2　计算机网络构建

计算机网络是把地理位置分布不同的计算机按照一定的拓扑结构利用通信线路连接起来,在网络操作系统的支持下使用一定的通信协议,能够相互通信并能够共享信息的复杂系统。构建计算机网络不仅要设计合理的网络拓扑结构,正确选择网络的体系结构和适当的网络设备也是网络组建的重要基础。

7.2.1 网络数据通信

计算机网络的数据通信就是将数据信息通过传输线路从连入网络中的一台设备传送到另一台设备,网络中的设备可以是计算机设备、终端设备以及其他网络通信设备。在计算机网络中,数据通信实际上包含数据处理和数据传输两个方面。数据处理主要由计算机系统完成,而数据传输是靠数据通信系统实现的。

1. 数据传输方式

广域的计算机网络系统之间的数据传输有不同的方式,如基带传输、频带传输和宽带传输。

基带传输是指数据通信时使用电信号固有的基本频率传输系统,直接进行基带频率信息的传输。

频带传输是指计算机网络在进行数据传输时,为了利用公共电话线传输模拟信号信息而进行的调制与解调的数据通信。由于计算机数据是二进制信号,公共电话线传输的是音频信号,所以在发送端发送时,首先要把计算机发出的数字信号调制成能够通过公共电话线传输的模拟信号,携带信息的模拟信号传输到接收端时,再经过解调,成为计算机能够识别运行的二进制数字信号。频带传输能够提供多路复用,提高通信线路的利用率。

宽带传输包括大部分电磁波频谱的信号传输,宽带传输系统允许在一个信道上同时传输数字信号和模拟信号。

2. 数据通信单位

计算机网络信息数据的传送按一次一个二进制位发送的串行数据传送和一次一个按字节发送的并行数据传送。

串行数据传送以二进制位为单位按比特进行数据传送,只需要一条电信号传输线路,但传送速度较慢。在发送端将信息按二进制逐位发送,在接收端按二进制一位一位地接收后,再还原成原来的数据,如图 7.4 所示。

并行数据传送以 ASCII 码字符为单位按字节进行数据传送,需要多条电信号传输线路,几个二进制位同时发送,显然并行数据传送比串行数据传送快许多倍,如图 7.5 所示。

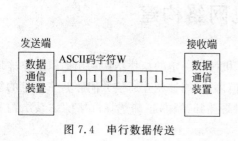

图 7.4　串行数据传送

图 7.5　并行数据传送

综上所述,网络数据传输系统根据使用和研究的目的不同可以有不同的分类。按传输介质分类为有线信道、无线信道和卫星信道等;按传输信号分类为模拟信道和数字信道等。模拟信道传送的是周期性连续变化的正弦波模拟信号,数字信道传送的是离散的二进制脉冲数字信号。不同类型的信道具有不同的特性和使用方式,信道之间不能直接混用。

7.2.2　网络传输方式

在计算机网络数据通信系统中,一般称计算机终端和其他处理数据的设备为数据终端设备(DTE),调制解调器、通信控制处理机 CCP 或天线等转发设备称为数据通信设备(DCE)。根据数据终端设备和数据通信设备的连接方式的不同,数据传输的方式可以分为点到点的连接传输和广播式传输等方式。

1. 点对点的传输方式

点对点的传输方式是点到点连接计算机通信网络中的前端处理机(Front End Processor,FEP)或通信控制处理机(Communication Control Processor,CCP)等数据通信设备的数据传输通信方式,其信息是存储转发的传输方式,网络的拓扑结构有环状、星状和分布式网状网络。

2. 广播式的传输方式

广播式的传输方式的特点是网络中的任何计算机向网络系统发送信息时,连接到网络总线中的任何计算机均能收到。广播传输结构有总线型信道、微波信道和卫星信道。

1) 总线拓扑

总线型信道使用的是共同的传输信道,可以通过同轴电缆、光缆等连接起来,也可以通过中继器再接入。使用总线拓扑(Bus Topology)的网络通常有一根连接计算机的长电缆。任何连接在总线上的计算机都能在总线上发送信号,并且所有的计算机都能接收信号。

总线拓扑的优点是结构简单灵活、可扩充性好、可靠性高、节点间响应速度快等;由于网络上的所有节点都连接在总线上,数据通信量较大,总线的长度不能太长。

2) 无线传输

计算机网络采用微波技术进行无线传输是比较新的技术。微波信道是利用微波通信实现的任意型无约束网络传输媒介,可以组成任意型的网状拓扑结构。相关的技术发展得很快,有地面微波通信和利用卫星进行微波通信等。目前主要使用的是地面微波通信的方式,分别在通信源与目标节点架设天线以接收和发送数据,如图 7.6 所示。

由于微波是直线传输的,通信双方应处于视线相同的水平线,远距离传输时需要考虑地球的曲面,需在源节点和目的节点之间架设中继站,一般间隔 50km 以内就需要架设一个中继站。微波无线上网可以通过卫星作为微波中继站进行微波传输,运行在 36 000km 高空的地球同步通信卫星,其发射角度覆盖范围很广,可达地球表面的 1/3。卫星通信主

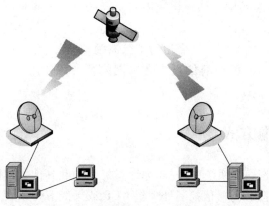

图 7.6 广播式传输——微波通信

要用于实现国家之间的网络互连,是全球网络发展的重要技术手段。

7.2.3 传输介质

传输介质是通信网络中发送方与接收方之间传送信息的物理通道。传输介质决定了网络的传输速率、最大传输距离、传输的可靠性。传输介质可以分为有线介质和无线介质。目前常用的有线介质有双绞线、同轴电缆以及光缆,常用的无线传输介质有微波、红外线、激光、卫星等。在网络的最低层次上,所有计算机数据通信都是以某种形式的编码数据通过传输介质传送实现的。例如电平可以通过导线传送信息,而无线电波在空中传递信息数据。传输介质是组成计算机网络的基本要素,是网络工程技术的基础。

1. 金属传输导线

常规计算机网络中使用传输导线作为连接计算机的主要介质,因为导线便宜且易于安装。虽然导线可以由各种不同的金属制成,但在网络通信中多使用铜缆作为传输导线,因为较低的电阻能使电信号传播得更远。

1) 双绞线

双绞线(Twisted Pair)是由两根绝缘导线相互缠绕、绞合在一起的传输导线组成的,其线芯为铜线或镀铜线,最普通、最常用的双绞线是电话线。把多对双绞线封装在一起,外面套一层坚韧的外封皮,即构成双绞线电缆,如图 7.7 所示。

图 7.7 双绞线电缆

大学计算机教程(第 7 版)

双绞线分为屏蔽双绞线（Shielded Twisted Pair，STP）和非屏蔽双绞线（Unshielded Twisted Pair，UTP）。屏蔽双绞线就是在双绞线外面加一层金属屏蔽层，用来降低外界的电磁干扰。非屏蔽双绞线不依靠屏蔽层防止干扰，而是通过介质、滤波器和平衡-非平衡转换器对干扰进行平衡与过滤。双绞线电缆的使用已有很长的历史，至今仍然用它传送语音及其他信号。从成本上看，双绞线比同轴电缆和光纤要便宜得多，但其传输距离比较短。

2）同轴电缆

同轴电缆（Coaxial Cable）是由内外两个导体构成的传输介质。内导体是一根导线，外导体是以内导体为轴的圆柱面，内外导体间由绝缘的填充物支持以保持同轴。外导体对内导体起屏蔽作用，所以同轴电缆抗电磁干扰能力较强。

同轴电缆又可分为基带同轴电缆和宽带同轴电缆，阻抗为 50Ω 的基带同轴电缆用来传输数字信号；阻抗为 75Ω 的宽带同轴电缆是公用电视天线系统的标准，用来传输模拟信号。同轴电缆的价格相对较贵，但是其带宽大，数据传输速率高，传输距离也较长，传输损耗小。同轴电缆的结构和有线电视所用的电缆一样，由金属屏蔽层所包围的导线组成，如图 7.8 所示。

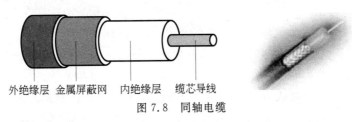

外绝缘层　金属屏蔽网　内绝缘层　缆芯导线

图 7.8　同轴电缆

同轴电缆中的屏蔽层形成了一个可弯曲的金属圆柱，围绕着内层导线，从而形成了防止电磁辐射的屏蔽，既防止了外来电磁能量引起的干扰，又阻止了内层导线中的信号辐射能量干扰其他导线。因为屏蔽层从各个方向上围绕导线，因此屏蔽是十分有效的。同轴电缆可与其他电缆平行放置或盘在角落，屏蔽始终起作用。

2. 光纤

光纤（Fiber）也称光纤电缆或光缆，由导光性极好的玻璃纤维管或塑料制成，外面用阻燃等塑料包层包裹，如图 7.9 所示。

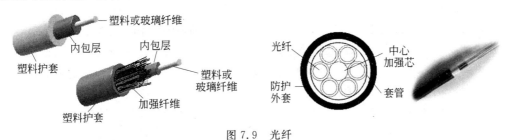

图 7.9　光纤

一根光纤中有许多纤芯，用纤芯的数量决定是几芯光纤电缆。光纤通信以激光作为传输介质，是一种非电的型号传输通信方式。通常，光纤一端的发射装置使用发光二极管（LED）或一束激光将光脉冲传送至光纤，光纤另一端的接收装置使用光电器件检测脉冲。光源发射经过编码的光信号进入光纤，当光纤芯的半径与波长相同时，只有以一定角度射入光纤芯的光线才能被全反射并沿光纤传送，其他光线则被吸收，这种单一的传输方式有一条通路，称为单模方式，相应的光纤称为单模光纤。以一定范围的角度进入的光线能被全反射并沿光纤传送，其他光线则被吸收，这种传输方式有多条通路，称为多模方式，相应的光纤称为多模光纤。由于光线的传输方式不同，因此可分成单模光纤和多模光纤。

光纤是一种细小柔软并能传导光线的介质，它呈圆柱状，由3部分组成：纤芯、包层、护套。纤芯是最内层部分，它由一根或多根非常细的由玻璃或塑料制成的绞合线或纤维组成，其直径一般为可传播波长的几倍。最外层是护套，它包裹着一根或一束加包层的纤维。

纤芯是利用全反射传输光束的，因此在利用纤芯传输数据时必须先将电信号转换成光信号，接收时再将光信号转换成电信号。在发送端需要用单色光作为光源，并且经过调制后送入纤芯，目前使用的光源有两种：发光二极管（LED）和激光注入二极管（ILD）。在接收端使用光电二极管。光纤主要用于两个节点间的点到点连接，由于是用光传输的，所以不受电磁干扰和噪音的影响，因此可以可靠地实现高数据率的传输，且有极好的保密性。

3. 无线介质

1）无线电波

无线传输不是使用电或者光作为载体传输信息的，而是利用大气传输电磁波信号。无线电波除了用于无线电广播、电视节目以及手提电话的个人通信外，也可用于传输计算机数据。

使用无线电波通信的网络通常被称为运行在射频（Radio Frequency）上的通信，数据发送和接收是通过天线完成的，其传输被称为RF传输。与使用导线或光纤网络不同，使用RF传输的网络并不需要计算机之间的直接物理连接，取而代之的是天线，通过天线发送或接收RF信号。

无线通信有两类天线，一种是定向天线，电磁波束向一个方向发出，接收时需要定向调整天线，频率越高，越容易实现定向。另一种是全向天线，电磁波束向各个方向发射电磁波信号，不需要调整天线。

2）微波

微波的频率范围高于无线电和电视所用的频率范围，在实际应用中，许多长途电话公司使用微波传送语音信息。微波通信系统也可以作为网络通信的一部分。利用地面进行远距离微波通信时，因地球的曲率因素而受到限制，为了保证信号的直线传输和衰减信号的再放大，需要以50km以内的间距设置微波接力中继站。虽然微波就是频率较高的无线电波，但它们的性质并不相同，与无线电波向各个方向传播不同，微波传送适于集中某个方向，可以防止他人截取信号。另外，微波传送比RF传送可承载更多的信息。

由于微波不能穿透金属物体结构，微波的传送在发送和接收装置之间的通道无障碍时才能够正常工作，因此绝大多数微波装置的发送器都直接朝向接收方高塔上的接收器。

3) 红外线

电视和立体声系统所使用的遥控器均使用红外线(Infrared)进行通信。红外线一般局限于一个很小的区域,计算机网络也可以使用红外线进行数据通信。例如,在房间内为计算机配备一套红外连接,房间内的所有计算机在房间内移动时仍能和网络保持连接。红外技术提供了无需天线的无绳连接,因此红外线网络对小型便携式计算机的使用尤为方便,可随时随地联入网络。使用红外技术的便携计算机实际上已把所有通信硬件放置在机内。

电磁波通信需要硬件具有类似于网卡的收发器,软件具有支持无线通信的操作系统,如 Windows 等。1998 年 5 月,Intel、IBM、Ericsson、Nokia、Toshiba 等有专业实力的公司联合推出了无线网络技术——蓝牙(Bluetooth)技术,可以面向网络各类数据和语音设备方便地实现低成本的无线传输。

综上所述,计算机网络可以使用各种传输介质,如金属导线、光纤、无线电波、微波等。每种介质和传输技术也各有其特点。例如,一个红外系统可以为在室内移动的便携机提供网络连接,而越洋网络连接就需要通过通信卫星或海底光缆。

7.3 计算机网络的体系结构

计算机网络是一个集硬件、软件于一体的结构复杂的系统。如果一台计算机能够入网,则这台计算机无论硬件还是软件都具备了接入网络互连通信的功能。

7.3.1 计算机网络分层协议

为设计和实现网络的各项功能,通常采用结构化的分层设计方法,将一个复杂系统的设计问题划分为几个层次,将复杂的问题转换成一系列功能分明、易于操作和相对独立的子问题。各层分别执行所承担的任务,层与层之间通过接口进行有机连接,低层为上一层提供相关的功能服务,通过各个层次之间的组合提供完整的网络通信服务。

把每个计算机互连的功能分成定义明确的层次,并规定对等层通信的协议和相邻层之间的服务与接口,这些层与层之间、对等层之间通信的协议及相邻层的接口就称为计算机网络的体系结构。计算机网络的体系结构是计算机网络及其组成部分具有功能的明确定义。

网络功能经过层次划分后,各层保持相对独立。各层功能如何实现以及各层次技术的发展对每一层的影响都不会涉及其他相邻层,因此软硬件实现时比较灵活,整个系统也变得容易维护,有利于网络技术的标准化。

计算机系统是根据一定规则构造的,各部分之间有序的、相互连接的、复杂的排列称为体系结构。系统结构的目的在于描述各部件怎样连接在一起,它们连接在一起时应该做些什么。计算机网络体系结构是由计算机体系结构发展演变而来的,主要包括网络各层和协议的集合,以及网络拓扑结构和接口等。计算机网络中实体间的通信任务十分复杂,包括多种计算机、各类终端和复杂的通信线路,以及基本的数据传送、网络的应用和有关服务。

计算机网络采用高度结构化的设计和实现技术,将一个比较复杂的问题分解成若干容易处理的子问题,逐个解析加以解决,实现网络中异构系统之间信息的有效传递。

7.3.2 OSI 开放系统互连参考模型

随着网络应用的不断普及和发展的要求,不同结构的计算机和不同的网络之间如何进行通信成了必须解决的问题。为了促进异种网络互联的研究和发展,1978 年由国际标准化组织(International Standard Organization,ISO)为网络通信定义了一个参考模型,称为开放系统互连参考模型(Open System Interconnect Reference Mode,OSI/RM)。

ISO/OSI 参考模型并不是一个具体的计算机设备或网络,而是一个逻辑结构,任何两个遵守参考模型和有关标准的系统都可以互联,这样的系统称为开放系统。OSI 模型采用的是层次结构,将网络通信按功能分为 7 个层次,并定义了各层的功能、层与层之间的关系以及相同层次两端的网络设备如何通信等。

应用层
表示层
会话层
传输层
网络层
数据链路层
物理层

图 7.10　OSI 参考模型

OSI 参考模型从低到高共分为 7 层,依次是物理层、数据链路层、网络层、传输层、会话层、表示层和应用层,如图 7.10 所示。除物理层外,其他对等层之间只有逻辑上的通信,或称虚拟通信,并没有直接通信。

在 OSI 体系结构中,参考模型是最高一级的抽象,它提供了一个框架,即 7 层模型,用于协调进程间通信标准的制定。参考模型定义的各层次服务与层次接口用于约束层间关系。相邻各层的服务功能相对独立,互不影响,但必须满足服务定义所描述的约束关系。

协议规范描述的是各层通信的规则,所定义的也仅仅是协议的约定规则,至于是对大型机还是微型机,是用硬件还是用软件实现,使用什么编程语言实现等,协议规范并没有加以限制。图 7.11 是 OSI 模型所描述的网络数据传输的层次关系。

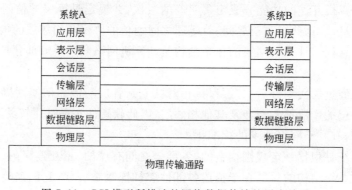

图 7.11　OSI 模型所描述的网络数据传输的层次关系

如果系统 A 要向系统 B 发送信息，那么首先发送端系统 A 的用户进程将数据交给应用层，在该层中为用户数据附加上该层协议所需要的控制信息，由用户数据和控制信息组成的单元经过应用层和表示层的接口进入表示层，在表示层中为上述单元附加该层协议所需要的控制信息，并进入下一层。单元每进入一层就附加该层所需的控制信息或对传入单元做相应调整，直到通过物理层传送到传输介质。在接收端则执行相反的操作，数据从低层向较高层传输，每层读取并执行相应层次协议控制信息的内容，拆掉与该层相关的控制信息，并把剩余部分向上传输，最后把数据送到目的系统 B 的用户。

应用层是 OSI 模型的最高层，为用户提供网络管理、文件传输、事务处理等服务，为网络用户之间的通信提供专用的程序。应用层为用户提供直接面向用户的工作环境，是用户与网络的界面，它为用户提供了一个交互信息的窗口，人们看到和用到的应用程序大部分都属于此层，例如远程文件传输、电子邮件、终端电话及远程登录。

7.4　网　络　设　备

网络设备是保证网络连接的通信设备，网络设备应符合或支持 OSI 体系结构与规范，提供相应的网络服务与支持功能，以保证该设备与网络中的其他设备进行有效的互连，包括与网络中计算机系统的互连，以便能稳定可靠的传输网络信息。硬件是网络设备的基础，实现低层网络协议的硬件设备通常包括主机、终端设备、通信控制处理机、网卡、收发器、中继器、集线器、网桥、路由器及交换机等。

7.4.1　主机

主机（Host）用于网络管理与网络数据的处理。主机与 CCP 之间通过通道或 I/O 接口高速相连，用户使用各自的外设，运行时在一台计算机工作。主机主要具有通信处理能力、分时处理能力、程序兼容能力、虚拟存储能力和数据库管理能力等。

7.4.2　通信控制处理机

通信控制处理机（CCP）是网络系统之间的接口处理机，负责网络模块之间的信息传输与控制，主要功能有线路传输控制、作业装配和拆卸、差错检测和恢复、路径选择、流量控制和代码转换等。

7.4.3　终端

用户联入计算机网络时，通过终端（Terminal）对网络进行操作。可以按距离进行如下分类：通过 CCP 连接的终端为近程终端，通过集中器和 CCP 连接的终端为远程终端。主要有汉字终端、智能终端、虚拟终端、交互终端等。

7.4.4　集中器

　　集中器经过本地线路把终端集中起来连接到高速线路上,主要功能有差错控制、代码转换、信息缓存、电路转换及轮询等。集中器包括集线器(Hub)和交换机(Switch)。

　　集线器实际上是一种特殊的中继器,作为网络传输介质的中央节点,是信息汇集分流的地方。集线器一般分为无源集线器和有源集线器两种,无源集线器只负责把多段介质连在一起,而有源集线器还具有再生与放大传输信号的作用。

　　交换式集线器也就是交换机,交换机能将接收的信息包暂时存储,然后发送到另一端口。交换机把每一个端口都挂在带宽很高的背板总线(Core Bus)上,背板总线又和一个交换引擎(Switch Engine)相连,封装数据包由此传输,从而有效地提高了系统的带宽。交换机是计算机集中和分支的交换网络的核心设备,网络采用电路交换技术。交换机以计算机中的存储程序控制代替常规的硬件逻辑,使系统具有更强的智能和灵活性。

7.4.5　本地线路

　　本地线路(Local Connection Line)大多为低速线路,可以用双绞线,也可以用交换线路。高速线路用于连接集中器和 CCP 同轴电缆、光缆等,以保证网络的传输效率。

7.4.6　网卡

　　网卡(Network Interface Card)又称网络适配器或网络接口卡。网卡是工作站、服务器等网上设备连接到网络传输介质的通信枢纽,是完成网络数据传输的关键部件。实际上它就是局域网系统中的通信控制器或通信处理机,执行数据链路层的通信规范,实现物理层信号的收发。在局域网中,网卡通常制作成一块插件板,插在微机工作站上的扩展槽中,作为微机中的一种通信接口设备。

　　NIC 是 OSI 模型中的数据链路层的设备,实现局域网数据链路层的功能,是 LAN 的接入设备。NIC 的作用是准备数据、发送数据、接收数据和控制数据的流量,包括传输介质的收发控制,提供数据缓冲、信息帧的发送和接收、差错校验、串并行代码转换等。实现工作站计算机与局域网传输介质的物理连接和电信号匹配,接收和执行网络传输的各种控制命令等。

　　网卡有唯一的网络地址,该地址由 IEEE 委员会分配,生产厂商将该地址写入网卡芯片,使网络上的每一台计算机都有一个标识唯一的网络地址。网卡必须正确设置才能正常联网工作,主要有中断号、基本 I/O 端口等选项。网卡的缆线接口有 BNC、AUI 和 RJ-45 3 种形式。

　　局域网中每一个工作站中的网卡都有唯一的 MAC(Media Access Control)地址,是一个 48b 的全局地址,是全世界唯一的地址分段。生产网卡的厂家必须从 IEEE 获得地址分段,IEEE 是世界上局域网全局地址的法定管理机构。

按 NIC 所支持的带宽分类,有 10Mb/s 的 ISA 网卡、100Mb/s 的 PCI 网卡、10/100Mb/s 和 1000Mb/s 自适应网卡等。

按 NIC 所应用的环境分类,有工作站网卡和服务器网卡。工作站网卡包括有盘站和无盘站,其中无盘站带有专用的远程复位 EPROM 启动芯片,可以从网络服务器中自举操作系统。服务器网卡包括 EISA 网卡或其他网卡等。

7.4.7　中继器

中继器(Repeater)是网络物理层的一种介质连接设备,执行物理层协议,互连同类型网段。电磁信号在网络传输介质传递时,由于衰减和噪音使有效数据信号变得越来越弱,因此只能在有限的距离内传递信号,才能保证数据的完整性。

7.4.8　网桥

网桥(Bridge)是一种工作在数据链路层的局域网的存储转发设备,它接收完全的链路层帧,并对帧进行校验,通过查看上一层的源和目的地址决定该帧的去向。网桥具有两个基本用途,即扩展网络和通信分段。像中继器一样,网桥可以在各种传输介质中转发数据信息,扩展网络距离;同时它可以有选择地将数据帧从一段传输介质传递到另一段,有效地限制了两段介质系统的无关通信,减轻了网络负载。可以通过软件、硬件、软硬件混合 3 种方法实现网桥功能。

7.4.9　路由器

路由器(Router)是网络层的连接设备,它在网络层将数据帧进行存储转发,处理网络层的数据分组或网络地址,决定数据分组的转发以及网络中信息通信的路由。由于处理层次高,因此能获得更多的网际信息,为来到的信息包找到最佳路径。

路由器实际上是具有一定处理能力的计算机,有自己的 CPU、RAM、ROM 等部件,有比一般内存更快的 Flash 快闪内存,有 NVRAM 非易失随机存取存储器(Non-Volatile RAM),用来存放路由器的系统启动配置文件。接口有控制台接口和辅助接口,还有广域网和局域网的各种接口。路由器的内部模块结构如图 7.12 所示。

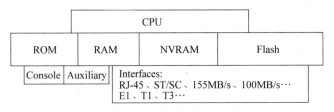

图 7.12　路由器内部模块结构

路由器之间按照内部的网间连接协议互相交换路由信息,因此路由有路由协议处理功能,协议决定信息传递的最佳路径,由路由器执行协议操作。

7.4.10　网关

网关(Gateway)也称协议转换器或信关,是互联网工作在 OSI 传输层上的设施。提供传输层到应用层全方位的服务,一般提供集中协议的服务。网关可以对数据重新分组,以便能在两个不同的网络间通信,如 NetWare 与 UNIX 操作系统的互操作、SNA(IBM)与 TCP/IP(Internet)的互连等就需要网关转换。

常见的网关类型有局域网网关和 Internet 网关。局域网网关提供局域网之间数据传送的通道,如 AppleTalk 与 TCP/IP 或 IPX 与 TCP/IP 等转换的网关;Internet 网关将非 TCP/IP 转换为 TCP/IP 式等。各种网络互连设备与 OSI 的对应关系如图 7.13 所示。

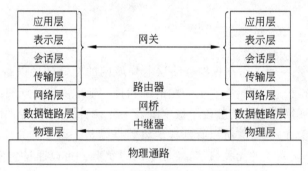

图 7.13　网络互连设备与 OSI

7.5　局域网技术

现代网络技术是随着局域网技术的发展和广泛应用而飞速发展起来的。局域网技术是计算机网络发展的前沿,从早期的以太网、令牌环网技术发展到现在的快速以太交换网、ATM 和千兆以太网等。LAN 技术的发展日新月异,局域网传输速度也发展到每秒千兆位甚至更高。局域网有不同的技术分类,有以太网、环状令牌网、FDDI 光纤网和异步传输模式(Asynchronous Transfer Mode,ATM)网络等。

7.5.1　以太网技术

以太网技术是由 Xerox Corporation's Palo Alto Research Center 在 20 世纪 70 年代早期发明的,使用非常广泛。以太网使用的是总线拓扑结构,多台计算机共享单一的介质,信号从发送计算机向共享电缆的两端传播,在信号传送过程中,发送计算机独占整个电缆,其他计算机必须等待。只有该计算机完成信号传输后,共享电缆才能被其他计算机使用。

以太网总线上各个节点的地位均等,网络传输系统中没有集中控制机制,各个节点必须具备传输控制能力。采用带碰撞冲突检测的载波侦听多路访问(Carrier Sense Multiple Access With Collision Detection,CSMA/CD)的介质访问控制(MAC)机制,各节点发送信息前先监听信道是否可以使用,只有在信道空闲时才发送,当检测到信息碰撞或受到干扰时,立刻中止信息的发送。网络中各节点抢占传输控制权以获得发送传输信息的权利,是一种网络中各节点竞争访问传输介质的随机方法,也是一种分布式控制技术。

以太网这个术语一般指与以太网规范一致的 CSMA/CD 带碰撞检测的载波侦听多路访问的局域网。以太网的体系结构与 OSI 参考模型的关系如图 7.14 所示。这种发送前监听(LBT)使碰撞减少,提高了传输效率。

应用层	
表示层	
会话层	
传输层	
网络层	网际层
数据链路层	逻辑链路控制层(LLC)
	介质访问控制层(MAC)
物理层	物理层

图 7.14　以太网的体系结构与
OSI 参考模型

在以太网的体系结构中,数据链路层被分成两个子层,增加了逻辑链路控制层(LLC),弥补了在传统数据链路层中缺少的对包含多个源地址和多个目的地值的链路进行访问管理所需的控制逻辑;增加了介质访问控制层(MAC)以及适应不同媒体介质的访问控制方法,管理网络总线上的各个节点设备发送传输信息。

使用同轴电缆连接以太网,组网比较简单,所需的连接部件如图 7.15 所示。

(a) 同轴电缆　　(b) BNC连接器　　(c) 终结器　　(d) T型接头　　(e) 网络接口卡(NIC)

图 7.15　同轴电缆连网部件

使用双绞线连接以太网,所需的连接部件如图 7.16 所示。

(a) 网络接口卡(NIC)　　　　(b) 双绞线接头

图 7.16　双绞线连网部件

在 10/100Base-T 网络中,双绞线通过 RJ-45 接头连到网卡上,网线与 RJ-45 的连接序号有 EIA/TIA T568A 和 T568B 两种,可以根据线颜色中的纯色和相间色辨别双绞线的每一对。双绞线接头 RJ-45 的线序关系如图 7.17 所示。

制作双绞线接头时,如果网卡和网络集中器相连接,则 RJ-45 连接序号直接对应。如

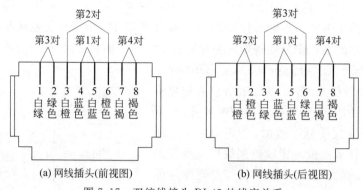

图 7.17　双绞线接头 RJ-45 的线序关系

果网卡的发送信号线是 1 和 2 这一对,则集中器的接收信号线也应是 1 和 2 这一对,如果集中器的发送信号线是 3 和 6 这一对,则网卡的接收信号线也应是 3 和 6 这一对。

如果网卡和网卡、网络集中器和网络集中器相连接,RJ-45 接线序号应交叉对应,如果一端网卡的发送信号线是 1 和 2 这一对,则另一端网卡的接收信号线应是 3 和 6 这一对;如果一端集中器的发送信号线是 3 和 6 这一对,则另一端集中器的接收信号线应是 1 和 2 这一对。10Base-F 采用光纤介质,抗干扰能力强,传输距离可达 2km,安全保密性也比较好,相对而言,光纤和光纤连接器价格比较贵,一般用于小区或楼宇间的连接。

以太网分为百兆以太网和千兆以太网。

百兆以太网对应的传输介质有 100Base-T4,使用 4 对非屏蔽双绞线,其中 3 对用于传输数据,一对用于冲突检测;100Base-TX 使用 2 对 5 类非屏蔽双绞线或者 1 类屏蔽双绞线,其中一对用于发送,一对用于接收;100Base-FX 可使用单模或多模光缆,采用与FDDI 相同的物理层协议规范,传输距离为 450m,如果采用非标准全双工模式,传输距离可达 2km。

千兆以太网是网络数据通信发展中的新技术。千兆以太网对应的传输介质有工作波长为 850nm 的 1000Base-SX,适用于大楼间的主干网;1000Base-LX,多模工作波长为850nm,单模工作波长为 1300nm,适用于园区主干网或者是城域宽带主干网。

7.5.2　环型令牌网

1. 令牌环工作原理

使用环状拓扑结构的局域网形成的传送信息的环,简称令牌环(Token Ring)。环状拓扑的局域网使用的令牌传送的存取机制称为令牌法,也称许可证法,是一种分布式控制的访问方法。

令牌环运行在共享介质上,在一个节点需要发送数据之前必须等待许可令牌,一旦获取令牌,则发送计算机持令牌传输,完全控制令牌环,不会同时有其他传输。令牌依次传给每个节点,接收到这个令牌时就可以获得发送数据的机会。令牌带有标志信息,从一个节点发送到下一个节点,有"空闲"和"忙"两种状态。"空闲"时,发送数据的节点可以捕获这个空闲令牌,获取令牌后,持令牌开始数据传输,并使令牌变成"忙"的状态。令牌"忙"表明共享传输介质中已有数据传输,其他节点不可捕获。发送节点在传输信息时,信息位从发送节点沿着环的每个节点依次传送,数据位串在整个环中发送完毕,再传回发送节点,发送节点直到接收到发送信息的物理头部为止。完成了信息发送时,发出空闲令牌,把传送的数据从传输线路上清除,直到接收到物理尾部为止。接收节点接收并复制发给它的信息,同时往下转发,如图 7.18 所示。

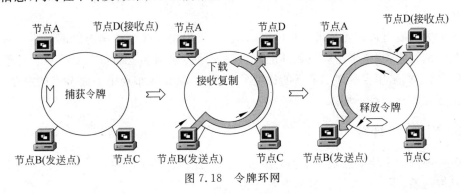

图 7.18　令牌环网

发送节点 B 捕获到空闲令牌,使令牌变为"忙"令牌并持令牌发送信息;接收节点 D 复制发给它的信息,同时往下转发;最后发送节点 B 接收到信息头,完成发送时发出空闲令牌,直到接收到信息物理尾部为止。发出一个空闲令牌即可使其他节点获得发送的机会。

除了发送节点以外,网络上的其他节点均把帧传送到下一个节点;除了发送节点以外,所有节点沿环转发。为了证实没有传输差错发生,发送节点能把接收到的数据同发送的数据进行比较。其他节点监测所有的传输。当一个信息帧是发给某一指定的节点时,这个节点在信息位串经过时会复制一个副本。

发送节点在令牌环上获取传输许可的方式与以太网不同,令牌环传输由令牌环通过硬件在所有连接的节点中协调,保证令牌许可按顺序传送给每个节点。这种协调使用一种称为令牌(Ring)的特殊保留报文。令牌是一种不同于普通数据帧的位模式。为了保证普通数据不被解释成令牌,一些令牌环技术在环上传输时使用位填充临时改变数据中的令牌出现。令牌环的硬件实现保证了在令牌环网上只存在一个令牌。

本质上,令牌赋予节点发送一帧的许可,在节点发送一帧之前,必须等待令牌的到来。当令牌到达时,节点从环上改变令牌状态,并通过环传输数据。尽管节点计算机有多于一帧的数据等着发送,但还是一次只能发送一帧,然后传输令牌。与数据帧在发送时完全在环上传送的情况不同,令牌从节点直接向相邻的一个节点传送数据,然后相邻节点使用网络发送帧。

如果令牌环网上的所有节点计算机都有数据发送,那么令牌传送方案可以保证它们按顺序发送,在传送令牌之前发送一帧,这个方案保证了公平地获取控制。当令牌在环上传送时,每个节点都有机会使用网络。如果一台特定的计算机在收到令牌时没有数据需要发送,那么这台计算机仅仅是无延时地传送令牌。在没有任何节点要传送数据的情况下,令牌不断循环,每个节点在收到令牌后立即向下一个节点传送。

一个令牌在空闲环上循环一圈所需的时间极短。因为令牌很小,所以它能在一根信号线路上迅速传输。另外每个节点的转发由令牌环硬件执行,连接在令牌环网上的节点计算机使用一种称为令牌的特殊短报文协调环的使用。

任何时候环上都只有一个令牌。为了发送数据,节点计算机必须等待令牌的到来,然后传输一帧,再向下一节点传输令牌。当没有节点计算机要发送数据时,令牌以高速在环上循环。

令牌方式既可以用于环形结构的网络,也可以用于总线型结构的局部网络。对于环形结构的网络来说,这个令牌将无寻址信息隐式地传输到环上的每一个节点。对于总线型网络来说,则采用含有指定节点的地址显式令牌,在总线布局中引起节点的排序,这种节点排序常常称为逻辑环。

2. FDDI 光纤网

令牌环网的主要缺点是它很容易失效。因为连接在环上的每台计算机必须向下一台计算机传送帧,所以一台计算机的失效便会使整个网络都失效。令牌环硬件一般应能够避免这种情况。例如,连接计算机与网络的硬件能克服软件错误,即使产生了软件错误(如系统崩溃),硬件仍能继续在传出连接上发送每一传入的位。然而,大多数令牌环网不能恢复断开的连接,如连接两台计算机的电缆突然被切断就属于这种情况。

有一些环状网技术能克服上述严重错误。例如,光纤分布数据接口(FDDI)这种令牌环技术能够提供高速的网络连接速率,FDDI 用光纤代替铜缆连接计算机。

FDDI 使用冗余克服上述错误。一个 FDDI 网络包含两个完整的环,如图 7.19 所示,当所有的设备都正常工作时使用一个环发送数据,只有当第一个环失效时才会用到另一个环。

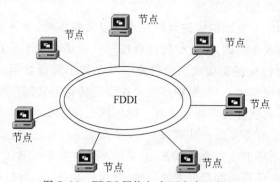

图 7.19　FDDI 网络包含两个完整的环

FDDI 网络中的环是逆向旋转的,因为第二个环中的数据流方向与主环中的数据流方向相反,这样当一个站点从环上断开时,其余站点能重新配置网络,使其使用反向路径。正常时,数据以一个方向传输。如图 7.20 所示,图中箭头指明数据流动的方向,即一个站点失效后的同一个网络。在一个节点失效后,相邻站点使用相反路径形成一个闭环。

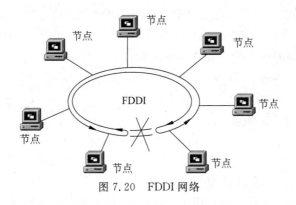

图 7.20　FDDI 网络

7.5.3　ATM 高速网络

随着网络技术的发展和应用,网络通信不再仅用于传输形式单一的计算机数据,多媒体技术的发展要求以语音、图形和视频图像等多媒体数据为一体的网络多媒体数据能够快速、高质量地传输通信。1990 年,国际电报电话咨询委员会(CCITT)正式建议将 ATM 作为实现宽带综合业务数字网(B-ISDN)的全新通信网络,以适应信息高速公路的发展需要。

ATM 网络中的核心设备是 ATM 交换设备,它可在 ATM 网络中传递信元,称为 ATM 交换机。联网时把计算机接入 ATM 交换设备形成 ATM 网络。当交换机有信元发送时,就按时间片逐个把信元投入信道;接收时,若信道不空,也按时间片逐个收取信元,时间片和信元一一对应,这种对应关系简化了对信元的传输控制,便于采用高速硬件对信头进行识别和交换处理。由于发送周期不固定,因此称为异步传输模式。ATM 网络的连接如图 7.21 所示。

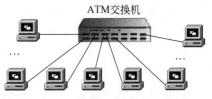

图 7.21　ATM 网络的连接

每台计算机相连 ATM 交换机,并构成星状拓扑结构。一个或多个互连的交换机组成一个中心集线器,连接所有的计算机。不像总线型或环状拓扑,星状网络除了通信的这一对计算机以外不向任何计算机传送数据——集线器直接从发送方接收传入的数据,并直接向接收方传输数据。

7.6　Internet 技术

在 Internet 上,大量的信息资源存储在各个具体网络的计算机系统上,所有计算机系统存储的信息组成信息资源的海洋。信息的内容几乎无所不包,有科学技术领域的信息,有大众日常工作和生活的信息,有知识性、教育性、娱乐性和消遣性的信息,有历史题材的信息,也有现实生活的信息等。信息的载体几乎涉及所有媒体,例如文档、表格、图形、影像、声音以及它们的合成。信息的容量小到几行字,大到一份报纸、一本书甚至一个图书馆。信息以各种可能的形式分布在世界各地的计算机系统上,例如文件、数据库、公告牌、目录文档和超文本文档等。

7.6.1 Internet 体系结构

Internet 是当今世界上最大的信息资源网络,覆盖了整个世界范围。不同种类的计算机只要遵循 Internet 网络体系结构所约定的协议规范和接入方式,就可以接入 Internet,获得 Internet 提供的各种服务,共享其浩瀚如海的信息资源。

Internet 上的计算机和网络多种多样,计算机有大型机、中型机、小型机、微机和便携机等,每种计算机上运行的操作系统也不完全相同,组成的网络也各有不同,但是无论是哪种设备或网络,要想接入 Internet,就必须遵循传输控制协议和网际协议(Transmission Control Protocol/Internet Protocol),即 TCP/IP。在现在的操作系统中,如 UNIX、Netware、OS/2 Warp、Linux、Windows 95、Windows 98、Windows NT、Windows 2000 和 Windows XP 及之后的版本都将 TCP/IP 内置于系统的标准配置中。

Internet 起源于美国国防部高级研究计划管理局(ARPA)在 1969 年建立的军用实验网络 ARPANET(Advanced Research Projects Agency Network),而 TCP/IP 是美国国防部高级计划研究局(ARPA)为实现异类计算机网络互联,为 ARPA 网而开发的。20 世纪 70 年代初,ARPA 为实现不同结构系统之间的相互连接成立了研究小组,主要从事网络通信协议的开发和研究。20 世纪 70 年代末研究形成的计算机网间协议,也就是后来的传输控制协议和网际协议便应用于 ARPANET 网络,奠定了 Internet 体系结构的基础。

TCP/IP 是一个协议簇,可用于各种不同网络互联系统之间的通信,早年集成在加利福尼亚伯克利大学开发的 BSD 版本的 UNIX 中。随后经过十几年的开发与研究,充分显示出 TCP/IP 的强大联网能力与对多种应用环境的适应能力,TCP/IP 已被各界公认为异种计算机、异种计算机网络彼此通信的重要协议。随着网络技术的发展,如今 TCP/IP 已成为 Internet 的核心协议。Internet 体系结构如表 7.1 所示。

表 7.1 Internet 体系结构

网络管理:SNMP 简单网管协议	FTP(文件传输)、Telnet(远程登录)、SMTP(简单邮件传输协议)、DNS(域名服务)、NSP(名字服务协议等)	用户应用层
	TCP(传输控制协议)、UDP(用户数据报协议)、NVP(网络语音协议)等	传输层
	IP(网际协议)、ICMP(互联网控制报文协议)、ARP(地址转换协议)、RARP(反向地址转换协议)等	网络层、Internet 层
物理传输管道	线缆网、PSTN 网、X.25 网、ISDN 网、Ethernet 网、FDDI 网、ATM 网、无线网、卫星网等	

其中,网络层中的 IP(Internet Protocol)为网际协议,ICMP(Internet Control

Message Protocol)是互联网控制报文协议；ARP(Address Resolution Protocol)是地址转换协议，可以将网际地址映射成物理地址；RARP(Reverse Address Resolution Protocol)是反向地址转换协议。在传输层中，TCP(Transmission Control Protocol)是传输控制协议，UDP(User Datagram Protocol)是用户数据报协议，NVP(Network Voice Protocol)是网络语音协议。在应用层，SMTP(Simple Mail Transfer Protocol)是简单邮件传输协议，DNS(Domain Name Service)为域名服务，NSP(Name Service Protocol)是名字服务协议。这些协议构成了 TCP/IP 协议簇。

7.6.2　TCP/IP

TCP/IP 是实现网络互联的核心。事实上，它由两个协议，即传输控制协议(TCP)和网际协议(IP)组成。TCP/IP 是目前最主要但不基于特定硬件平台的网络协议之一，也是 Internet 中最主要的协议。

随着 Internet 技术和应用的发展，TCP/IP 也成为局域网系统配置中必不可少的协议。TCP/IP 包含底层协议规范，如 TCP 和 IP，也包含应用层协议规范，如电子邮件、终端仿真、文件传输等。TCP/IP 体系结构与 OSI 的 7 层结构有很大的区别，TCP/IP 体系只有 4 层，分别为网络存取层、网络层、传输层和应用层，如图 7.22 所示。

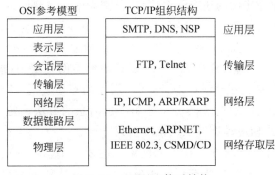

图 7.22　TCP/IP 体系结构

网络互联技术是网络应用技术研究的热点之一，异构网络之间的发展很快，也出现了众多的网络协议。在这些协议中，传输控制协议/网际协议(TCP/IP)是一个被普遍使用的网络互联的标准协议。TCP/IP 被广泛使用，成为一个事实上的工业标准，包括 Internet 中的寻址方式、传输规则及命名机制等规则，使得在不同网络环境中的不同节点能够相互通信，它也是 Internet 网络的基础。

由于 TCP/IP 对于网络互联的重要性及标准规范，世界上主要的计算机公司、IT 产品制造商等软硬件商家为使它们的产品适应 TCP/IP 的广泛应用，纷纷推出支持 TCP/IP 的软硬件产品，使互联网得到更为广泛的普及与发展，并成为当今社会经济发展重要的基础设施。

7.6.3　Internet 网络层

Internet 网络层也称 Internet 层,网际协议和互联网控制报文协议在网络层处理网上分组传送和数据报到达目的节点的路由。网络层将传输层传来的数据包装成 IP 数据报,利用数据报路由的算法决定数据报的去向,直到发送到目的节点。网络层同样也处理来自网上的数据报,解析路由算法以确定收到的数据报是否是本地接收的数据报,如果不是则转发出去。

1. IP

TCP/IP 中网际层的主要协议是无连接的 IP,IP 是 Internet 最基本、最重要的协议,通常缩写为 IP。IP 定义的分组称为 IP 数据报(Datagram),IP 的数据传送单位为数据报,IP 负责将数据单元从一个节点传到另一个节点,提供一种无连接的服务。一旦发送方生成一个分组并将其发送到 Internet 上,发送方就可以进行其他处理了。

IP 将多个不同类型的网络计算机连成一个互联网,IP 提供了 3 个基本功能,一是基本数据单元的传送,规定了 TCP/IP 网络的数据的格式;第二是 IP 软件执行路由功能,选择数据传递的路径;第三是确定主机和路由器怎样处理分组的规则,以及产生差错报文后的处理方法。与 IP 配合使用的还有 3 个协议,分别为网际控制信息协议(ICMP)、地址转换协议(ARP)、反向地址转换协议(RARP)。局域网中,所有节点实现通信使用的是网络介质访问控制层的 MAC 地址以确定报文的发往目的地。而 Internet 中是靠 IP 规定的地址确定传送目的地址。因为处于底层的 MAC 地址与网络层 IP 地址之间不能直接建立联系,IP 地址不能直接得出 MAC 地址,所以需要动态地发现 MAC 地址和 IP 地址的关系,地址转换协议和反向地址转换协议采用广播消息的方法确定与 MAC 地址相对应的 IP 地址,是用于完成相应动态算法的两个协议。

Internet 采用网络分组的方式在不同网络之间发送 IP 数据报。每个主机和路由器都有一张路径选择表,对每个可能的目的网络节点,路径选择表给出 IP 数据报应该送往下一个路由器的地址以及到达目的地址的传送算法。首先发送节点把 IP 数据报放在一个网络分组中,把它从网络上发送出去,当网络分组到达下一个节点时,该节点便打开网络分组并取出数据报进行检查,如果发现该分组的目的地址不是本节点时,就生成一个新的网络分组,把数据报重新装入分组,再传送到下一个网络节点,直到送至目的地节点。最终目的地节点计算机将分组打开,对数据报进行相应的处理。

2. IP 地址

在 Internet 中,通过 TCP/IP 可以将不同类型的计算机和不同结构的网络互连起来,相互之间能可靠地通信。要接入互联网,必须遵循 TCP/IP,要求接入 Internet 上的每一网络节点计算机、路由器等设备都必须指定一个唯一的网络地址标识,这个地址标识就是 IP 地址。网络用户要把计算机连到 Internet 上,需要从 Internet 有关管理部门获得 IP 地址。

连接在 Internet 中的每台计算机都被分配一个 32 位的唯一地址,此地址称为 IP 地址。IP 地址由美国国防数据网(DDN)的网络信息中心(NIC)分配。IP 地址分为 5 类,即 A 类到 E 类,目前使用的是 A 类到 C 类地址。

IP 地址由一组 32 位的二进制数字构成,分为 3 部分字段,分别为类别标识字段、网络标识字段(net-id)、主机标识字段(host-id),基本结构如图 7.23 所示。

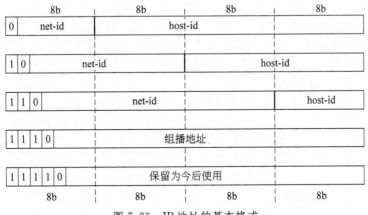

图 7.23　IP 地址的基本格式

IP 地址具有唯一性,即所有连接到 Internet 上的计算机都具有唯一的 IP 地址。发送方计算机在通信之前必须知道接收方的 IP 地址。根据 IP 地址,IP 数据报在发送时就指定了该数据报发送到某个网络中的某一台计算机。IP 地址有固定、规范的格式。当接收端收到数据报后,可以立即确定该数据报是发自哪个网络中的哪台主机。

对于 IP 地址这种数字序列,人们很难记忆,一般分成四组十进制数字表示,每个数字之间用点隔开,用来标识一个网络以及与网络连接的一台主机、交换机或路由器等。其组成方式为

IP 地址＝类别标识＋网络标识号＋主机标识号

在同一个网络内,所有主机分配相同的网络标识号,不同主机必须分配不同的主机标识号。在不同网络中,每台主机必须分配不同的网络标识号,但是可以具有相同的主机标识号。

TCP/IP 提供了域名系统 DNS 服务,存放主机名与 IP 地址的映射表,可以完成主机名与 IP 地址之间的转换。

为了充分利用 IP 地址空间,IP 把 32 位 IP 地址空间划分为不同的地址类别,定义了 A、B、C、D、E 5 类地址,可以从第一个字节标识出来,如图 7.24 所示。

要识别网络类型,可以从 IP 地址的第一个字节(前 8 位)区分出来,比如 A 类的第一个二进制位是 0,其类别标识能表示的范围是 00000000～01111111 (0～127);B 类的前两个二进制位是 10,其类别标识能表示的范围为 10000000～10111111 (128～191);C 类的前三个二进制位是 110,其类别标识能表示的范围是 11000000～11011111 (192～223)。IP 地址类别及类别标识如表 7.2 所示。

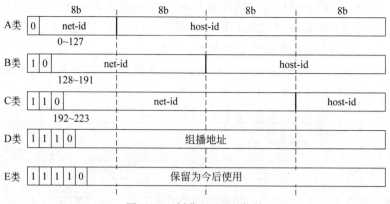

图 7.24　划分 IP 地址类别

表 7.2　IP 地址类别及类别标识

类　别	类别标志	网络地址(b)	主机地址(b)	类别标识范围
A	0	7	24	0.0.0.0～127.0.0
B	10	14	16	128.0.0.0～191.0.0
C	110	21	8	192.0.0.0～223.0.0
D	1110	组播地址		未使用
E	1111	保留为今后使用		未使用

例如,11001101　10001011　00011011 是一个 C 类地址,一般用等效的十进制数表示为 205.139.27.96。IP 地址的获取由国际组织 NIC 统一分配,全球有 3 个这样的网络中心,一个是 Inter NIC,负责美国及其他地区;第二个是 ENIC,负责欧洲地区;第三个是总部在东京大学的 APNIC,负责亚太地区;中国的 CNNIC、国内大多数院校机构和 ISP 都可以代为用户申请 IP 地址。单位申请 IP 地址时,往往分配一个网络号码字段(net-id),该网段范围内的主机号可由本单位自己分配使用。IP 地址的可用范围如表 7.3 所示。

表 7.3　IP 地址的可用范围

类　别	最大网络数	第一个可用的网络数	最后一个可用的网络数	每个网络中最大的主机数
A	126	1	126	16 777 214
B	16 382	128.1	191.254	65 534
C	2 097 150	192.0.1	223.255.254	254

A 类 IP 地址的最大网络数为 126 个,网络号码字段(net-id)从 1～126,每个网络中的最大主机数为 16 777 214 个。目前 A 类地址已经没有可供分配的地址。

B 类 IP 地址的最大网络数为 16 382 个,网络标识字段(net-id)的首字节为从 128～191,每个网络中的最大主机数为 65 534 个。

C 类 IP 地址的最大网络数为 2 097 150 个,网络号码字段(net-id)的首字节为从 192～223,每个网络中的最大主机数为 254 个。

网络中的 IP 地址与电话号码不同,每个 IP 地址不能表示有关主机位置的信息。

某些保留 IP 地址是不能使用的。主机标识 host-id 全为 0 表示该网络的网络地址,如 202.205.132.0;主机标识 host-id 全为 1 表示该网络的广播地址,如 202.205.132.255。另外还有全为 0 的 IP 地址 0.0.0.0 和全为 1 的 IP 地址 255.255.255.255 都不作为地址分配使用。一般不使用的特殊 IP 地址如表 7.4 所示。

表 7.4　一般不使用的 IP 地址

net-id	host-id	源地址使用	目的地址使用	含　义
0	0	可以	不可以	本网络上的本主机
0	host-id	可以	不可以	本网络上的指定主机
全 1	全 1	不可以	可以	只在本网络上广播,不经路由器转发
net-id	全 1	不可以	可以	对 net-id 的所有主机进行广播
127	任何数	可以	可以	本地软件回送测试

由表 7.4 可见,网络标识号为 127 是用来进行循环测试的,如发送信息给 127.0.0.1 就是将此信息回传给自己,不可分配做其他用途。低位字节如果出现 255,即 8 位二进制全为 1,则表示广播。例如以 255.255.255.255 发送消息,表示将信息广播到每台主机;发送消息给 159.136.255.255,表示将信息广播在 159.136 网络上的每台主机。低位字节 8 位二进制全为 0 表示网络,即主机地址全为 0 的 IP 地址代表一个网络,如 159.136.0.0 就代表 159.136 这个网络。正是由于广播地址和网络地址的限制,各类网络实际可使用的主机数目应该减去 2,如 C 类网络共有 $2^8 = 256$ 个地址,但实际上只有 254 个可用。

负责 Internet 地址分配的机构 IANA(Internet Assigned Numbers Authority)保留的私有 IP 地址如下。

A 类:10.0.0.1～10.255.255.254。

B 类:172.13.0.1～172.32.255.254。

C 类:192.168.0.1～10.192.168.254。

在实际应用中,可申请一个唯一的网络标识号,然后为该网络上的每台主机分配一个唯一主机标识号,以保证主机在 Internet 上具有唯一的 IP 地址。从表面上看,IP 地址有足够分配应用的空间,但事实并非如此。一个 C 类地址可供利用的主机号有 254 个,领取到 C 类地址的单位可能根本没有如此多的计算机,空闲的 IP 地址其他人也不能使用,白白浪费了(更不用说 B 类和 A 类了),以至于 IP 地址资源非常紧张。扩展 IP 地址的字节数需要更改全世界应用的主机软件,这也是非常复杂的,目前还没有良好的解决方案。

3. 子网掩码与子网划分

当一个网段中的主机数目过多或网络中主机分布范围过大时,必须使用某些物理设备连接。网桥、中继器是常用的设备,但是都有些缺点。这两种设备连接的网络还是同一网络,不能阻隔广播风暴,也不容易管理网络。应用路由器能够解决以上问题,但是路由器的不同接口需要不同的网络地址标识,在同一网络中无法应用。为了解决以上问题以及增加 IP 地址应用的灵活性,又出现了子网掩码的概念。

同一个物理网络的主机享有同一网络地址,例如 B 类网络可以有 16 384 个不同的物理网络,每个物理网络可以有 65 536 台主机。物理网络数量的增长速度过快,导致网络地址不够用,另外网络地址内不一定设有那么多主机,因此会有大量空闲的 IP 地址。所以可以将主机标识号划分成子网标识号和主机标识号,如图 7.25 所示。

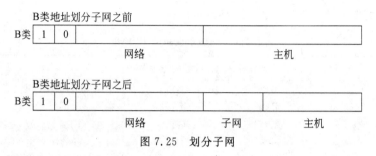

图 7.25　划分子网

IP 地址＝网络类别标识号＋网络标识号＋子网地址＋主机地址

可见,子网地址和网络地址是由子网掩码(Subnet Masks)划分出来的。子网掩码使用了与 IP 地址相同的格式和表示方法,也是 32 位的二进制。子网掩码将 IP 地址格式中除了被指定为主机地址之外的所有二进制位均设置为 1,其作用是区分 IP 地址中的网络部分和主机部分,并将一个网络进一步划分为若干子网,从而标识网络内部的不同网段,每个子网具有相同的网络地址,也就是说,从 Internet 到该网络中的外部路由器是把所有该网络的子网作为一个网络访问。所以 Internet 到该网络中的所有子网的外部路由都一样,但通过网络内部的路由器可以区分不同的子网网段。

如果没有指定划分子网,则 A 类 IP 地址对应的子网掩码的默认值为 255.0.0.0,B 类 IP 地址对应的子网掩码的默认值为 255.255.0.0,C 类 IP 地址对应的子网掩码的默认值为 255.255.255.0。即,A、B、C 3 类网络的子网掩码的默认值如下。

A 类地址:255.0.0.0。

B 类地址:255.255.0.0。

C 类地址:255.255.255.0。

现举例说明主机 IP 地址、网络与子网的关系,例如主机的 IP 地址为 205.139.27.109,这是一个 C 类地址,设子网掩码为 255.255.255.224,试分析子网划分。

205.139.27.109 是 C 类地址,其网络地址是 205.139.27。若不划分子网,可以支持 254 台主机地址;若划分子网,子网掩码可以设为 255.255.255.224、255.255.255.240、255.255.255.248 等。子网掩码最后一个字节为 11100000,即可从主机 IP 地址 205.139.27.109 中解析出子网地址和主机地址。这 3 个二进制位有 8 种不同的组合,但是其中表示网络自身的 000 和网络广播地址的 111 不能用,所以选择 255.255.255.224 子网掩码后,此 C 类网络 205.139.27 可以划分为 6 个子网,每个子网最多可以支持 $2^5-2=30$ 台主机。可见获得一个 Internet 网络的 IP 地址后,使用子网掩码技术可以在该网络内部划分子网。IP 地址与子网掩码按位进行“与”运算,即可得到划分的子网的网络号码,其运算关系如图 7.26 所示。

可见 205.139.27.96 子网的编址范围为 205.139.27.97～205.139.27.101.126。

大学计算机教程(第 7 版)

地址	网络			子网 主机
205.139.27.109	11001101	10001011	00011011	01101101
255.255.255.224:	11111111	11111111	11111111	11100000
按位"与"操作:	11001101	10001011	00011011	01100000
得该子网号:	205	139	27	96

图 7.26　解析子网地址

由于 205.139.27 为该网络的 IP 地址,如果仍设置使用 255.255.255.224 为子网掩码,则对 205.139.27 网络进行子网划分后,各子网的 IP 地址如表 7.5 所示。

表 7.5　子网的 IP 地址

二　进　制				十　进　制
11001101	10001011	00011011	00100000	205.139.27.32
11001101	10001011	00011011	01000000	205.139.27.64
11001101	10001011	00011011	01100000	205.139.27.96
11001101	10001011	00011011	10000000	205.139.27.128
11001101	10001011	00011011	10100000	205.139.27.160
11001101	10001011	00011011	11000000	205.139.27.192

该网络划分子网的组网方式如图 7.27 所示。

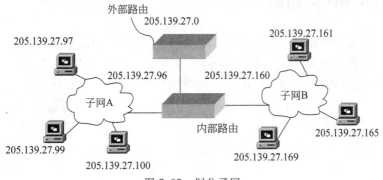

图 7.27　划分子网

7.6.4　Internet 传输层

与 OSI/RM 的传输层相对应的传输层有两种协议,分别为传输控制协议(TCP)和用户数据报协议(UDP)。

1. 传输控制协议

传输控制协议(TCP)提供一种面向连接的、可靠的数据流服务。面向连接的服务是指在数据通信前必须事先建立连接,当数据结束后还要断开连接的服务方式。一般具有建立连接、数据通信和断开连接 3 个阶段,与电路交换方式相似,所以又被称为虚电路服务。若两点间通信频繁,还可以建立永久虚电路。

传输控制协议是为解决 Internet 上分组交换通道中的传输控制,如传输拥挤、数据流量过大而设计的,TCP 负责将数据从发送方正确地传递到接收方,使数据传输和通信更加可靠。TCP 面向连接,所以在传送数据之前,要先建立连接,然后完成端到端的数据流传输。TCP 能检测到在传输中有可能丢失的数据并重发,直到数据流被接收节点正确、完整地接收到。

TCP 对为它提供服务的下层协议只有很基本的要求,因此容易建立在不同的网络上,保证用户数据按序、无丢失、无重复地传播;对于可能发生的丢失、破坏、失序、延迟和重复等问题,TCP 采用了编号与确认、流量控制及重发等机制,自动纠正差错。

2. 用户数据报协议

用户数据报协议(UDP)可以根据端口号对应用程序进行多路复用,并能利用校验检查数据的完整性。例如 Ping、FTP、SNMP 等高层应用采用的就是 UDP。

UDP 只是对 IP 的简单扩充,增加了端口的功能,使得用户 UDP 报文包含数据和端口地址及编号,可在两个用户进程之间传送数据报。这种服务不用确认,但有可能出现丢失、重复、失序等问题。

7.6.5　Internet 应用层

TCP/IP 的应用层相当于 OSI/RM 的最高三层,包括简单邮件传输协议(SMTP)、域名系统服务(DNS)、远程登录协议(Telnet)、文件传输协议(FTP)、简单文件传输协议(TFTP)、名字服务协议(NSP)、远程过程调用(RPC)和简单网络管理协议(SNMP)。

综上所述,TCP 与 IP 两个协议可以单独使用,但在网络系统传输中,TCP 与 IP 所起的作用可以互为补充。IP 提供了实用性和灵活性,可以建立不同类型网络或计算机之间的通信连接;TCP 提供了信息传递的正确性和可靠性,监控 Internet 网络通信流通情况,保证可靠的网络数据通信。IP 提供了将数据分组从源计算机传送到目的计算机的方法,而 TCP 提供了解决数据在 Internet 的传送过程中可能出现的数据报丢失、数据报失序和数据报重复传送的方法。

7.6.6　Internet 信息资源

由于 Internet 本身的开放性、广泛性和自发性,可以毫不夸张地说,Internet 上的资源是无限的。人们可以在 Internet 上迅速而方便地与远方的朋友交换信息,可以把远在千里之外的一台计算机上的资源瞬间复制到自己的计算机上;可以在网上直接访问有关领域的专家,针对感兴趣的话题与他们进行交谈和讨论;还可以在网上漫游、访问和搜索各种类型的信息库、图书馆甚至实验室。很多人在网上建立了自己的主页(homepage),定期发布自己的信息。每一时刻,Internet 上都有成千上万的人在从事信息活动,网上的信息资源几乎每天都在增加和更新,因此,对许多用户而言,重要的是掌握信息资源的查找方法。

大多数情况下,资源共享是通过两个互相分离的安装在不同的计算机上的程序或软件实现的。其中一个是为网络或 Internet 的其余部分提供某种资源和服务的程序,称为服务器(Server)程序;另一个是使用所提供的资源和服务的程序,称为客户端(Client)程序。

Internet 上有数万台服务器,其中大多数是 UNIX 环境,按其提供的服务器类型可分为文件服务器、信息检索器、新闻服务器以及专题论坛服务器等,每台服务器可以同时提供多种类型的服务。

文件服务器有匿名 FTP 服务器,用户以 anonymous 登录,以 E-mail 地址作为密码,即可获取众多免费软件。用户还可以通过 Mosaic、Netscape 等超文本浏览器获取服务器上的 HTML 文件及其他多媒体信息。

信息检索服务器有多种专门的服务器,如 Wais、Archie 和 Gopher 服务器,这类服务器既可以用 Telnet 登录到服务器,以 wais、archie、gopher 为用户名,使用服务器上的 Client 软件进行检索,也可以在本地机上用本地的 Client 软件检索远程的数据库,还有众多通过服务器利用 CGI(Common Gateway Interface)程序提供信息检索的服务器。这类检索软件有丰富多彩的用户界面和众多的检索方式。

1. WWW 技术服务

WWW(World Wide Web)的出现加速了 Internet 向大众化发展的速度,甚至可以说 WWW 的出现改变了 Internet。WWW 的使用范围及频率目前仅次于电子邮件,并且 Internet 提供的许多服务正在由 WWW 所取代,如 Gopher 等。

1989 年,在欧洲粒子物理实验室工作的 TimBerners-Lee 提出了 Web 原理。他提出的这一套协议已发展成今天的 Web 标准,使人们可以通过 Internet 彼此方便地共享信息。

WWW 的基本协议是 HTTP,即超文本传输协议。WWW 服务器和客户端都是基于 HTTP 实现的。WWW 管理和传输的信息一般是超文本文件。超文本文件用 HTML 语言编写,采用超文本技术。在一个超文本文件中可能包含许多网络链接,这些链接分别指向不同的文件,而这些文件可能存放在不同计算机的不同路径下,网络上的文件由其 URL(统一资源定位符)唯一标识。

要想进入 WWW,就必须有一个 Web 浏览器程序,使人们能在友好的界面下方便地进入 Internet 获取信息,毫不费劲地在网上漫游。

由于 Internet 的发展日新月异,Web 几乎每天都被使用它的人们赋予新的含义。同样,各种 Web 浏览器产品的功能也在不断扩充和更新,可以用来下载文件(FTP 功能)、查询信息(Gopher 功能)、阅读新闻组(Newsreader)、收发电子邮件(E-mail 功能)和聊天(Chart 和 IRC 功能)等。

由于 WWW 的易用性,其发展超过了 Internet 上其他服务的发展速度。如今的 WWW 不仅是一个图文并茂的"画册",而且已开始向交互式和动态方向发展,特别是由于 Java 和 VRML(虚拟现实模型语言)的出现使得这种趋势更加明朗。相信在不久的将来,每位计算机用户都必然会走进这个神奇的世界。

2. 电子邮件服务

作为网络所能提供的最基本的功能,电子邮件一直是 Internet 上用户最多、应用最广泛的服务。电子邮件不仅快捷方便,而且具有很高的可靠性和安全性。据统计,Internet 上 30% 以上的业务是电子邮件。特别是在我国,通信设施较差、速度较慢,电子邮件的使用与 Internet 的其他功能相比具有更大的实用性。

为了使用电子邮件,用户除了应具有一个电子邮件账号外,还需要选择一种收发电子邮件的工具。目前,用于收发 Internet 电子邮件的软件有几十种,无论基于 DOS、Windows,还是基于 Macintosh 或者 UNIX 平台,都有相应的软件。例如,在 UNIX 平台上的主要邮件软件包括 Mail、The Elm Mail System、Pine、Mush 等;而在 Windows 平台上比较著名的邮件软件有 Netscape Navigator 中自带的邮件系统、Endura、Pipeline、Winnet、Internet Mail 电子邮件系统等。

在 Internet 上,将电子邮件从一台计算机传送至另一台计算机,可通过两种协议完成,即简单邮件传输协议(SMTP)和邮局协议(Post Office Protocol 3,POP3)。

Internet 上能够接收电子邮件的服务器都带有 SMTP。电子邮件在发送前,发件方的 SMTP 服务器会与接收方的 SMTP 服务器联系,以确认对方是否准备好。若准备好,便开始邮件的传送;否则会等待,并在一段时间后继续与对方联系。这种方式称为存储转发。

利用存储转发可进行非实时通信,信件发送者可随时随地发送邮件。假如对方正在网上,就可以很快收到该邮件并立刻阅读。若收件方现在没有上网,邮件仍可快速到达收件方的信箱内,接收者可随时上网读取信件,不受时间限制。

POP3 允许电子邮件用户向某一 SMTP 服务器发送 E-mail 和接收来自 SMTP 服务器的 E-mail。换句话说,电子邮件在用户计算机与 Internet 服务提供商之间的传递是通过 POP3 完成的,而电子邮件在 Internet 上的传送则是通过 SMTP 实现的。

就像普通邮件需要写上收件人的姓名、地址、邮编一样,E-mail 是否能到达预定的目的地主要取决于 E-mail 地址是否正确,一个完整的 E-mail 地址格式为

电子邮件账号@主机名

电子邮件账号也称用户名,是用户在注册时自己命名的一个 ASCII 字符串。@符号的原形为 mailto,念作 at,意为"位于"。主机名用于提供电子邮件地址主机的域名。

电子邮件主要由 E-mail 地址和正文组成,也可以附加附件。

地址称为信头(header),邮件内容称为正文(body)。信头是由几行文字组成的,具体情况可能会随有关邮件程序而有所不同。一般来说,都应包括以下几行内容。

To:收信人的 E-mail 地址。

Cc 和 Bcc:多个接收者的 E-mail 地址。

Subject:邮件的主题。

Cc 和 Bcc 提供了向多个接收者发送该邮件的功能,即"抄送"。

只要在 Cc 和 Bcc 的对话框中输入由单字节逗号","隔开的多个接收者的 E-mail 地

址,就可以向多个接收者发送同一电子邮件了。

Bcc 和 Cc 的不同之处在于 Bcc 是密件抄送,多个收件人之间无法知道还有谁也收到了该邮件,而使用 Cc 会使所有接收者互相知道他们都收到了该邮件。

E-mail 的正文可以写入中文或英文,但收发双方必须采用相同语种的平台,否则对方将不能显示文本内容。

现在的网络大多都有免费的电子邮件服务。按照类别,免费电子邮件服务分为地区性服务和全球范围服务两种。地区性服务对用户群的范围加以限制。例如在美国,是由某些提供免费电子邮件服务的公司提供专用软件,用户只需拨通专用的服务器号码就能够收发电子邮件,除需付当地电话费外,其他完全免费,这种服务仅限在美国国内提供。

全球范围的免费电子邮件则是基于 Internet 的,只要能访问因特网,便能享受该方式的服务。这种服务的方式不要求使用者拥有专用的上网计算机,在任意一个提供因特网服务的公共场所,如网吧,也可以收发电子邮件。

用这种方法收发电子邮件就如同访问一个网址那么简单。这种类型的服务方式由于可以提供固定的网址以及永远属于私人的电子邮箱地址,所以很受人们的欢迎。

实际应用中,免费电子邮箱又有 3 种类型:免费 Web 页面邮箱、免费 POP3 邮箱、免费转信邮箱。

免费 Web 页面邮箱是目前最多见的,如 Yahoo 提供的免费邮箱。国内的免费邮箱提供商提供的免费邮箱大多数也是这种类型。这类邮箱的特点是读信时必须登录该网站,用户无法用通用的 E-mail 软件直接取信,所以这种邮箱使用起来很不方便且费用较高。

免费 POP3 邮箱与 Web 页面邮箱相比在使用上有很多优点。使用免费的 POP3 邮箱的用户可以用各种 E-mail 软件,在不登录 Web 页面的情况下就能直接取信,脱机读信和取信节省了上网时间。Internet 上著名的免费 POP3 邮箱的提供商有 Netaddress 和 Hotmail,国内有 163.net。只要对使用的浏览器或者 E-mail 软件进行一些设置就可以使用它们,在通用的 E-mail 软件的设置标签中都能找到有关收信服务器 POP3 和发信服务器 SMTP 的设置窗口,因此只需设置 POP3,将当地 ISP 的 DNS 服务器的地址填入 SMTP 即可。

美国加利福尼亚州的 Hotmail 公司从 1996 年 7 月 4 日开始在全球范围内首个推出了这一服务,其网址是 http://www.hotmail.com。新用户进入其主页后,单击 Register 按钮,将会出现一份协议,协议包括服务提供者(Hotmail)与用户双方的权利及义务,如果用户完全同意该协议就选择"I Accept(我同意)",将调出一份用户情况登记表,新用户将在这里填写自己的代号、姓名、性别、自定义的密码、所在地、职业、收入等信息。将协议填写清楚后即获得了属于自己的 E-mail 信箱。E-mail 地址的后缀为@hotmail.com。登记完成后,就能立即获得完整的使用权,可以在信箱内进行一系列操作,包括收、发信,建立 E-mail 地址簿等。由于每次进入时均需输入用户代码及自定义的密码,所以保密性非常高。该服务尤其适合通过公用计算机或多人合用一个账号上网的用户群。使用该服务再也不会因为多人共用一个信箱而出现种种不必要的争端。

各种免费 E-mail 服务之所以能够维持下去,是因为提供服务的公司能够获得大量的广告,在这里刊登广告的公司就看到了广泛的免费 E-mail 使用人群。在 Hotmail 上,信箱上端便是广告客户的广告,好的广告会把人吸引到该公司的主页上去。随着 Internet 的不断发展,会不断出现各种基于 Internet 的 E-mail 服务。

3. 文件传输服务

文件传输协议(File Transfer Protocol,FTP)用于管理计算机之间的文件传送。

一般来说,用户进入网络的首要目的就是共享信息,而文件传输是信息共享非常重要的内容之一。但早期在 Internet 上实现文件传输并不容易,因为 Internet 是一个非常复杂的计算机环境,有 PC、工作站、Mac、大型机等各种类型的计算机,而这些计算机可能运行不同的操作系统,而各种操作系统的文件结构各不相同。要解决这种异构机和异种操作系统之间的文件交流问题,就需要建立一个统一的文件传输协议,这就是所谓的 FTP。

基于不同的操作系统有不同的 FTP 应用程序,而所有这些应用程序都遵守同一种协议,这样用户就可以把自己的文件传送给别人,或者从其他的用户环境中获得文件。

进行 FTP 连接首先要给出目的计算机的名称或地址,当连接到信宿机后,一般要进行登录,在检验用户 ID 号和口令后才能建立连接。但目前许多系统也允许用户进行匿名登录。与所有的多用户系统一样,对于同一目录或文件,不同的用户拥有不同的权限,所以在使用 FTP 的过程中,如果发现不能下载或上载某些文件时,一般是因为用户权限不够。

匿名 FTP 是 Internet 上应用最为广泛的服务之一,在 Internet 上有成千上万的 FTP 站点提供各种各样的免费程序和软件。通过这种方式,用户可以得到很多有用的程序和软件。

FTP 可以用多种格式传输文件,通常由系统决定。大多数系统只有两种模式,即文本模式和二进制模式。文本传输器使用 ASCII 码字符,并由 Enter 键和换行符分开;而二进制不用转换或格式化就可以传送字符。二进制模式比文本模式更快,并且可以传输所有 ASCII 码值,所以系统管理员一般将 FTP 设置成二进制模式。需要注意的是,在用 FTP 传输文件之前,必须确保使用正确的传输模式,按文本模式传送二进制文件将导致乱码或错误。

另外,在 Web 中可以按一种更灵活的方式实现 FTP 访问,即通过超文本标记语言链接实现,用户可以通过用鼠标单击某些图标下载相应的软件。

一般大型公司都有自己的 FTP 服务器,并且允许匿名访问,主要用于提供一些产品的介绍、解答用户的问题等。例如,微软公司的 FTP 服务器地址为 ftp.microsoft.com。

一旦连接成功,浏览器窗口会以文件夹的形式显示远程主机中的目录信息。若要下载文件,只需找到这个文件并用鼠标单击即可。

4. 域名解析服务

域名系统(DNS)可以将网络上的计算机名或域名解析为 IP 地址。这些名称用于搜索和访问本地网络或 Internet 上的资源。域名系统是由各级域名组成的树状结构的分布式数据库,采用客户机/服务器机制。DNS 服务器中包含域名和 IP 地址的对照信息,供客户机查询。

在安装 DNS 服务之前需要对 DNS 进行规划,决定 DNS 中要实现的域名空间,DNS 是否与活动目录集成,是否需要辅助 DNS 服务器等。要正确地配置服务器的 TCP/IP,要求有静态的 IP 地址配置和正确的域后缀。安装完成后重新启动系统即可。

5. 网络新闻服务

网络新闻(News)是一种最为常见的信息服务方式,其主要目的是在大范围内向许多用户(读者)快速地传递信息(文章或新闻),它除了可接收文章、存储并发送到其他网点外,还允许用户阅读文章或发送自己写的文章,是一种"多对多"的通信方式。

在网络新闻中,用户在一组名为"新闻组(Newsgroup)"的专题下组织讨论。每一则信息称为一篇文章(Article)。每一篇文章采用电子邮件的方式发给网络新闻组,因此一则新闻很像一个电子邮件,由一个新闻标题头(Head)和一个新闻主体(Body)组成。新闻主体是信息的文本部分,新闻标题头则提供文章作者、主题、摘要和一些索引关键字等信息。每篇发往网络新闻的文章被放在一个或几个新闻组中。用户可以在客户端利用新闻阅读程序以有序的方式组织这些文章,选择并阅读感兴趣的条目。

6. 电子公告牌

电子公告牌(BBS)实际上是一种较早应用于 Internet 上的网络应用,20 世纪 70 年代末出现在美国,它实际上以终端形式与大型主机相连,然后进行信息的发布和讨论。

自电子论坛出现以来,其以特有的平等、广泛、迅捷等优越性赢得了许多用户,因此迅速流行起来。

虽然早期的 BBS 依附于另一个网络系统,但随着 BBS 这种交流方式的普及,其他的网络系统也引入了 BBS 服务,而 Internet 便成为了 BBS 最大的载体。

BBS 内的用户可以隐匿自己的真实社会身份,在言论、权限上是绝对平等的。另外许多 BBS 都对所有人免费开放,因此 BBS 的参与者越来越多。

由于 BBS 的用户范围极广,因此其话题涉及的范围几乎无所不包。BBS 按不同的主题分成很多布告栏,用户可以阅读他人关于某个主题的看法,也可以将自己的想法发布到布告栏中,从而实现信息交换。

7. 邮件列表

电子邮件(E-mail)是 Internet 上有效、便捷、成熟和历史悠久的通信工具,电子邮件列表(Maillist)是随着国际互连网络和电子邮件的发展而迅速发展起来的一项新服务。

电子邮件列表基于一个虚拟的网络社群,是一种适合一对多方式发布电子邮件的有效工具。发件人只需把所有收件人的邮件地址一次性输入邮件列表的地址栏中,以后发送所有邮件,所有的收件人都可收到该邮件,从而免去了发件人一遍又一遍地重复相同的操作。

邮件列表适合的用户有个人网站站长、有兴趣创办电子杂志的人士、商业网站等。

8. 其他服务

随着 Internet 技术的发展,服务方式更加经济、方便和快捷,为大众用户提供了全方位的公共信息传输服务。用户需要在 Internet 上安装相应的软件,可以拨打国内、国际长途电话和可视电话,还可以在 Internet 上进行新闻讨论,进行电子商务等多元化服务等。

7.7 接入 Internet

用户与 Internet 连接意味着用户使用的计算机是与 Internet 连接的,这台计算机是Internet 网络的一部分,用户能够真正使用 Internet 拥有和提供的各种信息资源。

7.7.1 接入 Internet 方式

接入 Internet 的用户根据入网目的可以分为最终用户和 Internet 服务提供商,根据计算机的工作方式,有独立的主机及终端机与 Internet 主机相连接。有两种不同类型的Internet 连接方式:一种方式是用户可以使用独立的一台计算机,连接在 Internet 上时,用户拥有自己的 IP 地址;另一种方式是采用一台终端机与 Internet 主机相连接,用户只是通过终端访问 Internet 上的这台主机,终端用户分享拥有一个 Internet 地址的主机。

目前,在用户端接入技术方面,除了使用传统的调制解调器拨号入网外,一些新的接入技术也在不断发展并提供了较高的传输速率,例如 ISDN 线路、ADSL 技术、Cable、Modem、掌上电脑入网以及使用 WAP 的手机上网等。

公司企业级用户可以用不同的方法接入 Internet。一般的企业都拥有自己的企业网络,可以是一个普通的局域网,或者使用 Internet 技术用于企业经营的企业内部网Intranet,也可能是把若干相互关联的企业内部网 Intranet 互连的 Extranet。Internet、Intranet、Extranet 的物理网络都使用 TCP/IP 作为其通信协议。Extranet 把使用Internet 技术构建的企业管理信息系统的应用延伸扩展到一些特定的外部企业,由此也带来了像企业经营、企业管理、企业间协作、网络信息安全、保密等新问题。

企业网络接入 Internet,可以是以局域网,甚至是以小型广域网接入 Internet 中,多数情况下,接入方式采用专线方式入网。采用专用电话线,即专线(dedicated phone line)连接,专用电话线总是连着的,当然,这种方式比采用常规线路要昂贵得多。不过对于一家小公司,一条运用 PPP 的专用电话线已经是设立 Internet 通道相对经济的方式了。这种连接可以为公司内的其他计算机提供 Internet 通路。当用户选择接入 Internet 的方式后,接下来就需要选择一个合适的 Internet 服务提供商了。

7.7.2 选择 ISP

Internet 服务提供商(Internet Service Provider,ISP)是向用户提供 Internet 服务的

机构,遍布于全球不同位置的 Internet 互联网单机用户都要通过 ISP 的服务器主机连入 Internet 互联网并享受各种服务。Internet 服务提供商一般具有局域网和小型广域网的规模,租用高速通信线路,建立必要的服务器、路由器等设备,向用户提供 Internet 连接服务。

我国几大互联网络本身就是国内主要的 ISP,如中国科技网(CASNET)、中国公用计算机互联网(CHINANET)、中国教育和科研计算机网(CERNET)、中国金桥信息网(CGBNET)、中国联通互联网(UNINET)、中国网通公用互联网(CNCNET)等。

随着我国基础电信事业的快速发展,公共电话网越来越普及,先后建成了光缆网、中国公用数字数据网(CHINADDN)和公用分组交换数据网(CHINAPAC),形成了具有中国地域特色、覆盖全国的数据通信网络。

我国最初由国务院正式批准的中国四大互联网络中,由国家计委投资、教育部主持的 CERNET 由清华大学、北京大学等十所高校承担建设,于 1995 年完成了首期工程。CERNET 原国际出口带宽为 12Mb/s,扩建后的全国光纤高速骨干网的 8 个主要区域节点之间的带宽都达到 622Mb/s～2.5Gb/s,地区级主干线带宽达到 155～622Mb/s。在接入 CERNET 的校园网附近的用户可以通过大学的校园网接入 CERNET,再进入 Internet。

CHINANET 由中国邮电部于 1994 年投资建设,就是人们常说的"中国电信",可为中国用户提供 Internet 的各种服务。CHINANET 最初在北京、上海分别开通了 256Kb/s 和 64Kb/s 的专线,为公众提供服务;1999 年年底开通了国际线路,总带宽达 291Mb/s。

CHINANET 是连接 CASNET、CERNET、CGBNET 等国家级网络的骨干网。国际出口带宽原来是 485Mb/s,建设后可达 1.5Gb/s;国内主要的 IP 干线的带宽达到 2.5～10Gb/s。CGBNET 主要通过微波和卫星连接,同时与地面的光纤网联通,形成了覆盖全国的公用网络。其卫星通信信道的速率起初是 2Mb/s,国际出口带宽已从 1999 年的 22Mb/s 扩展为 69Mb/s。

CHINANET 是专门向用户提供 Internet 连接服务的。中国邮电部在开通 CHINANET 后,国内随后开展了各种 ISP 业务,出现了许多民众性质的 ISP,这样的 ISP 往往可以采用租用一条专线的方式建立必要的服务器,以提供多种形式的 Internet 服务。1999 年,我国电信体制改革后,网络数据通信也形成了百花争艳的局面。随着网络用户的日益增加,产生了一些非常有影响力的民营 ISP,提供有效和丰富多彩的 Internet 服务。

ISP 除了接入服务外,一般还承担以下业务。

WWW 服务:WWW 服务是面向企业级用户提供 Internet/Intranet 全功能的一种服务。它提供了包括电子商务、广告发布、用户联机等业务在内的全面解决方案。由 ISP 提供的共享服务器上的空间可为用户提供包括 E-mail、网络新闻组、文件传输协议(FTP)、菜单检索、广域信息服务资源查找、域名解析等功能,是目前 ISP 最感兴趣的主要发展方向。

资讯服务:ISP 向一般客户提供的资讯服务包括免费电子邮件、搜索引擎、本地化信息(城市指南、白页和黄页服务)、专业化信息(金融、证券等)和个人化信息(聊天、游戏、个人主页等)。

值得指出的是,许多 ISP 在服务上还存在极大的差异。随着中国加入 WTO,各种 ISP 都会逐渐进入中国互联网市场,选择服务优异的 ISP 是保证用户自身利益的前提。

ISP 由于自身条件的原因可能存在不同,用户从自身角度出发需要考虑的因素有 ISP 的出口带宽、服务质量、收费标准、通信线路、地理位置等,应尽量选择同一个区域的 ISP 服务商。

从物理连接类型来看,用户计算机与 Internet 的连接方式可分为专线连接、局域网连接、无线连接以及电话拨号连接等方式。用户选择何种方式入网需要考虑用户所处的地理位置和通信条件、使用者数量、通信量、希望访问的资源、要求响应的速度、设备条件以及资金的投入等因素。不同连接方式的硬件和软件的配置各不相同。

用户可以选择接入 Internet 的方式,共有两种方式可供用户选择。如前所述,一种为局域网接入方式,一种为电话线接入方式。用户可以根据自己所在的地理位置、周围的情况(是否有大中专院校)等情况选择一种适合自己的方式接入 Internet。

7.7.3 使用浏览器

浏览 WWW 信息必须在操作系统中安装 Web 浏览器,称为网络浏览器。常用的网络浏览器的种类有许多,如 Microsoft Internet Explorer(简称 IE),现在已内置在 Windows 操作系统中。另一个浏览器是 Netscape Navigator,后被收购,从而使 Internet Explorer 独霸浏览器世界。为了挽回市场,1998 年 Netscape 将浏览器开放大部分源码,成立了一个称为 Mozilla.org 的机构,计划开发下一代浏览器,几经改版更名后,最后定名为 Mozilla Firefox。Mozilla Firefox 是一个开放源代码的浏览器,可安装在 Windows、Linux 和 MacOS X 操作系统平台上,体积小、速度快,兼有其他应用特性,如管理功能的扩展、自定义工具栏、更好的搜索特性、标签式浏览,可使上网浏览的速度更快。挪威 Opera 浏览器可支持多种操作系统,如 Windows、Linux、Mac、FreeBSD、Solaris、OS/2、QNX 等操作系统。Apple Safari 浏览器是苹果计算机 Mac OS X 新版操作系统中新置的浏览器,用来取代之前的 Internet Explorer for Mac 浏览器,现在可运行在 Windows 操作系统平台上。Microsoft Edge 是 Windows 10 内置的新浏览器,Microsoft Edge 在原有功能的基础上增加了标签页预览、在浏览网页时添加笔记和在当前浏览网页中查找等实用功能。例如添加笔记功能,用户就像使用画板一样可直接在浏览的网页上记笔记、书写、涂鸦等,并能够保存,还可利用 Microsoft 配套应用程序转发分享。又如在当前网页中的查找功能,用户可在当前浏览的网页内查找文字和符号等内容,就像在文档编辑中查找指定内容一样方便。

目前网络浏览器产品很多,各有其应用特点,但功能类似。下面以 Microsoft Edge 浏览器为例进行介绍。

在 Windows 操作系统中,先使计算机连通网络,然后双击桌面上的 Microsoft Edge 浏览器图标,打开 Microsoft Edge 浏览器,在地址栏中输入相应的网络地址后按 Enter 键即可打开网页。例如,输入 http://www.un.org 并按 Enter 键,就可以连接到位于美国的联合国网站的 Web 主页,如图 7.28 所示。

图 7.28　联合国网站的 Web 主页

Web 主页上有许多超链接选项,通过 6 种联合国使用的官方文字介绍了联合国的机构、历史、活动及安理会的重要决议案等。单击"中文"超链接即可进入中文界面,如图 7.29 所示。

图 7.29　联合国网站的中文界面

根据需要再指向需要浏览访问的信息选项,单击即可打开相应的 Web 页。

具有超链接技术的 WWW 网页简称网页。WWW 网页提供基于 WWW 技术的网络信息资源,是 Internet 上应用最为广泛的一种服务。人们进入 Internet,大多数时间都是与各种网页打交道。基于 WWW 技术的网页可以显示文字、图片,还可以播放声音和动画,是 Internet 上目前最流行的信息发布方式。许多公司、报社、政府部门和个人都在 Internet 上建立了站点,拥有富有个性化的 WWW 网页。检索和打开 WWW 网页信息需要安装和使用专门的浏览器软件。

每个网站都有一个独一无二的地址,简称网址。用户只要在浏览器的地址栏中输入网站的地址,浏览器就会在 Internet 上找到那个站点的网页,并通过网络传递显示出来。

在 Internet 上,各种网站可以提供多种多样的信息资源,有国家政府机关、科研教育、公司企业、报社媒体、文化娱乐、体育竞赛等很多网站,这些网站都是通过自己的网页提供信息的。

使用 WWW 服务十分简单,只要用户的计算机操作系统中安装了网络浏览器,就可以使用 WWW 浏览 Internet 网络资源。WWW 网页的内容除了常见的文字、图片外,还有很多超文本链接,这些链接可以将本地或远程异地的信息链接起来。例如通过联合国粮农组织的网络地址 http：//www.fao.org 就可以链接到联合国粮农组织站点的主页,如图 7.30 所示。

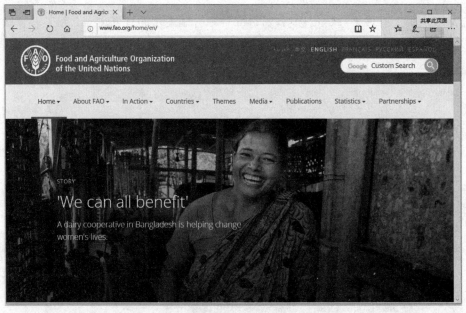

图 7.30　联合国粮农组织站点的主页

网页上有很多超链接,其文字的颜色与其他正文有所不同,可把鼠标指针指向链接的文字选项上,这些文字即刻出现下画线,随即光标的形状变成了手形。在带有下画线的文字或带有不同颜色的图形上单击鼠标,就会链接到相应内容的 Web 页。各种网页之间的超链接可以是本站点的内容,也可以是远在世界其他地方的信息,而且还有另一个超链接选项。

如果需要返回刚才浏览过的网页,可以单击网络浏览器窗口左上角的"后退"按钮。

超文本的另一种链接方式就是将信息按类别链接到 Map 上。Map 实际上就是 WWW 的导航地图,使用者可以根据图示的导引查找自己需要的信息,它的特点是更加直观方便。

7.7.4　Internet 网络地址与域名

Internet 上的每台计算机、服务器或网络设备端口等都有一个全球唯一的编码,称为 IP 地址。IP 地址是运行 TCP/IP 标准的唯一标识,长度为 4 字节,分为 4 组,每一组用 0~255 的十进制数表示,如中国教育与科研计算机网的 IP 地址为 202.112.0.36,其中 202 表示网络标识,112.0.36 代表主机标识。IP 地址由 Internet 的 IP 地址管理组织统一管理,联网用户需要到当地相关机构申请办理。

由于 IP 地址的数字编码不易直接记忆,所以域名管理系统(DNS)提供了与 IP 地址一一对应的域名服务。域名结构的格式为

计算机名.组织机构名.网络名.顶级域名

其中,越往右表示网络范围越大、级别越高,最右边是顶级域名。顶级域名按国家和地区的不同,有 cn(中国)、us(美国)、jp(日本)、ca(加拿大)、de(德国)等,按机构的不同,有 com(商业性机构)、gov(政府部门)、org(事业组织)、edu(教育机构)、net(网络单位)、mil(军事机构)、firm(企业或公司)、store(商业销售部门)、nom(个体或个人)、web(WWW 相关部门)等。按网络名的不同,有 edu(教育机构)、gov(政府部门)、org(非营利组织)、net(网络单位)、ac(学术科研部门)等。越往左表示网络范围越小,最左边一般是计算机名或具体部门的名称。

我国的域名类别体系结构分为 edu(教育机构)、gov(政府部门)、org(非营利组织)、net(网络单位)、ac(学术科研部门)等。我国按行政地区划分的行政区域名如表 7.6 所示。

表 7.6　我国行政区域名

域名	行政区	域名	行政区	域名	行政区
bj	北京市	sh	上海市	tj	天津市
cq	重庆市	he	河北省	sx	山西省
nm	内蒙古自治区	ln	辽宁省	jl	吉林省
hl	黑龙江省	zj	浙江省	ah	安徽省
fj	福建省	jx	江西省	sd	山东省
ha	河南省	hb	湖北省	hn	湖南省
gd	广东省	gx	广西壮族自治区	hi	海南省
sc	四川省	gz	贵州省	yn	云南省
xz	西藏自治区	sn	陕西省	gs	甘肃省
qh	青海省	nx	宁夏回族自治区	xj	新疆维吾尔自治区
tw	台湾地区	hk	香港特别行政区	mo	澳门特别行政区

Internet 上的每个站点都有一个唯一的地址,每个 WWW 上的 Web 页也有唯一的定位标识,是 WWW 的统一资源定位标志。这个地址就称为统一资源定位符(URL),它的

格式如下：

资源服务类型：//存放资源的主机域名/路径/文件名

其中，URL 资源地址与服务功能如表 7.7 所示。

表 7.7　URL 资源地址与服务功能

URL 资源名	服　务　功　能	URL 资源名	服　务　功　能
http	超链接多媒体资源 Web 服务	wais	广域信息服务
ftp	用户计算机与远程文件服务器连接	news	专题讨论与新闻访问
telnet	用户计算机与主机远程登录连接	gopher	通过 gopher 访问信息
mailto	E-mail 服务		

例如，联合国网络直播信息资源的 URL 地址是 http://webtv.un.org/。其中，http 地址表示超链接资源类型，webtv.un.org 是其主机域名和资源文件名。打开的 Web 页如图 7.31 所示。

图 7.31　联合国网络直播信息资源 Web 页

例如，中华人民共和国中央人民政府信息资源的 URL 地址是 http://www.gov.cn。在浏览器地址栏中输入该地址即可显示我国政府网站主页，如图 7.32 所示。

7.7.5　搜索引擎站点

有时上网查找信息时，用户不知道哪些网站提供了其需要的信息资源，更不知道这些站点的地址，这时可借助于能够快速检索网上信息的搜索引擎站点。各种搜索引擎的功能和使用方法可能有所不同，搜索目标的侧重点也有区别。例如有以搜索网站为主的引擎，有以查找知识答案为主的引擎，也有以检索文献信息为主的引擎等，但它们都有一个共同点，就

图 7.32　中华人民共和国中央人民政府网站

是把浩如烟海的知识、信息通过某种规则有序地组织起来,实现快速检索和查询。

　　除网页搜索外,这些网站还提供新闻、MP3、图片、视频、地图等多样化的各具特色的搜索服务。另外,它们还往往提供许多互动产品,如邮件、校友录、游戏、社区、博客等,形成了功能强大的集检索、传播、交流、互动、休闲为一体的综合性网站。

　　在国际信息快速检索方面有 Bing(必应),网址为 https://cn.bing.com,主页如图 7.33 所示。

图 7.33　Bing 站点主页

Google(谷歌)网址为 http://www.google.com,主页如图 7.34 所示。用户可以根据自己的需要按关键字、分类超链接选项等各种方式进行信息资源的检索。

图 7.34 Google 站点主页

在国内信息检索方面,有搜狐(http://www.sohu.com)、网易(http://www.163.com)、新浪(http://www.sina.com.cn)、百度(http://www.baidu.com)、腾讯(http://www.qq.com)、雅虎(中文)(http://cn.yahoo.com)等站点,均具有为上网用户提供快速、方便和有效的信息检索和查询的功能。用户可以在网页上选择检索分类选项或输入关键字、组合关键字等进行综合搜索,快速找到需要的信息资源。国内常用的快速检索的网站主页如图 7.35 所示。

(a) 搜狐网站主页

(b) 百度网站主页

图 7.35 国内常用的快速检索的网站主页

大学计算机教程(第 7 版)

(c) 网易网站主页　　　　　　　　　　(d) 360网站主页

(e) 新浪网站主页

图 7.35　（续）

7.7.6　收发电子邮件

E-mail 是 Internet 上非常重要、使用得非常多的服务。E-mail 不仅能传送文字数据，也可以传递声音、图片、视频音像等信息。电子邮件和传统的邮件相比具有使用灵活、速度快和方便等优点，通过 Internet 发往世界各地的电子邮件在正常情况下一般只需几秒就能到达，而且价格低廉。

在网上要发信给某个人，和传统邮件传递一样，必须要知道这个人的 E-mail 信箱的地址。Internet 电子邮件地址的格式是

用户名@主机计算机名.组织机构名.网络名.顶级域名

其中，用户名是收件人的用户标识名，@后面的主机计算机名为邮件服务器名，再往后即为邮件服务器主机所在的域名。

例如 chily@mail. cau. edu. cn，其中 chily 代表收件人的姓名或注册账号（Account Name），由用户选定、ISP 注册认可；电子邮件地址的第二部分 mail. cau. edu. cn 代表邮件的邮件服务器主机名（Hostname）及邮件服务器所在的域名（Domain Name），其中 mail 为主机名，cau. edu. cn 为域名。通常通过两种方式得到 E-mail 信箱：一种是向提供免费 E-mail 邮箱的组织申请免费的 E-mail 邮箱；另一种是向 Internet 服务提供商交费申请 E-mail 邮箱。用户有了自己的 E-mail 邮箱以后，就可以收发电子邮件了。

下面以微软公司 Windows 操作系统中的电子邮件管理应用软件 Outlook Express

为例介绍怎样收发电子邮件。

1. 发送电子邮件

（1）在 Windows 操作系统的桌面或任务栏中双击 Outlook Express 图标，打开 Outlook Express 窗口，如图 7.36 所示。

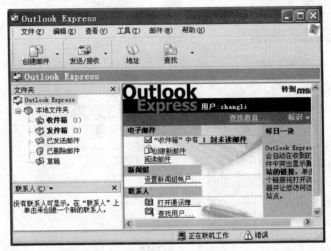

图 7.36　Outlook Express 窗口

（2）单击"创建邮件"按钮，打开写邮件窗口，如图 7.37 所示。

图 7.37　写邮件窗口

（3）在"收件人"文本框中输入收信人的 E-mail 地址。如果还想将此信转发给他人，可以在"抄送"文本框中输入相应的 E-mail 地址。如果为多人，则用逗号或分号将地址分开，然后在主题栏内输入邮件的主题。

（4）在内容栏中输入信件的内容。如果有文档文件需要同时发送，则单击"附件"按钮，弹出"插入附件"对话框，如图 7.38 所示。

图 7.38 "插入附件"对话框

选择指定的文档文件附加到电子邮件中。如果文件过大,则可以先进行压缩,以减少传输时间。一个准备好的电子邮件如图 7.39 所示。

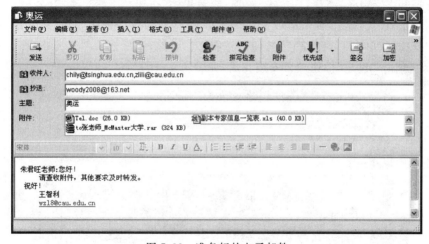

图 7.39 准备好的电子邮件

(5)单击"发送"按钮即可把电子邮件发送出去。

2. 接收和阅读电子邮件

接收电子邮件之前,必须确认在 Outlook Express 中已经设置了用户自己的 E-mail 地址。打开 Outlook Express 窗口,单击"发送/接收"按钮即可接收电子邮件。

7.8 设置 Internet 信息服务器

Internet 信息服务器(Internet Information Server,IIS)是允许在公共 Intranet 或 Internet 上发布信息的 Web 服务器,可对其进行配置以提供文件传输协议(FTP)和 SMTP 服务等。通过 IIS 可以使运行 Windows 的计算机成为大容量、功能强大的 Web

服务器、FTP服务器、SMTP服务器(注意：要想使用上述服务，本机必须要有静态的IP地址)。这样，IIS就可以轻松地将信息发送给整个Internet上的用户。在Windows 98、Windows 2000专业版、Windows 2000服务器版、Windows XP、Windows XP服务器版中都可以使用IIS。Windows 2000服务器版运行速度相对较快，Windows XP运行速度相对较慢。

利用IIS可以建立最常用的WWW和FTP服务器，实现最基本的浏览和文件传输功能。

7.8.1　用IIS配置Web服务器

1. 安装Internet信息服务

如果在安装操作系统时没有选择安装IIS，则在系统安装完成后需要手工进行配置。

(1)打开"控制面板"窗口，单击"添加/删除程序"按钮。

(2)单击"添加/删除Windows组件"按钮，在打开的对话框中勾选"Internet信息服务(IIS)"复选框，单击"详细信息"按钮以选择IIS组件，这里选择"World Wide Web服务器"选项，单击"确定"按钮即可安装完成，如图7.40所示。

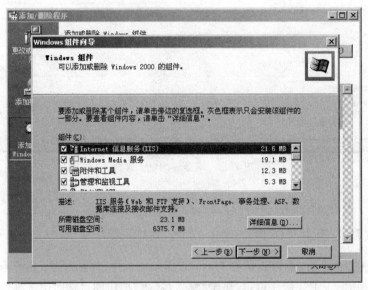

图7.40　安装Internet信息服务

通过"管理工具"打开"Internet信息服务"窗口，窗口显示该计算机已安装好的Internet信息服务，且已自动启动运行，其中Web站点有两个，分别是默认Web站点及管理Web站点，如图7.41所示。

2. 设置Web站点

设置Web站点分两种情况。

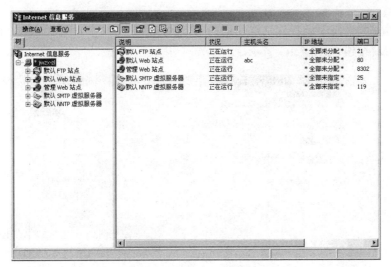

图 7.41 启动运行 Internet 信息服务

（1）使用 IIS 的默认站点

① 将制作好的主页文件（html 文件）改名为 default. htm 并复制到 \ Inetpub \ wwwroot 目录，该目录是安装程序为默认 Web 站点预设的发布目录，如图 7.42 所示。

图 7.42 设置发布目录

② 打开本机或客户机浏览器，在地址栏中输入此计算机的 IP 地址或主机的域名（要求已经在 DNS 服务器中注册）以浏览站点进行测试。

（2）添加新的 Web 站点

① 在"Internet 信息服务"窗口中右击服务器节点，从弹出的快捷菜单中选择"新建"|"Web 站点"命令，在"Web 站点创建向导"对话框中设置相应的选项后单击"下一

步"按钮。

　② 在打开的界面中设置该站点使用的 IP 地址(假设为 a.b.c.d)和端口(假设为 e)，单击"下一步"按钮，如图 7.43 所示。

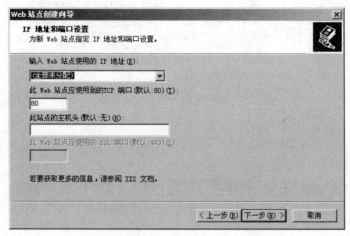

图 7.43　输入 IP 地址

　③ 在"Web 站点主目录"对话框中输入主目录的路径或浏览选择，并设置主目录的访问权限。

　④ 在浏览器中输入 http://a.b.c.d:e(若 e 为 80，则可以省略)以浏览新建的站点。

3. 添加虚拟目录

　有时 IIS 也可以把用户的请求指向主目录以外的目录，这种目录称为虚拟目录。虚拟目录可以存在于本地服务器上，也可以存在于远程服务器上。处理虚拟目录时，IIS 把它作为主目录的一个子目录对待，使用虚拟目录的重要意义是：网络管理员可以把 Web 站点的负载分布到多台服务器上，这使每台服务器都能保持较高的处理速度。

　在"Internet 信息服务"窗口中右击服务器节点，在弹出的快捷菜单中选择"新建"|"虚拟目录"命令，在"虚拟目录创建向导"对话框中单击"下一步"按钮，打开"虚拟目录别名"对话框。

　在"别名"文本框中输入别名，单击"下一步"按钮，打开"Web 站点内容目录"对话框，输入目录路径或浏览选择(此目录是指除了主目录外的其他站点发布的目录)。

　单击"下一步"按钮，打开"访问权限"对话框，在"允许下列权限"区域中设置此目录的访问权限。

　单击"下一步"按钮，打开"您已成功完成'虚拟目录创建向导'"对话框，单击"完成"按钮，虚拟目录创建完成。

4. Web 站点的管理

　对于已经建立的 Web 站点，可以本地管理，也可以远程管理，这里只介绍本地管理。

1）设置匿名访问和验证控制

右击默认的 Web 站点,在属性对话框中单击"目录安全性"标签,在"匿名访问和验证控制"选项区域中单击"编辑"按钮,在"验证方法"窗口中启用"匿名访问"复选框,单击"编辑"按钮可对匿名账号进行设置。

2）IP 地址及域名限制

右击默认的 Web 站点,在"属性"对话框中单击"目录安全性"标签,在"IP 地址及域名限制"选项区域中单击"编辑"按钮,设置授权访问或拒绝访问的某台计算机、一组计算机或属于某个域的计算机。单击"确定"按钮,返回默认 Web 站点"属性"对话框,再单击"确定"按钮,保存设置。

3）停止、启动和暂停站点服务

右击 Web 站点,在弹出的快捷菜单中选择相应命令即可。

7.8.2　用 IIS 配置 FTP 服务器

这里以 Windows 专业版为例,介绍利用 IIS 搭建一个 FTP 服务器的方法。

1. 安装 IIS

选择 IIS 组件,这里选择"文件传输协议(FTP)服务器"。

2. 设置 FTP 站点

设置 FTP 站点分两种情况。

（1）使用 IIS 的默认 FTP 站点。建立 FTP 站点最快的方法就是直接利用 IIS 默认建立的 FTP 站点。把可供下载的相关文件,分门别类地放在该站点默认的 FTP 根目录\InetPub\ftproot 下,之后打开用户浏览器,在地址栏中输入本服务器的 IP 地址(若已经注册域名,也可输入域名)就会以匿名的方式登录 FTP 服务器,根据权限的设置就可以进行文件的上传和下载了。

（2）新建 FTP 站点。IIS 允许在同一部计算机上同时构架多个 FTP 站点,但前提是本地计算机具有多个 IP 地址或只有一个 IP 地址,但每个 FTP 站点的 TCP 端口号必须不同。

①在"Internet 信息服务"窗口中右击服务器节点,在弹出的快捷菜单中选择"新建"|"FTP 站点"命令,在"FTP 站点创建向导"对话框中,单击"下一步"按钮,在"FTP 站点说明"中输入站点说明。

②在"IP 地址和端口设置"对话框中设置该站点使用的 IP 地址和端口(这里的 IP 地址和端口的组合与默认的 FTP 站点不同),单击"下一步"按钮,如图 7.44 所示。

③在"FTP 站点主目录"对话框中输入要共享的主目录的路径或浏览选择,并设置主目录的访问权限。

④在浏览器中输入 ftp://a.b.c.d：e 浏览新建的站点,其中 a.b.c.d 为 FTP 站点的 IP 地址,e 为 FTP 站点的端口号。若对应的 IP 地址已经注册域名,则可以使用域名访问,但除了 21 端口外,地址栏中都要输入端口号。

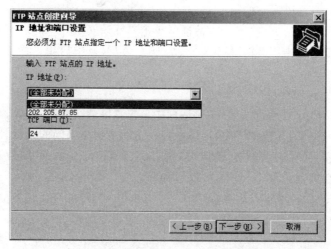

图 7.44 设置站点的 IP 地址和端口

3. 管理 FTP 站点

FTP 站点建立好之后，可以通过"Microsoft 管理控制台"进一步管理及设置 FTP 站点，站点管理工作既可以在本地进行，也可以远程管理，这里只介绍本地管理。

右击要管理的 FTP 站点，在弹出的快捷菜单中选择"属性"命令，打开"默认 FTP 站点 属性"对话框。

（1）重新设置 FTP 站点的 IP 地址和端口号，只要与其他服务不重复即可，也可以设置服务器的最大同时连接数及超时限制时间，如图 7.45 所示。

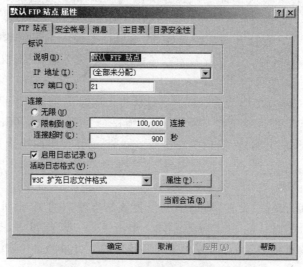

图 7.45 "默认 FTP 站点 属性"对话框

（2）切换到"安全账号"选项卡，设置是否允许匿名连接及 FTP 站点管理员账号，如图 7.46 所示。

大学计算机教程(第 7 版)

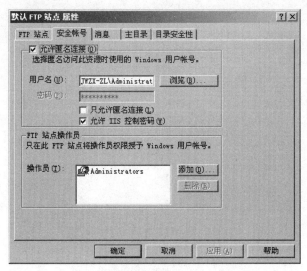

图 7.46　设置连接及 FTP 站点账号

（3）切换到"消息"选项卡，输入登录 FTP 站点时显示的消息，这个消息只有在命令行方式下登录才能看到，如图 7.47 所示。

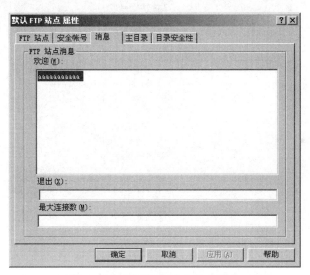

图 7.47　设置登录 FTP 站点消息

（4）切换到"主目录"选项卡，设置 FTP 站点资源的来源（本地或网络资源）、访问权限等，如图 7.48 所示。

（5）切换到"目录安全性"选项卡，设置允许访问 FTP 服务器的客户端 IP 子网范围，如图 7.49 所示。

利用 IIS 可以满足一般的 Web 站点和 FTP 站点的设置与使用需求，但需要注意的是，由于 IIS 本身的安全性不是很好，因此需要在建立相应网站的同时采取其他的系统安全技术，从而保障站点信息的安全性。

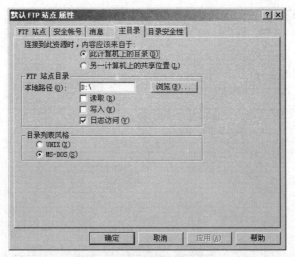

图 7.48　设置 FTP 站点资源

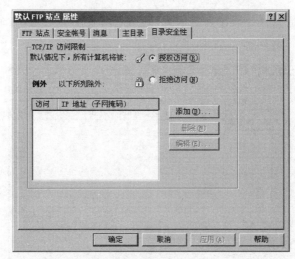

图 7.49　设置允许访问

7.9　计算机网络标准化

网络标准化是开放系统所遵循的规范,一些国际化标准组织专门制定了一些网络技术标准,网络系统集成要遵循这些标准。

7.9.1　标准化的重要性

计算机网络是一个复杂的系统,不同的组网规模或不同的网络拓扑结构,都可能用到很多来自于不同商家的网络硬件设备和软件,包括计算机硬件系统、网络操作系统、各种通信设备、不同的通信线路等。这些设备不可能由一个制造商完成,多个公司生产的产品要想相互连接、协同工作,就要遵循相应的规则,使用同样的标准,否则就会出现各个公司的网络产品互相不兼容,甚至不能使用的情况。

7.9.2　网络通信国际标准化组织

1. 国际标准化组织

国际标准化组织(ISO)是一个自发性非条约组织,是世界上最大的标准化组织,1946年成立,其成员都是各个国家的标准化组织。例如,美国在 ISO 组织中的成员是美国全国标准协会(ANSI)。ISO 几乎制定了所有领域的标准,像计算机、档案、质量管理等方面。ISO 组织制定的标准为世界上大多数国家使用。ISO 由各技术委员(TC)会组成,其中 TC97 技术委员会专门负责"信息处理"的有关标准的制定。中国于 1980 年开始参加 ISO 标准工作。ISO 建立的计算机通信体系结构模式已经被计算机软硬件厂商广泛采纳和使用。

2. 国际电报电话咨询委员会

国际电报电话咨询委员会(CCITT)是联合国条约组织,主要成员由参加国的邮政、电报、电话当局或部门组成,主要从事有关通信标准化和接口标准化工作,如 X.25、X.400 等。

3. 美国全国标准协会

美国全国标准协会(ANSI)是一个非营利的非政府部门机构,由制造商、用户、通信公司和其他有关团体组成。ANSI 标准的一个例子就是 X.34,即 ASCII 代码标准。

4. 电气和电子工程师协会

电气和电子工程师协会(IEEE)是一个专业协会,负责考虑数据通信的物理层和数据链路层。IEEE 组成制定局域网标准的 802 委员会,IEEE 是 ANSI 的成员。

5. 欧洲计算机制造商

欧洲计算机制造商(ECMA)是由欧洲供应计算机的制造商组成的组织,包括美国在内,致力于制定适用于计算机技术的各种标准。ECMA 在 CCITT 和 ISO 中是一个无权表决的成员,它也颁布自己的标准。

6. 电子工业协会

电子工业协会(EIA)是一个电子公司贸易协会,它是 ANSI 的成员,主要工作是建立数据终端设备和数据通信设备之间的接口标准,如 RS-232C 标准。

7.10 思 考 题

1. 简述计算机网络按通信距离是如何划分的,各有何特点。
2. 简述计算机网络按网络拓扑结构的划分及特点。
3. 简述计算机网络按网络传输技术进行分类的特点。
4. 简述计算机网络系统的主要功能。
5. TCP/IP 协议簇模型位于网络层、应用层的协议各有哪些?
6. IP 地址为什么要划分子网? 如何划分?
7. 试列举各类网络的默认子网掩码。
8. 简述常用的传输介质及其特点。
9. 试列举常用网络操作系统的应用环境与特点。
10. 简述局域网连接 Internet 的方式。
11. 简述网络层的互联设备。
12. 简单分析点对点传输的特点。
13. 简述广播式的传输方式,并简述其各自的特点。
14. 简述网络通信传输介质的分类与特点。
15. 简述双绞线和同轴电缆的特点。
16. 简单分析光纤传输单模与多模方式的物理特性。
17. 简单分析微波与红外线传输介质的特点与局限性。
18. 简单分析 OSI 开放系统互连参考模型的工作结构。
19. 网卡是 OSI 模型中哪一层的设备?
20. 简述以太网结构的特点与控制机制。
21. 简单分析令牌环网的工作原理。
22. 简述 FDDI 光纤网的通信机制和事故容错机制。
23. 接入 Internet 的计算机必须遵循哪组协议? 如何设置?
24. IP 提供了哪三个基本功能?
25. IP 地址是如何划分的? 各类 IP 地址的最大网络数为多少?
26. 试列举中国几大互联网络的统一资源定位名称。
27. 简单分析如何从一个 IP 地址解析其子网地址。
28. 试列举 Internet 提供服务的类型与使用特点。
29. 电子邮件通过哪两种协议传送? 如何在邮件管理程序中进行设置?
30. 试列举熟悉的 ISP 服务,并简述其优缺点。
31. 试列举熟悉的浏览器,并简述其使用特点。
32. 试列举 URL 资源地址与服务类型。
33. 简述 DHCP 服务器向客户机分配 IP 地址的方式。
34. 简述网站服务器的设置与发布过程。

第8章 计算机程序设计

信息技术是计算机技术、传感技术、网络技术和通信技术综合发展的产物,物联网技术、云计算技术和大数据处理技术则是在信息资源开发利用的产业化发展过程中对信息技术的发展与延伸。加强和提高现代信息技术的应用水平、掌握计算机程序设计算法与应用开发技能是利用现代信息技术解决实际问题的重要基础,也是运用计算思维实现问题求解过程和算法实现的重要工具。这样在解决实际问题时,可以接触更为广阔的信息技术应用领域,投入到互联网、物联网、云计算、大数据处理等现代信息技术应用和信息资源环境的开发利用中。本章的主要内容有:

- 计算机程序设计语言;
- 程序设计算法与实现过程;
- 用自然语言描述程序算法;
- 用程序流程图描述程序算法;
- 用 N-S 图描述程序算法;
- 用程序设计语言描述与实现算法。

8.1 程序设计概述

学习程序设计并不是简单地学习计算机语法规范或程序设计语言本身,而是要学会怎样用计算机程序设计语言解决实际问题,提高工作效率和工作质量。计算机语言种类繁多,学无止境,然而无论如何推陈出新,计算机程序设计语言的基本作用都是相似的。例如,C 语言作为现代编程语言的经典代表,通过学习它可以掌握解决实际问题的基本思想和实现方法,从而奠定应用各种现代编程语言的技术基础。

8.1.1 程序设计语言

在国内外高校普遍开设的信息技术教育课程系列中,C 语言程序设计通常作为现代编程的核心基础课程,不仅为计算机专业所开设,也普遍为各学科专业所开设。C 语言程序设计已成为培养现代信息技术人才的重要必修环节,无论是就业还是继续深造,都是现代 IT 人才的必备基础。

实际上,能实现各种程序算法的程序设计语言很多,计算机程序设计语言实现程序算法的语义规范都是相似的,其区别就是在应用领域与开发工具的功能上,例如具有不同的应用环境、开发工具或函数库。

程序设计语言可以从许多方面进行分类,例如按程序设计方法、机器的依赖程度、计算方法和应用领域分类等。通常有以下分类。

(1) 科学计算语言。用于科学计算编程,以数学模型为基础,过程描述的是数值计算,如 Fortran 语言。

(2) 系统开发语言。用于编写编译程序、应用软件、数据库管理系统、操作系统等,如 C 语言、C++ 语言等。

(3) 实时处理语言。用于及时响应环境信息编程,执行时可根据外部信号对不同程序段进行并发控制执行。

(4) 商用语言。主要用于商业处理、经济管理等编程,基础为自然语言模型。

(5) 人工智能描述语言。可用于模拟人的思维推理过程,实现智能化控制等编程。

(6) 模拟建模语言。用于模拟实现客观事物发展与变化的过程,以提前预测未来发展的结果。

(7) 网络编程语言。在网络技术基础上实现网络系统及应用编程,如 Java 语言是一种跨平台分布式程序设计语言;Delphi 语言适用于网络化环境的编程;而眼下风靡全球的 Python 语言则是一种面向对象的解释型和跨平台的计算机程序设计语言等。

就程序设计语言学习基础而言,语义控制等都是类似的,其中 C 语言程序设计最具现代编程基础,很久以来一直是国内外高校计算机基础教育的核心课程之一。

C 语言编程流畅,编译效率高,应用广泛,也是现代网络编程,如 Java、面向对象可视化编程 Visual C++ 等程序设计的基础。C 语言最早产生于 UNIX 操作系统平台,后来普及到微机上,其编码效率较高,能进行底层操作,比如处理机器的中断地址、设备端口、寄存器、字位操作等,还可以处理字符、图形和编写界面。它使用方便,是开发系统软件的良好选择。对于学生来说,掌握一些硬件的基本知识,再熟练掌握 C 语言,将会成为就业的强项之一。

计算机是集人类智慧设计和制造的。按照人为设计的步骤编制好程序,事先输入计算机,编译后才能自动、连续、重复运行,从而精确、快速、规范地代替人进行复杂烦琐的工作。计算机不可能完全实现人类的智慧,必须利用算法与程序实现人们的思维逻辑,从而借助计算机完成更为复杂的工作。

8.1.2 程序设计过程

程序设计是指使用计算机语言为解决实际问题的算法编写计算机程序的过程。计算机语言是人与计算机进行交流的媒介。通过程序,计算机就会准确地按程序步骤执行操作。计算机程序设计的实现过程如图 8.1 所示。

其中,"分析实际问题"是编写程序、建立算法模型、实现程序设计算法和实现问题求解具体算法的重要步骤。一般应有各领域必要的专业基础理论与专业背景,还应具备一定的实际经验,以往常常由具有各领域专业技术背景的人员与计算机程序员共同协作完

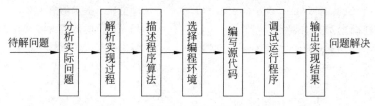

图 8.1　计算机程序设计的实现过程

成,现在完全可以由掌握计算机技术的各领域专业技术人员很好地完成;"解析实现过程"是在分析问题的基础上解析程序实现过程的算法规律和实现方法;"描述程序算法"可以根据实际问题的性质和解决方案用自然语言表达,需要时还应建立数学模型等,可以用程序流程图或 N-S 图等软件工程描述工具详细描述解决问题的过程,以便用程序代码实现算法;"选择编程环境"主要根据实际解决问题需要或算法模型及运行环境进行选择;"编写源代码"根据算法描述,按选择语言的语义语法规则编写源代码;"调试运行程序"是在程序设计语言编译环境录入、编译、运行源程序代码,直至正确"输出结果"。整个程序设计过程通常需要多次反复。程序设计与调试工作是一个熟练过程,熟能生巧,关键是程序算法设计,输出正确的运算结果是目的。

8.2　程序设计算法与实现

简单地说,计算机程序设计算法就是指用计算机解决问题的方法和步骤。例如,编程实现计算圆柱体体积。分析这个问题,其核心是数学计算问题,首先用数学公式表达,然后用计算机语言编程实现。计算机程序指令通常分为操作命令和操作对象两部分,程序运行时通过指令操作运算对象,顺序执行每一条指令直到结束。编程时需设计圆柱体圆截面半径 r 和圆柱体高度 h 两个变量,用来接收存放用户输入的两个变量的数据值,然后根据求圆柱体体积的公式

$$v = \pi \times r^2 \times h$$

计算得到圆柱体体积,将数据存入变量 v,需要时输出体积值。其中 π 在计算机中一般没有现成的值,也没有语言命令可以识别的 π 符号,π 值可以用一些数学算法根据运算精度求得,符号以字母标示。假如运算精度确定,可以使用特殊常量替换 π 值:

```
# define  PI  3.14159
```

或建立其他数学模型实现要求的精度。

例 8.1　编程实现计算任意给定圆半径和高度的圆柱体的体积。C 语言源程序代码如下:

```
#include "stdio.h"                    /*宏定义说明使用输入输出库函数*/
#define  PI  3.14159                  /*宏定义 PI 宏代换常量*/
main()
{float r,h,v;                         /*定义 3 个整型数值变量*/
```

```
    printf("Please input the radius");        /*输出显示提示信息*/
    scanf("%f",&r);                           /*程序运行时从键盘输入半径值*/
    printf("Please input the height");        /*输出显示提示信息*/
    scanf("%f",&h);                           /*程序运行时从键盘输入高度值*/
      v=PI*r*r*h;                             /*计算体积*/
    printf("\nThe volume is %f\n",v);         /*输出圆柱体体积的计算结果值*/
}→
```

其中"/*...*/"为 C 语言程序的注释命令,不被编译执行。在 C++ 语言中可使用双斜线"//"作为注释命令。

程序经过录入、调试,正确运行后便能实现"编程实现计算任意给定圆半径和高度的圆柱体体积"算法的输入、计算、输出整个过程。这样就完成了计算机程序算法与程序设计实现的整个过程,分别在 DEV C++ 和 Visual C++ 环境下载入程序运行、输入数据及输出结果,如图 8.2 所示。

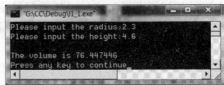

图 8.2　DEV C++ 和 Visual C++ 环境下程序运行时的输入与输出结果

使用计算机语言进行程序设计,语意语法是编写程序的文法规则,不能有误,否则计算机语言编译或解释系统就会检测出程序有语法错误,计算机源程序就不会被"翻译"成机器语言正确执行。任何计算机语言的语法都规定应把程序书写准确。但是解决问题的算法可以自由、灵活地优化设计,同一个问题的算法可以有多种,可编的程序也不是唯一的。因此,熟练掌握语法规范和语言结构是必需的,而解决实际问题的算法实现是核心与关键。综上所述,计算机程序可以这样表示:

程序＝算法＋数据结构

其中,"算法"是对问题求解操作过程的描述,即对操作步骤的描述;"数据结构"则是对数据的描述,包括对数据类型的描述和对数据组织形式的描述与定义。

如果考虑现代编程的工程化与多样性,则可以这样表示:

程序＝数据结构＋算法＋(程序设计方法＋编程工具＋语言环境)

其中算法是关键,是实现程序设计的依据和基础。算法分析完整、精细,才能实现完整的程序设计,才有对源程序进行优化的基础。

8.3　计算机程序算法的表示

要让计算机按问题求解逻辑做一件事,就必须把做这件事的步骤拆分成许多小步骤,每一步由计算机语言命令执行完成,执行完一系列命令,就可把任务有效完成。

计算机程序设计"算法"就是利用计算机语言实现计算机完成问题求解的步骤和过

程。假如解决问题的某项活动还穿插有其他活动,则需要周密计划先做什么、后做什么、再做什么,才可能有效完成解决问题的所有步骤,最后使用计算机语言编程完成整个程序流程的控制与执行。

描述求解问题步骤的方法可以用自然语言、程序流程图、N-S图等,执行每一步骤的计算机命令就是选用的计算机语言。而把计算机每一条命令对应的一系列步骤组成一个规则的整体,就是计算机程序设计问题求解的过程。

8.3.1　自然语言表示

用自然语言描述算法是非常直接的一种表示方法,易于表达、理解。自然语言描述算法的最大优点是便于人们之间直接交流,但最大的缺点也产生于人们之间的交流,即在自然语言表述不够严谨时容易产生歧义。

例如,"学期末获优秀学生奖的条件是:考核达标,平均成绩90分以上或从未迟到、早退。"听起来很简单,但理解方式不是唯一的。

理解1:考核达标、平均成绩90分以上,即可参加评奖。

理解2:考核达标且从未迟到、早退,即可参加评奖。

理解3:从未迟到、早退,即可参加评奖。

因此,自然语言不能有效、合理地表示算法,显然也不能利用计算机有效地进行程序设计和实现算法。

8.3.2　程序流程图表示

所有的计算机程序的流程控制结构都可以分为顺序结构、条件分支结构、循环结构三种方式。其中,顺序结构是程序设计最基本的结构,由顺序命令组成,程序执行流程是按顺序执行方式运行的。条件分支结构根据不同的条件执行不同的命令。循环结构根据给定的条件反复执行某一段程序,并不断修改给定的条件,直至最终结束循环。

用自然语言描述程序执行步骤,如果是顺序结构还比较容易,但是对于稍微复杂一点的程序流程,比如条件判断分支结构或循环结构等,就不是很方便了。因此,美国国家标准化协会(American National Standard Institute,ANSI)规定用一些常用的流程图符号表示程序的执行步骤与控制流向,这就是程序流程图,如图8.3所示。

使用程序流程图表示程序算法,流程清晰、易看易懂。用这样一些符号描述程序的执行步骤是国际通用表示方法,在程序设计中普遍使用。例如,用程序流程图表示这样一个算法:输入两个数,如果两数之和大于0,则输出结果;如果两数之和小于0,则重新输入两个数;如果两数之和等于0,则结束。程序流程图如图8.4所示。

虽然用程序流程图表示算法,程序步骤和过程很清楚,容易理解,但是要想表示复杂一些的算法就会显得凌乱繁杂,看似乱麻,如图8.5所示。

由于上述原因,人们想到应该规定几种基本的算法设计结构,然后按照一定的规范组合成整体的算法结构。这些基本结构可以组成各种新的基本结构,再按顺序搭建构成整个程序的算法结构,从而可以使程序设计的质量大幅提高。

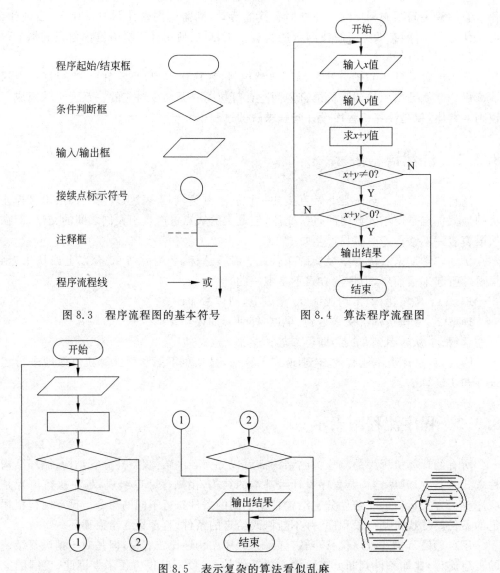

程序起始/结束框

条件判断框

输入/输出框

接续点标示符号

注释框

程序流程线

图 8.3　程序流程图的基本符号

图 8.4　算法程序流程图

图 8.5　表示复杂的算法看似乱麻

1966 年,Bohra 和 Jacopini 提出了程序设计的三种基本结构,至今仍是各种计算机程序设计语言支持的程序流程控制的基本结构。三种程序流程的控制结构如图 8.6 所示。

实际上,使用上述三种基本结构很容易表示任何复杂的程序算法。很明显,以上三种基本结构都是一个入口、一个出口。用这三种基本结构组成的程序算法都属于结构化程序设计(Structured Programming)的算法,每种基本结构对外应没有无规则转向流程,否则就不能称为结构化程序设计。

8.3.3　N-S 图表示

结构化程序设计可以用程序设计基本结构组成的构件顺序组合成各种复杂的算法结

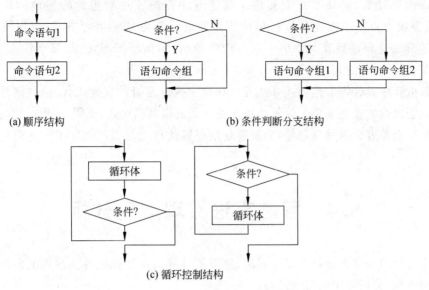

(a) 顺序结构　　　　　　　　　　(b) 条件判断分支结构

(c) 循环控制结构

图 8.6　三种程序流程的控制结构

构,这样程序流程图的程序流程线就显得多余了,于是 1973 年美国学者 I. Nassi 和
B. Shneiderman 提出了一种新的程序控制流程图的表示方法,可以使用矩形框表示三种
基本结构,使用三种基本结构的矩形框嵌套就可以表示各种复杂的程序算法了,这就是
N-S 图,如图 8.7 所示。

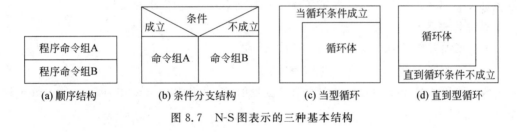

(a) 顺序结构　　　(b) 条件分支结构　　　(c) 当型循环　　　(d) 直到型循环

图 8.7　N-S 图表示的三种基本结构

　　例如,输入两个数值数据比较其大小,将较大的数输出。用 N-S 图表示其算法如
图 8.8 所示。

8.3.4　计算机语言表示

　　计算机程序设计语言主要包含语法、语义和语用这三个
方面,具体地表达了程序设计的结构形式、操作对象和流程控
制之间的逻辑组合和运算规则。

　　使用计算机程序设计语言描述算法实现过程与执行逻
辑的基本构成,主要有数据要素、运算要素、控制要素、流程
要素等。数据要素主要用于描述定义和存储程序设计所涉

图 8.8　比较两个数的大小

及的操作运算对象;运算要素主要用于描述程序算法实现所包含的各种运算执行逻辑;控制要素主要用于描述计算机程序所涉及的运算方法和运行方式;流程要素主要用于描述和表达程序运算对象的存取与传输走向,如循环控制流程、基本输入/输出顺序流程等。

计算机程序设计语言是描述算法设计与程序执行逻辑的有效工具,是利用计算机技术实现问题求解的重要基础。计算机程序设计语言以其模块化、简明化、形式化、并行化、可视化和平台兼容化等发展趋势,为描述复杂逻辑的算法与实现奠定了广泛而坚实的应用基础。

8.4　程序算法实现案例分析

程序设计的关键是分析和设计算法,然后用计算机语言描述并实现。下面是一个简单的典型案例,分析算法的实现过程。

例 8.2　计算 $1+2+3+\cdots+100$,数学模型可表示为

$$\text{sum} = \sum_{i=1}^{100} i$$

算法分析:这是一个自然数升序的连续加法运算问题。设一个变量 i 作为存放加数的变量,同时也可用来累计加法运算的次数;再设一个变量 sum,用来存放连续加法运算的累加值。当累加值第一次大于或等于 100 时结束程序,输出求和结果。

算法步骤 S_n:

S_1:累加器变量 sum 赋初值 0 ,即 sum=0。

S_2:计数器变量 i 赋初值 1 ,即 $i=1$。

S_3:使累加器 sum 变量值加计数器 i 变量值,结果仍放在 sum 中,即 sum=sum+i,此时 sum 值为

$$\text{sum} = \text{sum} + i = 0 + 1 = 1$$

S_4:使计数器变量 i 加 1,结果仍放在 i 中,即 $i=i+1$,此时 i 值为

$$i = i + 1 = 1 + 1 = 2$$

S_5:使累加器 sum 变量值加计数器 i 变量值,结果仍放在 sum 中,即 sum=sum+i,此时 sum 值为

$$\text{sum} = \text{sum} + i = 1 + 2 = 3$$

S_6:使 i 加 1,结果仍放在 i 中,即 $i=i+1$,此时 i 值为

$$i = i + 1 = 2 + 1 = 3$$

以此类推,找到算法规律。

可见,累加器变量和计数器变量的赋值运算的算法是重复进行的,可以用循环控制实现。程序流程图如图 8.9 所示,N-S 图如图 8.10 所示。

C 语言程序算法如下:

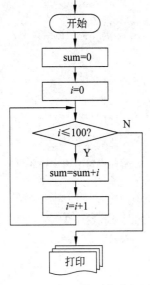

图 8.9　累加运算程序流程图

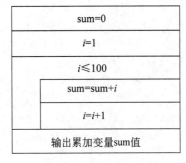

图 8.10　累加运算 N-S 图

```
main()
  {int i=1,sum=0;                       /*定义变量及其数据类型*/
  while(i<=100)                         /*循环控制结构*/
    {sum+=i;
     i=i+1;
     }                                  /*循环体结束*/
  printf("sum=%d\n",sum);               /*输出累加结果*/
  }
```

程序算法不是唯一的,这个问题还有其他实现方法。

程序算法 1：

```
main()
{float sum=0;                           /*定义浮点数据类型变量*/
 int i=1;                               /*定义整型数据类型变量*/
   loop: if (i<=100)                    /*构建循环控制流程*/
     {sum=sum+i ;                       /*循环体语句*/
         i=i+1;
      goto loop;}                       /*无条件转向 loop:标号语句构成循环*/
 printf("\n%f",sum);                    /*输出求和结果*/
}
```

程序算法 2：

```
main()
{float sum=0;
 int i=1;
   while (i<=100)                       /*while 循环控制结构流程入口*/
```

```
    {sum=sum+i ;
        i++;
    }                                      /* while循环控制体结束 */
 printf("\n%f",sum);
}
```

程序算法 3：

```
main()
    {int i=1,sum=0;
        do                                 /* do循环控制结构流程入口 */
        {sum=sum+i;
            i=i+1;
        }                                  /* do循环控制体结束 */
        while(i<=100);
        printf("the sum is %d",sum);
    }
```

由此拓展，可以很容易地表示出 $1+\dfrac{1}{2}+\dfrac{1}{3}+\cdots+\dfrac{1}{n}(n\leqslant100)$ 的算法，即当分母大于 100 时程序结束，输出计算结果，程序算法如下。

程序算法 1：

```
main()
{float   sum=0;
    int i=1;
        loop: if (i<=100)
            {sum=sum+1/i ;
                i=i+1;
                goto  loop;}
        printf("\n%f",sum);
}
```

程序算法 2：

```
main()
{float   sum=0;
 int i=1;
    while (i<=100)
            {sum=sum+1/i ;
                i++;
            }
    printf("\n%f",sum);
}
```

程序算法 3:

```
main()
{float   sum=0;
   int i=1;
      do {sum=sum+1/i ;
      i++;
} while(i<=100)
```

程序算法 3 的 N-S 图如图 8.11 所示。

例 8.3 编写程序计算三角函数 $\sin(x)$。正弦函数可以使用递推的方法近似计算,其数学算法表达式为

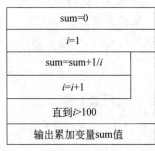

sum=0
i=1
sum=sum+1/i
i=i+1
直到i>100
输出累加变量sum值

图 8.11 程序算法 3 的 N-S 图

$$\sin(x) = 1 - \frac{x^3}{3!} + \frac{x^5}{5!} - \frac{x^7}{7!} + \cdots \frac{x^n}{n!}$$

要求计算求解精度到最后一个数据项的绝对值小于 e^{-7} 时结束。

算法分析:使用递推的方法实现正弦函数求解与自然数累加类似,设一变量 n 对应多项式的每一项数据项,变量 n 的值以 2 递增,依次为 $1,3,5,\cdots,n$。多项式数据项表达式在循环体中正好是前一项再乘以因子 $(-x^2)/((n-1)n)$。设变量 s 表示多项式变量,变量 t 表示多项式中各数据项的值,则程序如下。

程序代码如下:

```
/ * L6_10.C * /
# include <math.h>
void main()
{ double s,t,x; int n;
  printf("Please input x=");
  scanf("%lf",&x);
     t=x; n=1; s=x;
    do{ n=n+2;
       t=-t * x * x/(n-1)/n;               / * 通项计算 * /
       s=s+t;                              / * 累加器求和 * /
      }while(fabs(t)>=1e-7);               / * 若累加项值大于 e⁻⁷,则继续循环 * /
  printf("My  sin(%f)=%lf\n",x,s);
  printf("Lib sin(%f)=%lf\n",x,sin(x)); / * 标准库函数,进行比较 * /
}
```

程序运行结果如图 8.12 所示。

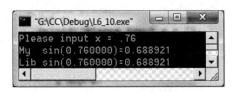

图 8.12 do-while()多项式求解

可见，使用 do～while() 循环控制结构展开多项式求解 $\sin(x)$ 的值，与使用标准库函数调用求解 $\sin(x)$ 值相同。

例 8.4　编写程序，用迭代法求解给定实数的平方根。

算法分析：设输入变量为 x，当迭代变量 $x_0 - x_1$ 的差值小于或等于 e^{-6} 时，将 x_1 的值赋给变量 y，求得平方根。迭代算法的求解过程如下：

$$x_0 = \frac{1}{2}x \rightarrow x_1 = \frac{1}{2}\left(x_0 + \frac{x}{x_0}\right) \rightarrow x_0 = x_1 \rightarrow x_1 = \frac{1}{2}\left(x_0 + \frac{x}{x_0}\right) \cdots y = x_1$$

源程序代码如下：

```
/* L6_22.C */
#include <math.h>
void main()
{ float x, x0, x1, y;
  printf("Enter a number=");
  scanf("%f",&x);
  if(fabs(x)<=1e-6)
      y=0;
  else if(x<0)
      printf("Data Error\n");
    else
    { x0=0.5*x;                      /*迭代初始化*/
      x1=0.5*(x0+x/x0);
        while(fabs(x1-x0)>1e-6)
        { x0=x1;                     /*反复迭代运算*/
          x1=0.5*(x0+x/x0);
        }
      y=x1;
    }
  printf(" %f\'s square-root is  %f\n", x,y);
}
```

程序运行结果如图 8.13 所示。

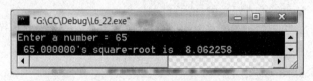

图 8.13　求实数的平方根

进行算法分析时，需要结合实际问题，利用自己的专业知识和经验进行分析和设计，熟练掌握计算机语言后，可以有效地优化算法。

8.5　思　考　题

1. 简述计算机程序设计的实现步骤。
2. 试述程序设计算法与实现过程。
3. 简述计算机程序设计语言有哪些分类。
4. 简述计算机程序算法的表示方法。
5. 试述各类程序算法表示的特点。
6. 简述使用哪些通用符号可以描述程序流程图。
7. 简述使用 N-S 图表示程序算法有什么特点。
8. 试用 N-S 图表示：从键盘输入数值数据，若是正数，则累加求和；若是负数，则重新输入；若输入空格，则结束程序运行。

参 考 文 献

[1] 陈国良,等.大数据计算理论基础[M].北京:高等教育出版社,2018.

[2] 张基温.大学计算机——计算思维导论[M].2 版.北京:清华大学出版社,2018.

[3] 梅宏.大数据导论[M].北京:高等教育出版社,2018.

[4] 陈国良.计算思维导论[M].北京:高等教育出版社,2012.

[5] 李暾.计算思维导论——一种跨学科的方法[M].北京:清华大学出版社,2016.

[6] 杨正洪,等.人工智能与大数据技术导论[M].北京:清华大学出版社,2019.

[7] 张莉,等.SQL Server 数据库原理与应用教程[M].4 版.北京:清华大学出版社,2016.

[8] 陈红松.云计算与物联网信息融合[M].北京:清华大学出版社,2017.

[9] 张莉.C 程序设计案例教程[M].3 版.北京:清华大学出版社,2019.

[10] 黄先开,等.移动终端应用创意与程序设计(2015 版)[M].北京:电子工业出版社,2015.

[11] 谭浩强.C 程序设计教程[M].3 版.北京:清华大学出版社,2018.

[12] 谭浩强.C 程序设计教程学习辅导[M].3 版.北京:清华大学出版社,2018.

[13] 王移芝,等.大学计算机[M].5 版.北京:高等教育出版社,2015.

[14] 王移芝,等.大学计算机学习与实验指导[M].5 版.北京:高等教育出版社,2015.

[15] 龚沛曾,杨志强.大学计算机[M].7 版.北京:高等教育出版社,2017.

[16] 龚沛曾,杨志强.大学计算机上机实验指导与测试[M].北京:高等教育出版社,2017.

[17] 李凤霞,等.大学计算机[M].北京:高等教育出版社,2014.

[18] 李凤霞.大学计算机实验[M].北京:高等教育出版社,2013.

[19] 王万良.人工智能导论[M].4 版.北京:高等教育出版社,2017.

[20] 张菁.虚拟现实技术及应用[M].北京:清华大学出版社,2014.

平台功能介绍

➡ **如果您是教师，您可以** ➡ **如果您是学生，您可以**

管理课程

建立课程

管理题库

发布试卷

布置作业

管理问答与
话题

发表话题

提出问题

加入课程

下载课程资料

编辑笔记

使用优惠码和
激活序列号

➡ **如何加入课程**

1 找到教材封底"数字课程入口"

范例

数字课程入口

刮开涂层
获取二维码

刮开涂层

2 刮开涂层获取二维码，扫码进入课程

范例

获取帮助

扫一扫直接进入
平台使用指南

获取更多详尽平台使用指导可输入网址

http://www.wqketang.com/course/550

如有疑问，可联系微信客服：DESTUP

文泉课堂
WWW.WQKETANG.COM

清華大學出版社
出品的在线学习平台